JN298496

納得しながら学べる物理シリーズ ③

納得しながら
電磁気学

岸野正剛

[著]

朝倉書店

まえがき

　電磁気学の本格的な始まりは電磁誘導の発見者のファラデーとマクスウェル方程式のマクスウェルからだと言われます．ファラデーは数々の大発見をしましたが，数学が不得意でしたから彼の発表した論文には数式はほとんど見当たりません．しかし，ファラデーは電磁気学を完全にマスターしていたと言われています．だから，数学は不得意でも電磁気学はマスターできるのです．

　ところが，電磁気学はその法則がベクトル式で書かれていることもあり，難しいと思われています．最近では比較的簡単に単位が取れる大学もありますから，それほど深刻ではないかもしれませんが，一昔前までは電磁気学は学生が単位の取得に苦労する厄介な学科の一つでした．電磁気学が難しい理由は講義やテストが難しいこともあるのですが，本格的なものになると電磁気学の教科書などの著書が難しいためです．

　では，電磁気学はなぜ難しいのでしょうか？　理由は四つほどあるように思われます．第1は電磁気学が三次元の物理現象を扱ったものだからです．三次元空間に住んでいるので慣れているはずなのに，私たちは三次元には弱いのです．第2は電磁気学の数式がベクトルを使って書かれていることです．ベクトルは三次元現象を表す道具だからです．第3は，電磁気学の法則が一般式の形で書かれていることです．法則を表す式は他の分野でも言えることですが一般的に成立する式である必要があるからです．第4は電磁気学の扱う現象が眼に見えないということです．力学も難しい学問の一つですが，それでも力学現象は眼に見えますので親しみが湧くようです．

　これらの難しい理由は相互に関連しています．電磁気学の教師や教科書の著者はベクトルを使い慣れていますので，三次元の現象を一般式で素直に表すにはベクトルを使うのが最適だと当然のように考えています．ベクトルは三次元の現象を一般式で表すにも都合が良いからです．しかし，これはベクトルの使用に慣れ

ている人にとって言えることです．ベクトルの理解がいまひとつで，この使用に不慣れな人には，わかり難い三次元の物理現象が，これも良くわからないベクトルを使って，しかも一般式で書いてあるとなると，電磁気学が難解になるのは当然ということになります．

そこで，納得しながら学べることを売りにする本書では，電磁気学を楽しく学ぶために一般式は避けて具体的な事例を表す式を使い，しかもベクトルの使用を極力避けて普通の数式を使うことにしました．すなわち，わかりやすい具体的な簡単な例を多用して一般的に成り立つ法則を説明し，三次元を表す絵図などの道具も使って電磁気現象をわかりやすく記述するように努めました．

例えば，ガウスの法則は電磁気学で最初に遭遇する重要法則ですが，この法則の説明では本格的な著書では，任意の閉曲面における現象がベクトルを使って書かれているのが一般的です．これでは初学者にはさっぱりわかりません．そこで任意の閉曲面の代わりに球の表面を使い，ベクトルを使わないで普通の数式を使ってガウスの法則を説明しました．

また，電磁気学では磁気現象が難しいとされています．ことに初心者には電気現象に磁気が作用したときに生まれるローレンツ力というベクトル式で書かれた概念の理解が難しいとされています．そこで本書では，ローレンツ力はベクトル式の使用を抑えてフレミングの左手の法則という便利な絵図を使って説明し，難しいことを考えなくても，自分の手を眺めながら，順次読めば自然とわかるようにしました．

電磁気学をマスターすることは物理学をきちんと理解する第一歩であるとも言われています．読者の皆様方には電磁気学を納得してマスターして，この後高度の内容の物理学を楽しく学べるようにして頂きたいと願っています．さらに言えば，人生の成功の秘訣の一つは良い師の指導 (教え) を受けることであると言われるように，独学の成功の秘訣は「わかりやすい良い本」に巡り合うことです．本書が独学に適した本になっていることを切に願って拙文を閉じることにします．

2014 年 6 月

岸 野 正 剛

目　　次

1. **電気と磁気の源とその物理** ……………………………………… 1
   1.1 静止した電荷から生まれた電気 …………………………… 1
   1.2 動く電荷と電流および磁気 ………………………………… 3
     1.2.1 電荷の移動で生まれる電流 …………………………… 3
     1.2.2 電荷の動きで生まれる磁気 …………………………… 4
   1.3 電気現象の記述に不可欠な誘電率 ………………………… 6
   1.4 電気の神秘性を表す静電誘導 ……………………………… 7

2. **真空中の電荷と電界およびガウスの法則** …………………… 10
   2.1 電荷と電気力線と電束 ……………………………………… 10
   2.2 電気力線とその密度および電界 …………………………… 12
   2.3 クーロンの法則 ……………………………………………… 15
   2.4 電界中の電荷に働く電気力 ………………………………… 17
   2.5 ガウスの法則 ………………………………………………… 18
   2.6 ガウスの法則の応用 ………………………………………… 20
     2.6.1 電荷の帯電した球の電界 ……………………………… 20
     2.6.2 帯電した円筒の電界 …………………………………… 22
     2.6.3 帯電した平面による電界 ……………………………… 23
     2.6.4 帯電した直線による電界 ……………………………… 24

3. **電位および帯電した導体の電界，電位，電気力** …………… 26
   3.1 電位の定義と意味 …………………………………………… 26
     3.1.1 電位の定義および電界との関係 ……………………… 26
     3.1.2 電気の位置のエネルギーと電位 ……………………… 28

3.1.3　電位差と等電位面 ･･･ 29
　3.2　帯電した導体に働く電気と力 ････････････････････････････････････ 30
　　3.2.1　導体表面の電荷と電界 ･･･････････････････････････････････････ 30
　　3.2.2　導体表面に働く力 ･･･ 32
　3.3　帯電した導体の電界と電位 ･･････････････････････････････････････ 33
　　3.3.1　導　体　球 ･･･ 33
　　3.3.2　導　体　線 ･･･ 35
　3.4　電気双極子による電位 ･･ 36
　3.5　電気影像法による導体の電界と電気力 ･･････････････････････････････ 38

4. 誘電体の物理と静電容量 ･･･ 43
　4.1　誘電体と誘電分極 ･･ 43
　　4.1.1　誘電体の正体と誘電現象 ･････････････････････････････････････ 43
　　4.1.2　誘電体の分極 ･･･ 44
　4.2　誘電体の電界と電束密度 ･･ 46
　　4.2.1　電界，電束密度および誘電率 ･････････････････････････････････ 46
　　4.2.2　境界における電界と電束密度 ･････････････････････････････････ 49
　4.3　静　電　容　量 ･･･ 51
　　4.3.1　導体および導体間の静電容量 ･････････････････････････････････ 51
　　4.3.2　導体球の静電容量 ･･ 52
　　4.3.3　さまざまな形の導体間の静電容量 ･････････････････････････････ 52
　4.4　コンデンサの容量とその接続 ････････････････････････････････････ 55
　　4.4.1　コンデンサとその容量 ･･･････････････････････････････････････ 55
　　4.4.2　コンデンサの接続 ･･ 56
　　4.4.3　電極間に働く力 ･･ 59
　4.5　誘電体に蓄えられるエネルギー ･･････････････････････････････････ 60
　　4.5.1　静電容量に蓄えられるエネルギー ･････････････････････････････ 60
　　4.5.2　電界に蓄えられるエネルギー ･････････････････････････････････ 61
　　4.5.3　誘電体に蓄えられるエネルギー ･･･････････････････････････････ 61

目次

5. 電流と抵抗 65
  5.1 電流, 電流密度および直流 65
  5.2 抵抗とオームの法則 67
    5.2.1 電気抵抗とオームの法則 67
    5.2.2 コンダクタンス, 抵抗率および導電率 67
    5.2.3 抵抗の接続 68
  5.3 電気エネルギーおよび電源と起電力 70
  5.4 キルヒホッフの法則 73

6. 磁気と磁界 79
  6.1 電子の運動を起源とする磁気 79
  6.2 電気と磁気の対応 81
    6.2.1 磁気と電気の類似性および磁荷の有用性と注意点 81
    6.2.2 磁気の専門用語と電気との対応および磁気の記述法 ($E\text{-}H$ 対応) 83
  6.3 磁荷, 磁力線, 磁束と磁界の物理 84
    6.3.1 磁荷, 磁力線と磁界および磁束と磁束密度 84
    6.3.2 磁気のクーロンの法則 86
    6.3.3 磁 位 87
    6.3.4 磁束密度に関するガウスの法則 87
    6.3.5 磁気双極子と磁気モーメント 89
  6.4 物質の磁化と磁束密度 91
    6.4.1 スピンと磁区および磁化 91
    6.4.2 物質の磁化と磁性体 92
    6.4.3 透磁率と物質の磁性 93
    6.4.4 強磁性体の磁化とヒステリシス曲線および永久磁石 94
  6.5 磁気遮蔽と地磁気 96

7. 電流の磁気作用 99
  7.1 アンペアの法則とビオ-サバールの法則 99
    7.1.1 アンペアの右ねじの法則 99

7.1.2　アンペアの周回積分の法則 ………………………………… 100
　7.1.3　ビオ-サバールの法則 ……………………………………… 103
　7.1.4　電流による磁界，磁束密度，および磁束 …………………… 105
7.2　ソレノイドとその磁界 …………………………………………… 106
　7.2.1　円形電流が円の中心に作る磁界 ……………………………… 106
　7.2.2　ソレノイド …………………………………………………… 107
　7.2.3　ソレノイドの作る磁界 ……………………………………… 107
7.3　磁 気 回 路 ………………………………………………………… 108
7.4　運動する電荷と磁界の相互作用およびローレンツ力 ……………… 112
　7.4.1　運動する電荷と磁界の相互作用とローレンツ力 ……………… 112
　7.4.2　運動している電子が磁界から受ける力 ……………………… 114
　7.4.3　電流に働く電磁力 …………………………………………… 115
　7.4.4　電流の流れているコイルに働く電磁力とモータ ……………… 117
　7.4.5　電流の流れている導線間に働く力 …………………………… 119
7.5　ホール効果 ………………………………………………………… 120

8. 電磁誘導とインダクタンス ……………………………………… 124

8.1　ファラデーの電磁誘導 …………………………………………… 124
　8.1.1　ファラデーの電磁誘導の法則とレンツの法則 ………………… 124
　8.1.2　磁界中で運動する導体に発生する起電力 …………………… 127
　8.1.3　磁界中で回転運動するコイルに流れる電流とエネルギー …… 128
8.2　渦 電 流 …………………………………………………………… 130
8.3　インダクタンス …………………………………………………… 131
　8.3.1　自己インダクタンスと相互インダクタンス …………………… 131
　8.3.2　自己インダクタンスと相互インダクタンスの関係 …………… 134
　8.3.3　インダクタンスの接続 ……………………………………… 136
　8.3.4　ソレノイドのインダクタンス ………………………………… 139
　8.3.5　コイルに蓄えられる磁気エネルギー ………………………… 140
8.4　変 圧 器 …………………………………………………………… 142

9. 変動電流回路で起こる電気現象 145
  9.1 交流と交流回路の基本 145
    9.1.1 交流と抵抗，コイル，コンデンサの関係 145
    9.1.2 抵抗 R，インダクタンス L，およびコンデンサ C を使った回
          路のインピーダンス 148
  9.2 共振現象 150
  9.3 過渡現象 151
    9.3.1 過渡現象の起こる理由 151
    9.3.2 R-C 回路 152
    9.3.3 R-L 回路 154

10. 電磁波とマクスウェル方程式 158
  10.1 変位電流 158
    10.1.1 変位電流が導入された経緯 158
    10.1.2 コンデンサを流れる変位電流 159
    10.1.3 変位電流と伝導電流 161
    10.1.4 拡張されたアンペアの法則 163
  10.2 電磁波 163
    10.2.1 電磁波の種類と発生 163
    10.2.2 電磁波の伝送とレッヘル線を流れる電流 165
  10.3 マクスウェル方程式と電磁波 168
    10.3.1 マクスウェル方程式の微分型と積分型 168
    10.3.2 マクスウェル方程式の物理的な内容 170
    10.3.3 マクスウェル方程式から導かれる電磁波の式 172

付録：ベクトル演算 176
  a ベクトルの基礎演算 176
    a.1 ベクトルの演算の特徴 176
    a.2 ベクトルの和と差 177
    a.3 スカラー倍とスカラー積 177
    a.4 ベクトル積 178

- b 単位ベクトルとその性質および活用 ······································· 179
  - b.1 単位ベクトルとその性質 ··· 179
  - b.2 単位ベクトルの活用 ··· 181
- c grad, div, rot の意味と用法 ·· 181
  - c.1 ベクトル微分演算子とナブラ ∇ 記号およびラプラシアン Δ 記号··· 181
  - c.2 grad ··· 182
  - c.3 div ·· 183
  - c.4 rot··· 183

演習問題の解答 ·· 185

索　引 ·· 201

Chapter 1

電気と磁気の源とその物理

　電気の源は電荷ですが，電荷は原子を構成する電子や陽子にその起源があります．電磁気学には電気学と磁気学があり，電気では静止した電荷と，動いている電荷が共に重要な働きをします．一方，磁気は動く電荷が作り出すもので，磁気を発生する電流も (磁石の源の) スピンも電荷の運動によって生まれています．この章は最初の章なので，電気現象の記述によく現れる誘電率も，ここで説明しておくと共に，不思議な電気現象の代表として静電誘導についても説明しておくことにします．

1.1 静止した電荷から生まれた電気

▶電荷の不思議な挙動から始まった電気

　電気は電荷から始まっています．現代でも乾燥した部屋でドアの取っ手を持つと'ビリッ'と来たり，物に近づいて髪の毛が持ち上げられたりした経験を通して，人々は電気を意識し始めます．これらの不思議な現象は電気の長い歴史の中で多くの経験と研究によって解明され，正と負の電荷が関わっていることが次第にわかってきたのです．すなわち，負の電荷を持つものが電子であり，正の電荷を持つものは陽子であることがわかってきました．そして，静止した電荷による電気現象は静電気と呼ばれるようになりました．

　電子は平衡状態では原子の中にいるのですが，なんらかの原因で原子の中から外に飛び出してきて負の電荷 (を持った粒子) になり，いたずらをしているのです．誰でも知っているように，すべての物は原子でできていますが，原子は電子と陽子でできています．そして，電子と陽子がおとなしく原子の中に収まっているときには，正の電荷と負の電荷が釣り合っていて，原子は電気的に中性となり，電荷は現れません．なお，厳密には，補足 1.1 に示すように，原子は電子と陽子の他に電荷を持たない中性子で構成されています．

　原子には，図 1.1 に示すように，負の電荷を持った電子と正の電荷の陽子があ

◆ 補足 1.1　原子は電子と陽子，そして中性子で構成されている

　原子は電子と陽子，そして電荷を持たない中性粒子の中性子からできています．水素原子だけは中性子を持たないので特別です．電子と陽子は同じ数だけ原子の中にあります．普通の状態ではすべての物は電気的に中性状態なので，電子が原子から飛び出したりしなければ'ビリッ'と来たり，髪の毛が持ち上げられて不格好になったりする現象は起こりません．

　電子と陽子の質量を比べると，陽子の方が約 2000 倍も大きいので，原子の質量は陽子と中性子の数で決まります (中性子の質量は陽子の質量とほぼ同じです)．原子には多くの元素がありますが，水素のように軽い元素では陽子は数が少なく，鉄のように重い元素は多くの陽子を持っています．

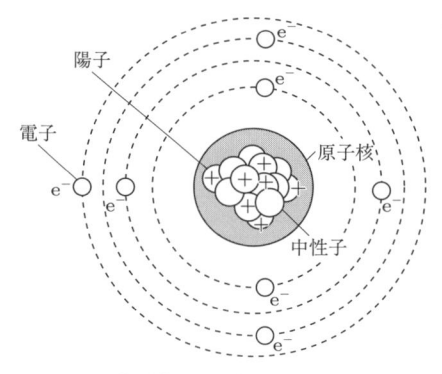

図 1.1　負電荷と正電荷の源の電子と陽子

り，陽子は原子の中で中心付近に，電子は中心付近から表面近くまで全体に分布しています．そして，中心近くの内部にある電子は特別のことをしない限り原子の外に出ることはないのですが，表面近くの電子は元素によっては簡単に原子の外に飛び出します．すると，原子の外に出た電子は負電荷であり，電子の抜けた原子は負の電荷が正の電荷 (陽子の数) に比べて不足するので，正の電荷を帯びて，正イオン (陽イオン) と呼ばれるものになります．

　このことは原子が集まってできた物体についても言えます．ある物体から外に飛び出した負電荷の電子が他の物体に付着すると，電子の付着した物体の表面には負の電荷が分布します．電荷が表面に分布した状態は帯電したと言われるので，電子の付着した物体は負に帯電することになります．図 1.2 に示すように，プラスチック製の櫛で髪をすくと，髪の表面から電子が飛び出してプラスチックの表面に付着し，プラスチックは負に帯電します．そして，表面から電子の抜け出た

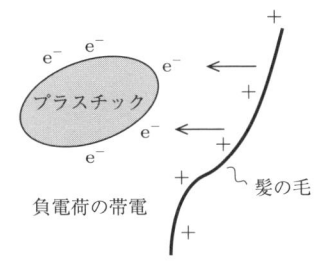

図 1.2　電子 (電荷) の移動による帯電

髪は正に帯電します．正に帯電した髪は負に帯電したプラスチック製の櫛を近づけると，正負の電荷の働きでプラスチックに持ち上げられるのです．

髪とプラスチック製の櫛の関係のように，二つの物をこすると電荷が一方から他方へ移る関係は物質から電子が離れやすいかどうかによって決まりますが，いくつかの物質について，物質から電子が離れやすい順に並べると次のようになります．

$$毛皮 \to ガラス \to 絹 \to 木綿 \to コハク (樹脂の化石)$$
$$\to 硫黄 \to エボナイト \to ポリエステル$$

これらの物質の中から二つ選んでこすると，列のより前に並ぶ物質の電子がその後に並ぶ物質に移り，前の物質が正に，後の物質が負に帯電します．

1.2　動く電荷と電流および磁気

1.2.1　電荷の移動で生まれる電流

電荷が動くと電気に新しい性質が生まれます．電流と磁気が発生するのですが，磁気は次項で述べるので，ここでは電流について説明します．電気をよく通す物質は導体と呼ばれますが，図 1.3 に示すように，銅線などの導体の中で負電荷の

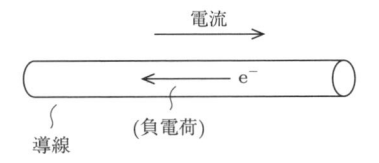

図 1.3　電荷の移動で電流が生まれる

電子が右から左へ移動すると，電荷の流れが起こり電流が発生します．電流はプラス (正) 電極からマイナス (負) 電極へ流れるので，このとき発生する電流は矢印で示すように左から右へ流れます．

電流の発見は電気の発展にとって非常に大きな出来事でした．それと同時に，電流の発見はその後，人間の生活に大きな恵みを与えました．私たちの身の回りで見かけるほとんどの電気装置は電流が流れることによって働いているからです．

1.2.2 電荷の動きで生まれる磁気
▶電流が流れると磁気が発生する

電荷が動くと電流が発生することはよく知られていますが，それだけではなくて，驚いたことに磁気も発生していたのです．電流を流すと磁気が発生することは 1820 年にデンマークのエルステッド (H. C. Ørsted, 1777〜1851) によって発見されています．

エルステッドが彼の研究室の実験台の上で電流に関する実験をしていたときに，たまたま近くに方位磁石が置いてあったようです．すなわち，エルステッドが導線を横に張って，これに電流を流したところ，このとき導線の下にあって南北を示していた方位磁石の磁針 (方位磁針) が，図 1.4 に示すように振れたのです．

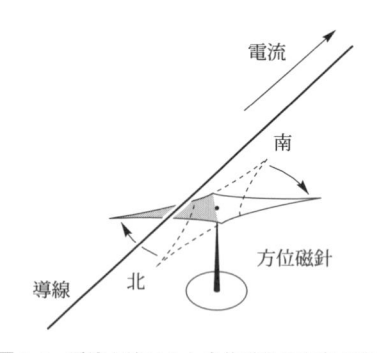

図 1.4 電流が流れると方位磁針の方向が変化

最初彼は磁針が振れたのは実験台が揺れたためと考えたのですが，思い直して再度同じ状態で導線に注意深く電流を流してみたところ，磁針は同じように同じ方向に振れました．これは新発見では？と疑い，何度も試みて同じことが起こることを確認しました．そして，この現象を詳しく調べた結果を報告書にまとめ外

部へ発表しました．

エルステッドの発表は当時のヨーロッパの科学者たちを非常に驚かせました．当時は電気と磁気は無関係だと考えられていたからです．驚いた科学者の一人にフランスのアンペール (A. M. Ampère, 1775〜1836) がいました．彼はさっそく同じ実験 (追試) を行い，これが事実であることを自分の眼で確かめました．そして，磁針の上に張った導線に電流が流れると，なぜ磁針が触れるのかを徹底的に調べました．

その結果，図 1.5 に示すように，電流が流れている導線のまわりに磁気が発生していることを発見したのです．ここでファラデーの提案した力線の磁力線を仮定することにします．磁力線は磁気現象を理解するために電流のまわりに発生すると仮定した線です．磁力線の向きは決まっていて，電流の流れる方向に向かって右回りでした．右ねじはこれを右に回すと，前へ進みますが，右ねじの進む方向と電流の方向を一致させて考えると，磁力線の向きは，右ねじを回す方向と一致しました．

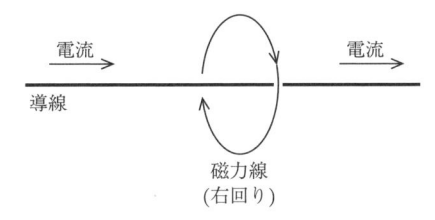

図 1.5 電流による磁気の発生

このために，アンペールはこの電流が流れると電流のまわりに磁力線が発生する現象を右ねじの法則と名付けました．しかし，この法則は後には「アンペアの右ねじの法則」と呼ばれるようになりました．「アンペアの右ねじの法則」については，後で 7 章において詳しく説明するので，ここでの説明はこの程度にとどめることにします．

▶磁石の磁気も電子の動きによって発生する

磁石には N 極と S 極があり，これらの二つの極は磁極と呼ばれます．磁力線は磁石の N 極から発生して S 極に吸い込まれています．そして，磁極は不思議な性質を持っていて，棒磁石を半分に割ると 2 個の磁石ができますが，これらの半分の磁石は，いずれも N 極と S 極の二つの磁極を持っています．

それぞれの半分の磁石をさらに半分に割ると 4 個の磁石になりますが，これら

もすべて両方の磁極を持ちます．それどころか，磁石はいくら小さい磁石に分割しても，分割された小さな磁石がそれぞれ両方の磁極を持ちます．これは一体どういうことでしょうか？

実は磁石の源は電子の回転運動によって生じるのです．これはスピンと呼ばれるものですが，図 1.6 に示すように，電子のスピンは電子自身が回転する自転です．電子は電荷を持っているので，電子が回転するということは電荷が回転運動することです．すると，電流から磁力線が発生するように，自転する電子からは図 1.6 に示すように磁力線が発生します．この電子の自転によるスピンが磁石を無限に近く分割したときにとる，磁石の最終的な姿だと考えられるのです．

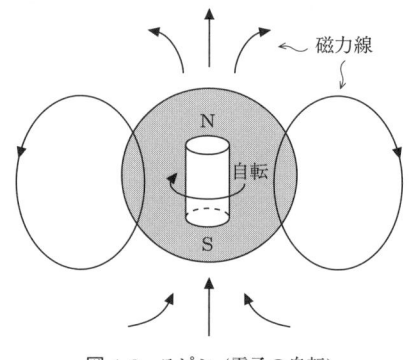

図 1.6 スピン (電子の自転)

あとで 6 章において磁石とスピンに関する詳しい説明は行うので，ここでの説明はこれくらいにしておきます．6 章では磁気の説明に磁荷を導入しますが，磁荷は電気の電荷と対応するものとして仮定したもので，実在はしないものです．磁気は電流から発生する場合も磁石から発生する場合も，電荷を持つ電子の運動によって発生しています．ですから，結論として磁気は電荷が動くことによって発生するものであると言えます．

1.3 電気現象の記述に不可欠な誘電率

▶真空は誘電体ではないが誘電率 ϵ_0 が使われる

物理現象を簡潔に表すには数式を使うにかぎります．本書においても数式を使

◆ **補足 1.2　単位系について**

　長さにメートル m，質量にキログラム kg，時間に秒 s が基本単位として使われる単位系は頭文字 m, k, s の大文字をとって MKS 単位系と呼ばれます．MKS 単位系に電流の単位のアンペア A を加えた単位系は MKSA 単位系と呼ばれます．そして，SI 単位系はこの他に，温度のケルビン K，物質量のモル mol，光度のカンデラ cd や，磁気の単位のウェーバ Wb (磁束)，ヘンリー H (インダクタンス)，テスラ T (磁束密度) なども含みます．したがって，メートル m，キログラム kg，秒 s の基本単位の他に電気単位や磁気単位を使う場合には SI 単位系が使い勝手が良いことがわかります．

いますが，電気現象の記述には多くの場合，誘電率 ϵ (ギリシャ文字でイプシロンと読む) と言うものが使われます．形式的には誘電率は物質の間で電荷と，電荷によって与えられる力の関係を表す係数になっています．

　物質には電気を通す導体と通さない絶縁体がありますが，ほとんどの絶縁体は誘電体です．絶縁体に電気を加えると (4 章で示す) 誘電分極を起こしますが，こうした物質は誘電体とも呼ばれます．誘電率は分極の程度を表す電気定数で，大きく分極する誘電体の誘電率は大きくなります．なお，誘電率は電媒定数と呼ばれることもあります．

　実は，電気の式においては真空にも誘電率が使われますが，真空は誘電体ではありません．真空に誘電率が使われるのは電気の式において単位に使う SI 単位系とのつじつまを合わせるためです．しかし，真空の誘電率は物質の誘電率の基準とされ，ϵ の右下に添字の 0 を付けた ϵ_0 が使われます．そして，物質の誘電率 ϵ を ϵ_0 で割ったものは比誘電率と呼ばれ，4 章で説明しますが，誘電率の大きさを示すために使われる重要な定数となっています．

　なお，空気の誘電率は真空とほぼ同じで比誘電率が 1 になるので，空気の誘電率には真空の誘電率の ϵ_0 がそのまま使われるのが普通です．また，本書で使用する SI 単位系では長さにメートル m，質量にキログラム kg，時間に秒 s が使われます．単位系については補足 1.2 に簡単な説明を示しておきます．

1.4　電気の神秘性を表す静電誘導

▶正の電荷を近づけると負の電荷が生まれる

　電気には不思議な現象があります．(電気のよく流れる) 導体に正電荷を近づけ

ると近づけた側の導体表面に負電荷が現れ，負電荷を近づけると正電荷が現れるのです．この電気現象は静電誘導と呼ばれます．

静電誘導を理論的にもう少し正確に説明すると，正に帯電した物体Aを，図1.7に示すように，電気的に中性状態の導体Bに左側から近づけると，物体Aに近い導体Bの左端の部分に負電荷(の電子)が誘起されます．

よく見ると，導体Bの右端の，物体Aから遠い部分には正電荷が誘起されています．導体Bは元々中性ですので，そうでなければつじつまが合いません．また，導体へ負電荷を近づけるとこれとは逆の現象が起こり，負電荷の近づいた導体の側に正電荷が，反対側(近づいた電荷から遠い側)には負電荷が誘起されます．

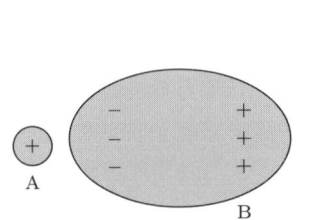

図 1.7　正電荷の接近で負電荷が発生 (静電誘導)　　図 1.8　アースして正電荷を逃がす

実は，この静電誘導の現象を利用すると，中性の導体を正または負に帯電させることができます．たとえば，導体を負に帯電させる場合には，図1.8に示す方法を用いればよいことがわかります．すなわち，中性の導体Bに左側から正電荷を近づけると，図1.7に示したように，導体の左側に負電荷，右側に正電荷が誘起されます．近づけた正電荷が(多くの電荷を持つ)大きな正電荷だとすると，図1.8に示すように，導体Bには多くの負電荷(電子)が集まります．

この状態で図1.8に示すように，導体Bを接地したアース線につなぐと正電荷はアース線を通って地球へ移動し，正電荷は導体Bから消え，導体Bには負電荷だけが残ります．なぜ負電荷が導体に残るかというと，負電荷は，左側に近づいてそのままそこに留まっている，正電荷に引き付けられて動けないからです．

こうして，図1.8に示すようにアース線とつないだ導体Bから正電荷が消えるので，続いて左側に正電荷を置いたまま導体Bのアース線をはずします．このあと正電荷を導体Bから遠ざけると，左端に集まっていた負電荷は導体Bの全体に広がり，導体B全体が負に帯電することになります．

演 習 問 題

1.1 光は電波と同じように電磁波 (電気の波と磁気の波で構成) だが，電磁波としての光はどのような経緯でその存在が明らかになったか？

1.2 電子はすべて同じように見えるが，実は電子には2種類ある．電子に2種類あるのはなぜか？ ヒント：電子は自転に基づくスピンを持っている．

1.3 ガラス板を木綿でこすると静電気が起こるが，負に帯電する物はガラス板か，それとも木綿か？ 理由をつけて答えよ．

1.4 導線の下に方位磁石を置いて導線に電流を流すと方位磁石の針が動くのは，導線のまわりから磁力線が出ているからであるが，磁力線が出るとなぜ磁針が動くか？

1.5 正に帯電した状態の導体を作るにはどうすればよいか？

Chapter 2

真空中の電荷と電界およびガウスの法則

　電荷や電界の振る舞いの基本としてこの章では真空中の電荷と電界を説明します．ある空間に電荷が存在することによってその空間が電気を帯びた空間になりますが，この電気を帯びた空間がこの章で述べる電界とか電場と呼ばれるものです．電荷と電界の間には密接な関係があって，両者の関係を表したものがガウスの法則です．ガウスの法則では電荷と電界の関係が電気力線を介して美しくみごとに表現されているので，この章では，これをわかりやすく説明することにします．ガウスの法則は電磁気学の基本の一つなので，この法則を理解し納得することは，電磁気学を学ぶ人にとっては極めて重要なことです．

2.1 電荷と電気力線と電束

▶電荷から電気力線とその束の電束が出ている

　電気は電荷から生まれたと1章で説明しましたが，電荷によって電気はどのように生まれたのでしょうか？　この章ではこの疑問に答えることから始めることにします．いま，真空中のある場所に1個の正電荷を置いたとすると，この電荷からは図2.1(a)に示すように，電気力線と呼ばれるものが出ます．

　学問的には電気力線は実在するものではなく，次節で説明する電界の状況を可視化するためにファラデーが提案した力線の一つで，電気現象を説明する便利な道具です．しかし慣例にしたがって，本書でも電気力線を仮定して，電気現象に

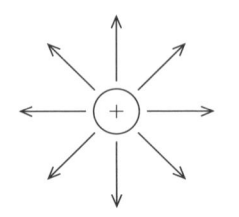

(a) 正電荷から出る電気力線　　(b) 負電荷に入る電気力線

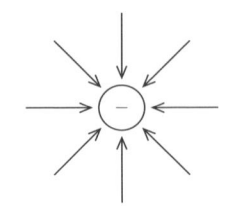

図 2.1　正負の点電荷の電気力線

ついて説明することにします．

さて，電気力線は詳しく見ると，図 2.1(a) に示すように正の点電荷から外側へ放射状に立体的に放出されています．負の点電荷の場合には図 2.1(b) に示すように，電気力線は負電荷に周囲から放射状に吸い込まれています．ですから，正負の点電荷を接近して置いた場合には，図 2.2 に示すように，正電荷から放射状に放出された電気力線は負電荷に同じく放射状に吸い込まれます．

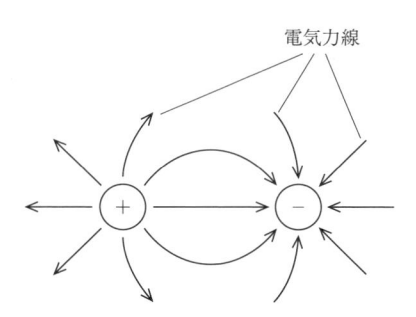

図 2.2 電気力線は正電荷から負電荷へ

電気では電気力線と並んで電束があります．電束はこのあと説明する電束密度と共に重要な物理量で電気力線の束です．電束の数には 1 章で説明した誘電率 ϵ は関係しません．だから，電束は電気力線の単純な束ではありません．電束は電荷の量のみによって表される量で，1 クーロン [C] の電荷から 1 本の電束が出ると定義されています．電気力線と電束の関係を明らかにするために，電荷を数式で表しておきましょう．

一般に電荷を表す記号には Q が使われるので，本書でも電荷を Q で表すことにします．そして，電荷の単位にはクーロン [C] が使われるので，Q クーロンの電荷は Q[C] と表すことにします．さて電束ですが，1[C] の電荷からは 1 本の電束が出ていると定義されています．ですから，Q[C] の電荷があれば，その電荷からは Q 本の電束が出ています．一方，真空中に置かれた Q[C] の電荷から出ている電気力線の数は，これを N 本とすると，N は次の式で表されます．

$$N = \frac{Q}{\epsilon_0}[\mathrm{C \cdot m/F}] \tag{2.1a}$$

ここで，ϵ_0 は真空の誘電率で，その値は $\epsilon_0 = 8.854 \times 10^{-12}$[F/m] です．F は静電容量の単位で，ファラッドと読まれます．誘電率の単位としては長さ 1 [m] あ

たりのファラッド ([F/m]) が使われます．一般の誘電体の誘電率は ϵ で表されるので，誘電体の中での電気力線の数 N は誘電率として ϵ_0 の代わりに ϵ を使って，次の式で表されます．

$$N = \frac{Q}{\epsilon}[\mathrm{C\cdot m/F}] \tag{2.1b}$$

一方，電束 (の数) を Φ_E とすると，$Q[\mathrm{C}]$ の電荷から放出されている電束 Φ_E は，上に説明したように Q 本ですから，次の関係が成り立ちます．

$$\Phi_E = Q[\mathrm{C}] \tag{2.2}$$

そして，電気力線 (の数) N と電束 Φ_E の間には次の関係が成り立つことがわかります．

$$\Phi_E = \epsilon N[\mathrm{C}] \quad \text{または} \quad N = \frac{\Phi_E}{\epsilon}[\mathrm{C\cdot m/F}] \tag{2.3}$$

ゆえに，電束 Φ_E は電気力線の束ですが，単純な束ではなく電気力線の本数 N を誘電率 ϵ 倍したものになります．したがって，式 (2.2) と式 (2.3) から，電荷 Q がどんな空間や物質の中に置かれたときでも，電荷 Q から出る電束 Φ_E の数は同じで Q 本です．しかし，同じ量の電荷 Q であっても置かれた環境が違って，その環境の誘電率 ϵ が異なれば電気力線の数 N は違ってくることになります．この違いは重要ですのでよく覚えておく必要があります．

2.2 電気力線とその密度および電界

▶電荷の影響の及ぶ領域は電界とか電場と呼ばれる

ファラデーは，電荷はそのまわりの空間に影響を及ぼし，空間に電気的なゆがみを生じさせると考えました．この電気的なゆがみが現在電場または電界 (理学では電場，工学では電界が使われる場合が多い) と呼ばれています．本書では電気分野の慣例に従って電界を使うことにします．前節では電気力線について説明しましたが，電気力線の密度が電界の大きさになるのです．

いま，簡単のために電荷 Q の置かれた空間を真空とし，図 2.3 に示すように，電荷が半径 r の球の中心であったとします．そして，球の表面における電気力線の密度を計算してみましょう．球の表面積 S は $4\pi r^2$ になるので，球の表面のある点における電気力線の密度を n_0 とすると，電気力線の出ている電荷は球の中

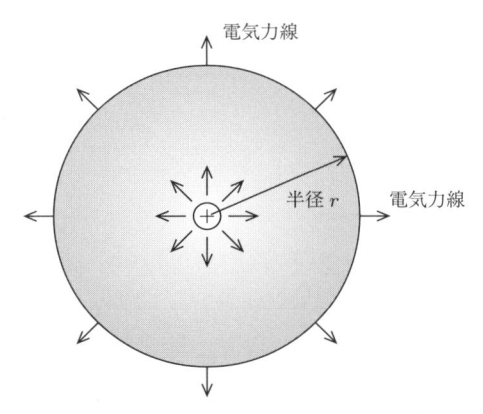

図 2.3 球の中心の電荷から出る電気力線

心にある電荷 Q だけなので，n_0 は電気力線の数 N を使って，次の式で表されることがわかります．

$$n_0 = \frac{N}{S} = \frac{Q}{\epsilon_0 S} = \frac{Q}{4\pi\epsilon_0 r^2}[\text{C/F}\cdot\text{m}] \quad \text{または} \quad [\text{V/m}] \tag{2.4}$$

単位の計算は少し込み入っているので，この式の単位が $[\text{C/F}\cdot\text{m}]$ または $[\text{V/m}]$ になぜなるかも含めて，補足 2.1 に説明しておくことにします．

◆ **補足 2.1　電気の計算において重要な単位間の関係 (1)**

まず，力の単位ニュートン [N]，電荷の単位クーロン [C]，電位差 (電圧) の単位ボルト [V]，および長さの単位 [m] の間には次の関係があります．

$$[\text{N}][\text{m}] = [\text{V}][\text{C}] \tag{S2.1}$$

また，電荷の単位クーロン [C] と電位差の単位ボルト [V]，および電気容量の単位ファラッド [F] の間には次の関係があります．

$$[\text{C}] = [\text{V}][\text{F}] \tag{S2.2}$$

式 (2.4) では分子の Q の単位は [C]，分母の $\epsilon_0 S$ の単位は $[\text{F/m}][\text{m}^2] = [\text{F}\cdot\text{m}]$ となるので，単位は $[\text{C/F}\cdot\text{m}]$ となりますが，[C] には式 (S2.2) の関係があるので，式 (2.4) の単位は $[\text{V/m}]$ とも書けるのです．

電界のわかりやすい説明をするために，電気力線の密度を計算する位置を電荷のある中心から距離が r の球の表面としましたが，実は電荷から距離 r の位置における電気力線の密度は，この位置がどこであっても同じになります．ですから，式 (2.4) は電荷から距離 r の位置における電気力線の密度を表す式になっています．

電界を E で表すと，電界の大きさは電気力線の密度になり，電気力線の密度と同じ式 (2.4) で表されるので，電荷 Q から r の距離における電界の大きさ E は，次の式で与えられます．

$$E = \frac{Q}{4\pi\epsilon_0 r^2}[\text{V/m}] \tag{2.5}$$

一方，電束 Φ_E の密度は電束密度と呼ばれますが，これには一般に記号 D が使われます．電束 Φ_E の大きさは電荷 Q に等しいので，電荷 Q から r の距離における電束密度の大きさ D は，次の式で表されます．なお，ここでは密度として面密度を使います．

$$D = \frac{Q}{4\pi r^2}[\text{C/m}^2] \tag{2.6}$$

この式 (2.6) が示すように電束密度 D は誘電率には関係しません．これは電束 Φ_E の値が電荷 Q に等しいので当然なのですが，極めて重要なことです．したがって，電界 E と電束密度 D の関係は，式 (2.5) と式 (2.6) を使って，次のように表されます．

$$\boldsymbol{D} = \epsilon_0 \boldsymbol{E}[\text{C/m}^2], \quad \boldsymbol{E} = \frac{\boldsymbol{D}}{\epsilon_0}[\text{V/m}] \quad (真空中のとき) \tag{2.7a}$$

または

$$\boldsymbol{D} = \epsilon \boldsymbol{E}[\text{C/m}^2], \quad \boldsymbol{E} = \frac{\boldsymbol{D}}{\epsilon}[\text{V/m}] \quad (誘電体の中のとき) \tag{2.7b}$$

なお，電荷 Q が球の中心にあるときは式 (2.6) の分母は球の表面積になっているので，電束の密度は電荷面密度と等しくなることがわかります．だから，電荷の面密度をギリシャ文字の ρ (ロー) を用いて ρ_{SE} で表すと，電束密度の大きさと電荷の面密度の間には $D = \rho_{SE}$ の関係が成り立ちます．

▶ある場所の複数の電荷の作る電界は個々の電荷の作る電界の和になる

ある場所に複数の電荷が作る電界を考えてみましょう．たとえば，ある場所から r_1 離れた場所にある電荷 Q_1 と，同じく r_2 の距離にある電荷 Q_2 が，ある場所に作る電界をそれぞれ $\boldsymbol{E}_1$ および $\boldsymbol{E}_2$ とすると，これらの二つの電荷によるある場所の電界 $\boldsymbol{E}$ は，$\boldsymbol{E}_1$ と $\boldsymbol{E}_2$ の和になり，$\boldsymbol{E}, \boldsymbol{E}_1, \boldsymbol{E}_2$ はベクトル量なので次の式で表されます．

$$\boldsymbol{E} = \boldsymbol{E}_1 + \boldsymbol{E}_2 \tag{2.8}$$

同様に，ある場所に 3 個の電荷が電界を作れば，ある場所の電界は 3 個の電界

の和になり，n 個の電荷が電界を作れば n 個の電界の和になります．

┃例題2.1┃ 真空中に 1[C] の電荷があります．この電荷から出る電気力線の数 N および 1[m] 離れた位置の電気力線の面密度 n_0，および電界の大きさ E はいくらになりますか？

[解答] 電気力線の数 N は式 (2.1a) を使って次のように計算できます．

$$N = \frac{Q}{\epsilon_0} = \frac{1[\text{C}]}{8.854 \times 10^{-12}[\text{F/m}]} = 1.13 \times 10^{11}[\text{V}\cdot\text{m}]$$

計算すると単位は $[\text{C}\cdot\text{m/F}]$ となりますが，補足 2.1 の式 (S2.2) の関係を使うと $[\text{V}\cdot\text{m}]$ となります．また，電気力線の密度 n_0 と電界の大きさ E は同じなので，式 (2.4) または式 (2.5) を使うと，次のようになります．

$$n_0 = E = \frac{N}{4\pi r^2} = \frac{Q}{4\pi\epsilon_0 r^2} = \frac{1[\text{C}]}{4 \times 3.14 \times 8.854 \times 10^{-12}[\text{F/m}] \times 1[\text{m}^2]}$$
$$= \frac{1[\text{C}]}{1.112 \times 10^{-10}[\text{F}\cdot\text{m}]} = 8.99 \times 10^9 [\text{V/m}] \qquad ■$$

┃例題2.2┃ 真空中に 1[C] の電荷があります．この電荷の電束 Φ_E と電荷から 1[m] 離れた位置の電束密度の大きさ D はいくらになりますか？

[解答] 電束 Φ_E の値は電荷 Q と等しいので，電束 $\Phi_E = 1[\text{C}]$ となります．この電荷から 1[m] 離れた位置の電束密度の大きさ D は，式 (2.6) を使って $D = 1[\text{C}]/(4\pi r^2) = 1[\text{C}]/(4 \times 3.14 \times 1[\text{m}^2]) = 7.96 \times 10^{-2}[\text{C/m}^2]$ となります．電束密度の大きさ D は式 (2.7a) と例題 2.1 の E の解を使って計算することもでき，こちらを使うと，$D = \epsilon_0 E = 8.854 \times 10^{-12}[\text{F/m}] \times 8.99 \times 10^9[\text{V/m}] = 7.96 \times 10^{-2}[\text{C/m}^2]$ と同じ結果になります． ■

2.3 クーロンの法則

▶ クーロン力は万有引力に比べてものすごく強力な力である！

電荷の存在が知られるようになって以来，負電荷は正電荷に近づきやすく，負電荷からは遠ざかる性質があることが知られていました．だから昔の人も負電荷と正電荷の間に何らかの力が働くことを知っていました．しかし，複数の電荷の間に働く力についての詳しい関係の追求は，その後ヨーロッパが宗教中心の時代

に入ったこともあって，長年手つかずになっていました．

ところが，ルネッサンスを経た 18 世紀になると，アメリカでフランクリンが雷の原因について興味を抱き，電気や電荷について調べ始めて以来，電荷の間に働く力についても関心が高まり，ヨーロッパではこれについて詳しく調べる人も何人か現れるようになりました．

こうした状況の中で，1785 年にフランスのクーロン (C. A. Coulomb, 1736～1806) は，小さな力を測る上で便利な'ねじり秤'を使って，正負の電荷の間に働く力を詳しく調べました．その結果，二つの電荷間に働く力について，次のことが明らかになりました．

① 二つの電荷 (点電荷) を Q_1 と Q_2 とすると，電荷 Q_1 と Q_2 の符号が正と負というように異なる場合には，電荷 Q_1 と Q_2 の間に引力が働き，その大きさは二つの電荷 Q_1 と Q_2 の値の積の絶対値に比例し，二つの電荷 Q_1 と Q_2 の距離 r の 2 乗に反比例する．

② 二つの電荷 Q_1 と Q_2 の符号が正と正，または負と負のように同じ場合には，電荷 Q_1 と Q_2 の間に斥力 (反発力) が働き，その大きさは二つの電荷の値の積の絶対値に比例し，二つの電荷の距離 r の 2 乗に反比例する．

③ 二つの電荷 Q_1 と Q_2 に働く力の方向は，二つの電荷 Q_1 と Q_2 を結ぶ直線に沿った方向である．

クーロンは，二つの電荷 Q_1 と Q_2 の間に働く力の大きさ F について，①から③にまとめた関係を簡潔に，次の式で表しました．

$$F = \frac{Q_1 Q_2}{4\pi\epsilon_0 r^2} [\mathrm{N}] \tag{2.9}$$

なお，この式 (2.9) では電荷 Q_1 と Q_2 は真空中に置かれているとしています．

この式 (2.9) で表される法則は，この後に，電気に関するクーロンの法則と呼ばれるようになりました．また，この式で得られる力はクーロン力と呼ばれます．

なお，上の①に括弧の中に記した点電荷とは理論的には点状で大きさのない電荷のことです．厳密には電荷の大きさが有限で無視できない大きさの場合には式 (2.9) は適用できず，この式を使って計算すると力の大きさ F に誤差が生じるようになります．

また，式 (2.9) を使って二つの電荷の間に働く力の大きさ F を実際に計算するときには，電荷の値は符号を付けたものを使います．そして，得られた力の大き

さ F が負になれば二つの電荷の間に働く力は引力であり，正になれば斥力になると解釈します．

クーロン力は電気的な力ですが，この力は物質間にはたらく万有引力に比べて桁違いに大きなものです．このことは次の例題2.3で明瞭に知ることができます．

▍例題2.3 ▍ いま，真空中に二つの電子があり，その間隔が1[m]であったとして，二つの電子に働くクーロン力と万有引力の大きさを計算して，両者を比較してください．ただし，電子の電荷 q を $q = -1.602 \times 10^{-19}$[C]，電子の質量 m を $m = 9.11 \times 10^{-31}$[kg]，また万有引力定数 G を $G = 6.67 \times 10^{-11}$[N·m²/kg²]とします．

[解答] クーロン力の大きさを F_C とし万有引力の大きさを F_G とすると，F_C と F_G はそれぞれ次の式で与えられます．$F_\mathrm{C} = q^2/(4\pi\epsilon_0 r^2) = (-1.602 \times 10^{-19})^2$[C²]$/(1.112 \times 10^{-10}$[F·m]$) = 2.31 \times 10^{-28}$[N]．$F_\mathrm{G} = Gm^2/r^2 = \{6.67 \times 10^{-11} \times (9.11 \times 10^{-31})^2\}$[N·m²]$/(1$[m²]$) = 5.54 \times 10^{-71}$[N]．したがって，クーロン力の大きさ F_C と万有引力の大きさ F_G との間には 4.17×10^{42} 倍もの開きがあります． ■

2.4 電界中の電荷に働く電気力

ところで，電界が働いている空間に電荷を持ち込むと何が起こるでしょうか？ それとも何事も起こらないでしょうか？ ここで簡単にこのことについて考えてみましょう．電界は2.2節で説明したように電荷から発生する電気力線によるものだから，当然のこととして電界の働く空間に電荷を持ち込むと，電荷には何らかの力が働きそうです．実は電荷 Q には電界 E によって力が働きますが，この力は電気力と呼ばれています．ですから，クーロン力も電気力です．

電界 E が電荷 Q に力を及ぼすことは，前の2.3節で述べたクーロンの法則を使うとわかりやすく説明することができます．いま，距離が r だけ離れた点Aと点Bにそれぞれ Q_1 と Q_2 の電荷があるとすると，クーロンの法則によって，二つの電荷 Q_1 と Q_2 の間には，すでに説明したように，次の式で与えられる大きさ F の力が働きます．

$$F = \frac{Q_1 Q_2}{4\pi\epsilon_0 r^2} [\text{N}] \tag{2.9}$$

この式 (2.9) を電界の働きの立場で解釈すると次のようになります．すなわち，点 A の電荷 Q_1 によって発生した電界が，点 B にある電荷 Q_2 に作用して力 F が生じたと理解できます．なぜかと言うと，点 B における Q_1 による電界 $\boldsymbol{E}$ は次の式で与えられます．

$$\boldsymbol{E} = \frac{Q_1}{4\pi\epsilon_0 \boldsymbol{r}^2} [\text{V/m}] \tag{2.10}$$

この式 (2.10) の電界 $\boldsymbol{E}$ を使うと，式 (2.9) は次のように書き換えることができます．

$$\boldsymbol{F} = Q_2 \boldsymbol{E} [\text{N}] \tag{2.11}$$

この式は次のように解釈できます．すなわち，電荷 Q_2 に電界 $\boldsymbol{E}$ が作用すると力 $\boldsymbol{F}$ が生まれます．つまり，電界 $\boldsymbol{E}$ の中に電荷 Q_2 を持ち込むと，電荷 Q_2 に力 $\boldsymbol{F}$ が働くことがわかります．

ですから，電界 $\boldsymbol{E}$ があるとして，この電界 $\boldsymbol{E}$ の中に正の電荷 Q を持ち込むと，電荷 Q に電界 $\boldsymbol{E}$ の方向の力，つまり斥力が働き，電荷 Q は電界 $\boldsymbol{E}$ の働く空間から押しのけられるような力を受けます．また，負の電荷 $-Q$ を持ち込む場合にはこの電荷には電界と逆方向の力，つまり引力が働くので，負の電荷 $-Q$ は電界 $\boldsymbol{E}$ の働く空間に引き付けられるような力を受けることになります．

なお，式 (2.11) から電界 $\boldsymbol{E}$ は $\boldsymbol{E} = \boldsymbol{F}[\text{N}]/Q_2[\text{C}]$ となるので，電界 $\boldsymbol{E}$ の大きさの単位は [N/C] となります．このために電界は単位電荷あたりに作用する力とも言われます．これまでは電界 $\boldsymbol{E}$ の単位として [V/m] を使ってきました．これらの 2 個の単位は当然等しいので，(すでに示したことですが) 次の関係があることがわかります．

$$[\text{V/m}] = [\text{N/C}] \tag{2.12}$$

電磁気の計算では，単位間でこの関係式を使う必要性がしばしば起こります．

2.5 ガウスの法則

▶ガウスの法則は電磁気学の基本的な法則の一つ

ガウスの法則は電荷と電気力線の関係を使って，電荷 Q と電界 $\boldsymbol{E}$ の関係を表

2.5 ガウスの法則

す法則ですが，次のように説明できます．

'真空中にある任意の閉曲面内の全電荷が $Q[C]$ のとき，その閉曲面から
出ている電気力線の数は Q/ϵ_0 となる' (II.1)

ここで，任意の閉曲面とは球の表面のように閉じた曲面であればどんな形のものも包含した曲面のことです．だから，ガウスの法則はあらゆる閉じた立体空間に存在する電荷に対してあてはめることができます．ガウスの法則の内容をベクトル記号を使って数式で書くと次のようになります．

$$\int_S \boldsymbol{E} \cdot d\boldsymbol{S} = \frac{Q}{\epsilon_0} \tag{2.13a}$$

定義 (II.1) に示した通りに任意の閉曲面を使ってガウスの法則を考えると少し難しくなるので，ここでは，任意の閉曲面を使わないで，閉曲面を半径 r の球の表面とし，Q は球の中心に存在する電荷というように単純化することにしましょう．また，ベクトルを表す $\boldsymbol{E}$ や $\boldsymbol{S}$ も，大きさだけを表すスカラー (を表す文字) で表面に垂直な電界の成分を E_n，表面積を S に書き換えることにすると，式 (2.13a) は次のように簡単になります．

$$\int_S E_n \, dS = \frac{Q}{\epsilon_0} \tag{2.13b}$$

ここで S は球の表面積を表すので $\int_S dS = S = 4\pi r^2$ となることに注意する必要があります．

式 (2.13b) を使ってガウスの法則の内容を考えてみることにします．まず，この (2.13b) が成り立つことを示しておきましょう．式 (2.13b) の左辺の積分の中にある E_n は電界の垂直成分の大きさですが，電界の大きさ E は 2.2 節で説明したように電気力線の密度と等しいので，式 (2.5) を使い $4\pi r^2 = S$ とおくと，電荷 Q が球の中心にあるので $E_n = E$ となり，E_n は $Q/\epsilon_0 S$ と表せます．これを式 (2.13b) の左辺に代入すると，式 (2.13b) の左辺は次のように計算できます．

$$\int_S E \, dS = \int_S \frac{Q}{\epsilon_0 S} dS = \frac{Q}{\epsilon_0 S} \int_S dS = \frac{Q}{\epsilon_0} \tag{2.14}$$

この計算では上記の $\int_S dS = S$ の関係を使っています．最後に得られた式 (2.14) の結果は，式 (2.13b) の右辺と等しいので，式 (2.13b) は正しいことがわかります．

式 (2.14) にはガウスの法則の内容がよく現れているので，これを使ってガウスの法則を説明してみましょう．式 (2.14) の右から 2 番目の式は積分を実行すると $Q/(\epsilon_0 S) \times S$ と書けるので，この式は電気力線の面密度と球の表面積 S の積

になっています．だから，これは球の全表面から球の外へ出ている電気力線の数 N を表しています．そして，式 (2.14) は球の表面から出ている電気力線の数 N が Q/ϵ_0 に等しいことを示していますから，これはまさにガウスの法則 (II.1) で示されている内容と一致することがわかります．

また，式 (2.13b) の左辺の積分は，球の表面積が $4\pi r^2$ なので，次のように

$$\int_S E\,dS = E\int_S dS = ES = 4\pi r^2 E \qquad (2.15)$$

と計算できます．ここでは $E_n = E$ となることを使っています．そして $4\pi r^2 E$ が式 (2.13b) の右辺に等しくなるので，次の式が簡単に導かれます．

$$E = \frac{Q}{4\pi\epsilon_0 r^2} \qquad (2.16)$$

すなわち，ガウスの法則から電界の大きさ E が得られるのです．ガウスの法則の式 (2.13b) の右辺の電荷は 1 個とは限らず，多くの電荷である場合が普通です．すなわち，Q が次の式

$$Q = \sum_i^n Q_i \qquad (2.17)$$

で表される場合にもガウスの法則は成り立ちます．ですから，このとき式 (2.13b) は，次のようになります．

$$\int_S E_n\,dS = \frac{\sum_i^n Q_i}{\epsilon_0} \qquad (2.18)$$

ガウスの法則の内容は電荷 Q，電気力線の数 N，電界 $\boldsymbol{E}$ の関係を簡潔に表した重要な式ですので，この法則が電磁気学では極めて重要な基本的な式になっていることをよく理解し，納得しておく必要があります．

2.6 ガウスの法則の応用

2.6.1 電荷の帯電した球の電界

ガウスの法則の応用の一つとして，まず図 2.4 に示すように，内部に一様に電荷 Q が存在する半径 a の球が真空中にあるとして，球の中心から距離 r ($r > a$) の位置における電界 E_r を求めてみましょう．

半径 a の球を囲む半径 r の仮想球の表面 (図 2.4 で点線で示す) を閉曲面と考え

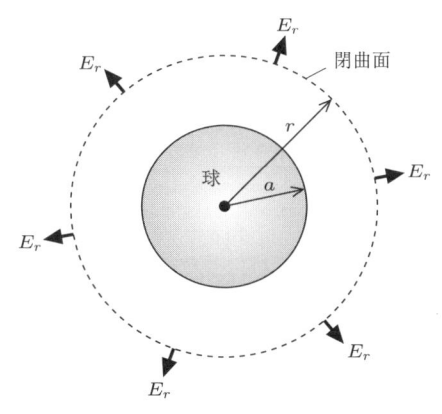

図 2.4 帯電した球の電界 (電荷 Q は球内に一様に分布)

て，閉曲面上の任意の点の電界の大きさを E_r としてこの問題にガウスの法則を適用すると，電界の大きさ E_r と半径 a の球に存在する電荷 Q の間には，次の関係が成り立ちます．

$$\int_S E_r \, dS = \frac{Q}{\epsilon_0} [\mathrm{m \cdot V}] \tag{2.19}$$

この式 (2.19) において，電界の大きさ E_r を定数とみなすと，この式 (2.19) の左辺は式 (2.15) を参照して，$\int_S E_r \, dS = E_r S = 4\pi r^2 E_r$ となります．これは右辺の Q/ϵ_0 と等しいので，中心から r の距離の球の表面の電界の大きさ E_r は，次の式で求まることがわかります．

$$E_r = \frac{Q}{4\pi\epsilon_0 r^2} [\mathrm{V/m}] \quad (r \geq a) \tag{2.20}$$

この式 (2.20) で表される電界の大きさ E_r は，中心の電荷から r の距離での電界の大きさを表すので，電荷から r の距離の電界の大きさを表す式であると，一般化して解釈することができます．

また，電荷 Q の体積密度を ρ_E として，電界の大きさ E_r をこの体積密度 ρ_E を使って表してみましょう．電荷 Q の体積密度 ρ_E は，半径 a の球の体積を $V (= 4\pi a^3/3)$ とすると，次の式で表されます．

$$\rho_\mathrm{E} = \frac{Q}{V} = \frac{3Q}{4\pi a^3} [\mathrm{C/m^3}] \tag{2.21a}$$

したがって，電荷 Q は $Q = \{(4\pi a^3)/3\}\rho_\mathrm{E}$ となるので，これを式 (2.20) に代入すると，電界の大きさ E_r は，次のようになります．

$$E_r = \frac{a^3 \rho_E}{3\epsilon_0 r^2} [\mathrm{V/m}] \tag{2.21b}$$

だから，半径 a の球の表面における電界の大きさ E_a は，電荷密度 ρ_E を使って表すと，式 (2.21b) の r を a に置き換えればよいので，次のようになります．

$$E_a = \frac{a\rho_E}{3\epsilon_0} [\mathrm{V/m}] \tag{2.21c}$$

2.6.2 帯電した円筒の電界

図 2.5 に示すように，長さが無限長で半径が a の帯電した円筒が真空中にあるとして，この円筒の一部を，長さが 1[m] で半径が $r\,(r>a)$ の，図に点線で示す円筒状の仮想閉曲面で囲んで，この表面における電界の大きさ E_r を求めてみましょう．この場合の電気力線は円筒のまわりに放射状に出ていますが，対称性から表面に垂直に出ている電気力線のみ有効です．また，帯電した円筒の表面には軸方向に単位長さあたり $Q[\mathrm{C}]$ の電荷が一様に分布しているとします．

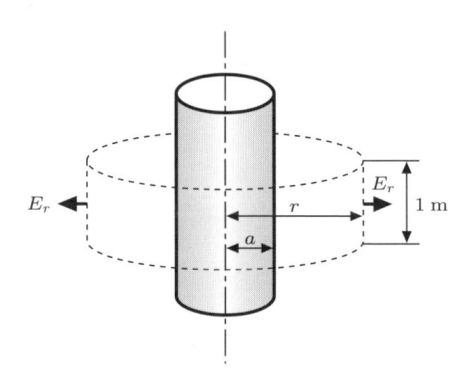

図 2.5 帯電した円筒の電界

半径 r の仮想円筒の側面積 S は軸方向の長さが 1[m] なので，$S = 2\pi r[\mathrm{m}] \times 1[\mathrm{m}]$ となることに注意して，この問題にガウスの法則を適用すると，次の面積分の式が成り立ちます．

$$\int_S E_r \,\mathrm{d}S = \frac{Q}{\epsilon_0} [\mathrm{m \cdot V}] \tag{2.22a}$$

この式の積分を，E_r を定数として扱って計算すると，次のようになります．

$$\int_S E_r \,\mathrm{d}S = E_r \int_S \mathrm{d}S = E_r S = E_r \times 2\pi r \times 1 = \frac{Q}{\epsilon_0} [\mathrm{m \cdot V}] \tag{2.22b}$$

したがって，電界の大きさ E_r は次のように求められます．

$$E_r = \frac{Q}{2\pi r \times 1 \times \epsilon_0} = \frac{Q}{2\pi\epsilon_0 r}[\text{V/m}] \tag{2.23}$$

なお，ここでは仮想の円筒の上下の端面についての計算をしていませんがこれは電界が放射状のために，上下の端面における電界は面に平行になり，垂直成分は存在しないので面積分への寄与は 0 となるためです．

2.6.3 帯電した平面による電界

次に，図 2.6 に示すような帯電した平面によって作られる電界を計算してみましょう．この平面は空気中で上下に無限に広がっていると仮定することにします．また，求める電界は無限平面の一部を断面積が A の仮想円筒で切り取って，帯電した平面に垂直な方向の電界 $\boldsymbol{E}$ を考えることにしましょう．そして，平面に帯電した電荷から放出される電気力線の方向は対称性から平面に垂直です．

帯電している電荷 Q の面密度をギリシャ文字 σ (シグマと読む) を使って σ_S とすると，Q は $Q = \sigma_S A$ となります．そして図 2.6 に示すように，電気力線は平面の両側に放出されるので，電界の大きさ E と電荷 $Q\ (=\sigma_S A)$ の間にはガウスの法則にしたがって，次の関係が得られます．なおここでも 2.6.2 項と同じように，円筒の側面での電界は面と平行になるため，積分には寄与しません．

$$\int_S E\,\mathrm{d}S = E\int_S \mathrm{d}S = E \times 2A = \frac{Q}{\epsilon_0} = \frac{\sigma_S A}{\epsilon_0}[\text{m}\cdot\text{V}] \tag{2.24a}$$

$$\therefore E \times 2A = \frac{\sigma_S A}{\epsilon_0}[\text{m}\cdot\text{V}] \tag{2.24b}$$

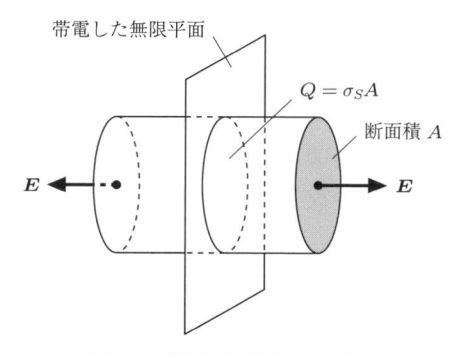

図 2.6 帯電した平面による電界

式 (2.24b) より，電界の大きさ E は次の式で示すように求まります．

$$E = \frac{\sigma_S}{2\epsilon_0} [\text{V/m}] \tag{2.25}$$

なお，表面に分布する電荷から放出される電気力線の方向は，このあと 3 章で説明するように，すべて表面に垂直な方向になります．

2.6.4 帯電した直線による電界

次に，帯電した直線があり，その直線が図 2.7 に示すように，上下に無限に伸びていると仮定して，この線による電界を考えてみましょう．線に帯電する電荷の量は単位長さ (1[m]) あたり $Q[\text{C}]$ とします．直線に帯電した電荷から放出される電気力線は線のまわりに放射状に広がっています．ですから，電気力線の密度は線からの垂直距離 r に依存します．

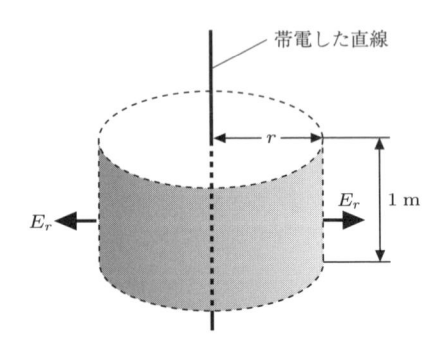

図 2.7 帯電した直線による電界

2.6.2 項では円筒に帯電した電荷から放出される電気力線を考えましたが，線の場合の電気力線の放射の状況も図 2.5 に示した円筒の場合と同じように考えることができるので，同様にして電界を計算することができます．すなわち，帯電した電荷 Q と，この直線から距離 r の点での大きさ E_r の電界の関係は，ガウスの法則によって次の式で与えられます．

$$\int_S E_r \, dS = \frac{Q}{\epsilon_0} [\text{m} \cdot \text{V}] \tag{2.26}$$

図 2.7 に示した，線を囲む半径 r の (点線で示した) 仮想円筒の側面積 S は，$S = 2\pi r \times$ 単位長さとなるので，$S = 2\pi r \, [\text{m}^2]$ として式 (2.26) を計算すると，

帯電した直線による電界の大きさ E_r は，次のように計算できます．

$$2\pi r E_r = \frac{Q}{\epsilon_0} [\text{m} \cdot \text{V}] \tag{2.27a}$$

$$E_r = \frac{Q}{2\pi \epsilon_0 r} [\text{V/m}] \tag{2.27b}$$

演 習 問 題

2.1 真空中のある点 A に 1×10^{-8}[C] の点電荷がある．点電荷から放出される電気力線の本数 N と電束 Φ_E を求めると共に，点 A から 2[m] 離れた位置における電界の大きさ E と電束密度の大きさ D を求めよ．なお，真空の誘電率 ϵ_0 は $\epsilon_0 = 8.854 \times 10^{-12}$[F/m] とせよ．

2.2 半径 r が 1[m] の内部が真空の球空間がある．この球空間の中心近傍に 1×10^{-8}[C] と 2×10^{-7}[C] の二つの電荷のかたまりがある．球空間内部の電荷から放出される電気力線の総数 N_T とこの球空間の表面における電界の大きさを計算せよ．

2.3 真空中に点 A と点 B があり，それぞれの位置には 1×10^{-4}[C] と -1×10^{-4}[C] の点電荷があるとする．点 A と点 B の間隔が 4[m] だったとして点 A と点 B の点電荷の間に働く力を求め，引力か斥力かについて答えよ．

2.4 真空中に点 A，点 B および点 C がこの順で一列に並んでいる．点 A，点 B，点 C の位置にはすべて 1×10^{-6}[C] の点電荷があり，点 A と点 B の間隔が 1[m]，点 A と点 C の間隔が 5[m] であったとすると，点 C の点電荷にはどのような力が働くか？

2.5 間隔が 4[m] の二つの点 A と B に，それぞれ電荷 1×10^{-6}[C] と -1×10^{-6}[C] がある．二つの点の中点に置いてある正電荷 Q_C に加わる力の方向を求めよ．

2.6 真空中のある点に 2.5×10^{-6}[C] の点電荷を置いたところ，3×10^{-4}[N] の力を受けたと言う．この点の電界の大きさはいくらか？　また，-5×10^{-6}[C] の点電荷を置くとどのような力を受けるか？

2.7 ある板状の平面に正の電荷が分布して帯電している．電荷の面密度 σ_S が 1×10^{-6}[C/m^2] であるとして，この平面の表面の電界を求めよ．

2.8 1本のまっすぐに伸びた，単位長さあたり 1×10^{-8}[C] の電荷が帯電している線がある．この線から 5[m] 離れた位置の電界の大きさはいくらになるか？

2.9 r[m] 離れた二つの点電荷 Q_1[C] と Q_2[C] がある．点電荷 Q_1 が点電荷 Q_2 の位置に作る電界 $\boldsymbol{E}$ が，点電荷 Q_2 に及ぼす電気力の大きさ F を求め，この F がクーロン力に一致することを示せ．

Chapter 3

電位および帯電した導体の電界，電位，電気力

　電位は，私たちが電気の大きさを表す用語として日常使う'電圧'のことですが，これは通称で正式な用語としては電位です．この章では，電位の定義を最初から説明して，電位が電気の位置のエネルギーの別の姿であることを明らかにします．また，電位と電界の関係も説明しておきます．電位と電圧 (電位差) の知識をはっきりさせた上で，導体に帯電した電荷と電位や電界の関係を説明して，電気現象において中心的な役割を果たす，これらの働きを明らかにします．この中で電気双極子の電位について説明したあと，電荷が導体に接近したときの電界の問題などを解く道具として便利な，電気影像法についても触れることにします．

3.1 電位の定義と意味

3.1.1 電位の定義および電界との関係

▶電位は位置のエネルギー

　電位は単位電荷あたりの位置のエネルギーと定義されています．そして，電位の単位はボルト [V] で表されます．電位の単位がなぜ V になるかを考えることを通して，電位の定義の内容を今少し見ておくことにします．

　2.4節で説明したように，電界 E の中に電荷 Q を入れると力 F が働き，$F = QE$ の関係が成り立ちます．そして，エネルギーは物理的には仕事と同じものですから，ある物体を大きさ F の力で r だけ動かしたときの仕事を W で表すと，仕事つまりエネルギーは $W = Fr$ となります．$F = QE$ の関係を使うと，エネルギー (仕事) は $W = QEr$ となることがわかります．

　エネルギー ($W = QEr$) の単位はジュール [J] ですが，電界 E，電荷 Q，距離 r の単位はそれぞれ [V/m], [C], [m] なので，これらの単位を使うと仕事の単位の [J] は，次のようになります．

$$[J] = [V/m] \times [C] \times [m] = [V \cdot C] \tag{3.1}$$

次に電位を V で表すことにすると，電位 V は最初に説明した電位の定義にした

3.1 電位の定義と意味

がって，単位電荷あたりのエネルギーですから，単位を含めて書くと，次のようになります．

$$V = \frac{W[\text{J}]}{Q[\text{C}]} = \frac{W[\text{V}\cdot\text{C}]}{Q[\text{C}]} = \frac{W}{Q}[\text{V}] \tag{3.2}$$

以上の結果，電位 V の単位は式 (3.2) に示すように [V] であることがわかります．

▶電界は電位の傾きである！

次に電位 V と電界 $\boldsymbol{E}$ の関係ですが，2 章で説明したように電界の大きさ E の単位は [V/m] となります．この単位から類推すると，電界は電位 $V[\text{V}]$ を距離 $r[\text{m}]$ で割ったようなもので表されそうです．実際にそうなるかどうかを見てみましょう．

いま，図 3.1 において，A の座標を (0,0) として A と B の距離 r_0 を 100[m]，A における電位 V を 1000[V] としましょう．そして B の電位を 0[V] とすると AB 間の電界の大きさ E_{AB} は

$$E_{\text{AB}} = \frac{1000[\text{V}]}{100[\text{m}]} = 10[\text{V/m}] \tag{3.3}$$

となります．一般論にするために，A の地点の電位を $V[\text{V}]$ とし，B までの距離を $r_0[\text{m}]$ にすると，AB 間の電界の大きさ E は次の式で与えられます．

$$E = \frac{V}{r_0}[\text{V/m}] \tag{3.4}$$

式 (3.4) で与えられる電界の大きさ E は，図 3.1 に示すように，地点 B における電位の勾配を表しています．

AB 間の任意の地点における電位の勾配はその位置の電界の大きさ E を表しますが，図からわかるように勾配はマイナスなので，地点 A から r の距離における電界の大きさ E は，次のように電位 V を距離 r で微分して負符号を付けた形に

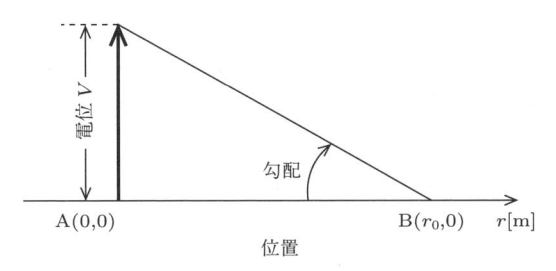

図 3.1 電界を表す電位の勾配

なります．

$$E = -\frac{dV}{dr} \tag{3.5}$$

3.1.2 電気の位置のエネルギーと電位

位置のエネルギーは一般の力学的位置のエネルギーの場合もそうですが，電気の位置のエネルギーである電位の場合も力の大きさ F を使って求まります．電気力による力の大きさ F はクーロンの法則によって与えられるので，二つの電荷を Q と Q_0，二つの電荷間の距離を r とすると，二つの電荷に働く力の大きさ F は次のようになります．

$$F = \frac{QQ_0}{4\pi\epsilon_0 r^2} \tag{3.6}$$

次にエネルギーですが，エネルギーは仕事と同じだからこれを W とすると，W は以下のようになります．いま，ある物体に大きさ F の力を加えて，これを微小距離 dr だけ移動させたとすると，この操作によって力 F が物体にした仕事 dW は次の式で表されます．

$$dW = F\,dr \tag{3.7}$$

この式 (3.7) の力の F として式 (3.6) の F を使うと，式 (3.7) は次のようになります．

$$dW = \frac{QQ_0}{4\pi\epsilon_0 r^2}dr \tag{3.8}$$

二つの電荷 Q と Q_0 の間隔は r なので，電荷 Q_0 が電荷 Q の位置に作る電界の大きさ E は，$E = Q_0/(4\pi\epsilon_0 r^2)$ となります．この E を使うと式 (3.8) は次のように表すことができます．

$$dW = QE\,dr \tag{3.9}$$

この式 (3.9) の dW は電界 $\boldsymbol{E}$ の中で電荷 Q を dr だけ移動させるために必要なエネルギーであると解釈できます．

次に本題の電位ですが，電位 V は前の 3.1.1 項で説明したように，電荷あたりの位置のエネルギーですから，微小エネルギー dW に対応する微小電位を dV とすると，dV は dW を Q で割って，次の式で与えられます．

$$dV = \frac{dW}{Q} = -E\,dr \tag{3.10}$$

ここで，電界の大きさ E の前に負符号を付けたのは，式 (3.5) に従って電界は電位の高い方から低い方へ向いているからです．

ある地点，これを r_1 とすると，位置 r_1 における電位 V は，式 (3.10) の $\mathrm{d}V$ を無限遠から r_1 の位置まで移動させるのに必要な単位電荷あたりのエネルギーと定義されているので，電位 V は式 (3.10) を ∞ から r_1 まで積分すれば求まります．これを実行すると次のようになります．

$$V = \int_{\infty}^{r_1} (-E)\,\mathrm{d}r = \frac{Q_0}{4\pi\epsilon_0} \int_{\infty}^{r_1} \left(-\frac{1}{r^2}\right)\mathrm{d}r = \frac{Q_0}{4\pi\epsilon_0}\left[\frac{1}{r}\right]_{\infty}^{r_1} \tag{3.11a}$$

$$\therefore V = \frac{Q_0}{4\pi\epsilon_0 r_1}[\mathrm{V}] \tag{3.11b}$$

電荷 Q_0 から距離 r の位置の電位 V を一般式で表しておくと，この式を使って次の式になります．

$$V = \frac{Q_0}{4\pi\epsilon_0 r}[\mathrm{V}] \tag{3.11c}$$

式 (3.11c) で表される V を r で微分すると，次のように確かに電界の大きさ E になります．

$$\frac{\mathrm{d}V}{\mathrm{d}r} = \frac{Q_0}{4\pi\epsilon_0}\left(-\frac{1}{r^2}\right) = -\frac{Q_0}{4\pi\epsilon_0 r^2} = -E[\mathrm{V/m}] \tag{3.12}$$

電位 V は式 (3.11c) で表されますが，この式は電荷 Q_0 から r の距離における電位を表しているとも言えます．このことと関連して，複数の電荷によって作られるある位置の電位 V は，個々の電荷がある位置に作る電位の和になり，これらの電位を $V_1, V_2, V_3, \ldots, V_n$ とすると，$V = V_1 + V_2 + V_3 + \cdots + V_n$ となります．

3.1.3 電位差と等電位面

▶普通に電圧と言われるのは電位差のこと！

電界の中に二つの点 A と B があり，それぞれ電位が $V_\mathrm{A}, V_\mathrm{B}$ とすると，次の式で表される V_AB は点 A と点 B の電位差と呼ばれます．

$$V_\mathrm{AB} = V_\mathrm{A} - V_\mathrm{B}[\mathrm{V}] \tag{3.12}$$

電位差 V_AB が正ならば，V_A が V_B より大きくなります．電位差は電圧とも呼ばれます．一般社会では電圧と呼ばれることの方が多いようです．

電位が等しい点を連ねて作った面は等電位面と呼ばれます．等電位面について

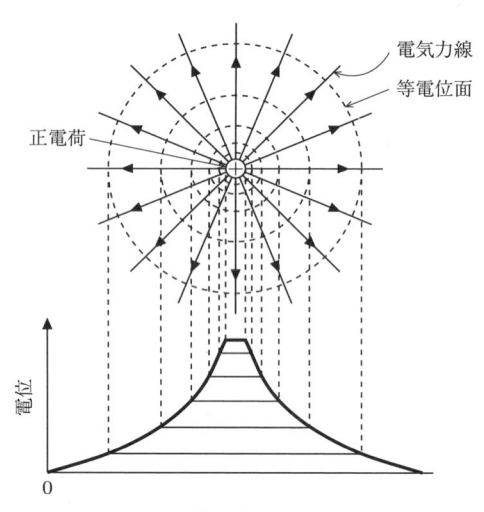

図 3.2　等電位面と電気力線

は次の二つのことが重要です．

① 電荷 Q から出る電気力線と等電位面を同じ図面に描くと，図 3.2 に示すようになります．等電位面は電気力線とは必ず垂直に交わります．
② 異なる等電位面は決して交わることはありません．たとえば，もしも二つの等電位面が交われば，交点では二つの電位を持つことになり等電位面でなくなるからです．

また，等電位面を表す等高線の間隔が狭い場所は，狭い距離で電位差が大きいことを示しているので，その位置の電界は大きくなります．だから，等高線の間隔が広いと当然電界は小さくなります．この様子は図 3.2 の下図に示す通りです．

3.2 帯電した導体に働く電気と力

3.2.1 導体表面の電荷と電界

導体は電荷 (を持つ電子，正確には伝導電子) が自由に動くことができる物質で，金属などがこれに属します．導体には固定した位置に正電荷の多くの陽子があると同時に，自由に動くことのできる負電荷の多くの電子があります．そして，平衡状態では導体の内部は正負の電荷が同数で中性であり，導体の内部に対しては外部の電界は働きません．

だから外部との間に電荷のやり取りがなければ，導体は電気的に中性です．したがって，導体が帯電しているとすると，これは表面だけで起こっている現象です．
帯電した平衡状態の導体には次の性質があります．

① 導体はすべての位置で電位が同じで，導体内部の電界はゼロです．もしも導体内部に場所によって電位差があれば，電位勾配が発生するので電荷の移動が起こり，平衡状態であることと矛盾してしまいます．ですから，平衡状態では導体の内部には電界は存在できません．

② 導体の内部に電界も電荷もないので電荷の帯電は表面で起こります．なぜかというと，導体の内部には電界がゼロなので，2章で述べたガウスの法則の式 (2.18) を適用すると，この式の左辺がゼロになるので，右辺の $\sum_i^n Q_i$ もゼロになり電荷は内部には存在しません．ですから，導体に電荷が存在できるとすれば，帯電できる表面だけになるのです．この様子は図 3.3 に示すようになります．

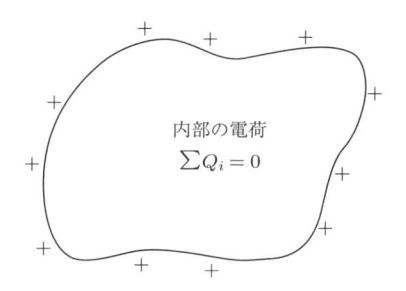

図 **3.3**　帯電した導体の表面と内部の電荷

③ 導体に帯電した電荷から出る電気力線の方向は導体表面に垂直になります．なぜかというと，前の 3.1.3 項で説明したように，電気力線は常に等電位面に垂直になるからです．

④ 導体で囲まれた中空の部分には，そこに電荷がなければ電界は存在しません．なぜなら，導体の表面は等電位なので導体の内表面も同一電位でなければならないからです．そして，中空部の内部に電荷がなければそこには電位差は生じないのです．導体のこの性質は電界を遮断する電気の遮蔽 (シールド) に使われます．これは静電遮蔽と呼ばれます．周囲の電界が測定の結果に影響を与えるような精密測定は，金網などの導線で作られた囲いで電

気シールドされた内部に計測器を置いて行われます．

⑤ 帯電した導体の表面における電界の大きさ E は，表面の電荷の面密度を σ_S とすると，次の式で表されます．

$$E = \frac{\sigma_S}{\epsilon_0} \tag{3.13}$$

これはクーロンの定理と呼ばれています．帯電した導体表面の電界の大きさ E は 2 章で述べた平面の電界の場合と同じ取り扱いで求められますが，導体表面の場合には電気力線の放出する方向は表面の一方向のみなので，2.6.3 項で説明した式 (2.25) において分母の $2\epsilon_0$ が ϵ_0 になり，式 (3.13) が得られます．

3.2.2 導体表面に働く力

導体表面のある点を P とすると，点 P の (近傍の) 微小面積 dS に帯電している電荷は電気力を受けます．帯電した表面の電界の様子を図 3.4 に示します．点 P 近傍の微小面積の部分の電界 $\boldsymbol{E}$ は，微小面積に帯電している電荷による電界 $\boldsymbol{E}_1$ と点 P のまわりの表面電荷 (表面に帯電している電荷) が点 P に作る電界 $\boldsymbol{E}_2$ の両方によってもたらされています．

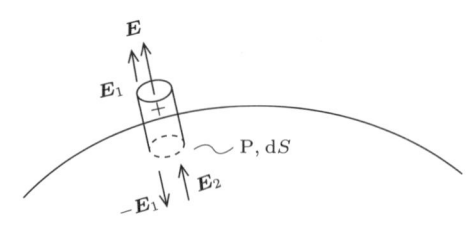

図 3.4 帯電した導体表面の電界 $\boldsymbol{E}$

点 P の近傍の外向きの電界 $\boldsymbol{E}$ は次の式で表されます (付録 a 節参照)．

$$\boldsymbol{E} = \boldsymbol{E}_1 + \boldsymbol{E}_2 \tag{3.14a}$$

一方，点 P の微小面積 dS の直下の導体内部の電界はゼロですが，これは微小面積の電荷による下向きの電界 $-\boldsymbol{E}_1$ が，微小面積の周囲の表面電荷による電界 $\boldsymbol{E}_2$ によって打ち消されているためだと考えられます．ですから，次の式が成り立ちます．

$$-\boldsymbol{E}_1 + \boldsymbol{E}_2 = \boldsymbol{0} \tag{3.14b}$$

これらの式 (3.14a,b) を使うと，$\boldsymbol{E}_2$ は次のようにも求まります．

$$\boldsymbol{E}_2 = \frac{1}{2}\boldsymbol{E} \tag{3.15a}$$

また，前の 3.2.1 項で示したクーロンの定理によると帯電した表面の電界 $\boldsymbol{E}$ は式 (3.13) で与えられるので，式 (3.15a) の電界 $\boldsymbol{E}_2$ は σ_S を使うと，次の式で与えられます．

$$\boldsymbol{E}_2 = \frac{\sigma_S}{2\epsilon_0} \tag{3.15b}$$

微小面積 dS の電荷 Q は電荷密度 σ_S を使うと，$Q = \sigma_S dS$ となるので，点 P の近傍に帯電する微小電荷に電界 E_2 によって加わる (微小な) 電気力を dF とすると，dF は次の式で表されます．

$$dF = E_2 \sigma_S \, dS \tag{3.16}$$

式 (3.15a,b) と式 (3.13) の関係を使うと，dF は次のようになります．

$$dF = \frac{1}{2}\epsilon_0 E^2 dS \tag{3.17a}$$

または，

$$dF = \frac{1}{2}\frac{\sigma_S^2}{\epsilon_0} dS \tag{3.17b}$$

単位面積あたりの導体の表面の点 P (の近傍の電荷) に加わる力の大きさ F_0 は dF/dS となるので，次の式で与えられます．

$$F_0 = \frac{1}{2}\epsilon_0 E^2 [\mathrm{N/m^2}] \quad \text{または} \quad F_0 = \frac{1}{2}\frac{\sigma_S^2}{\epsilon_0}[\mathrm{N/m^2}] \tag{3.18}$$

この帯電した導体の表面に加わる電気力の大きさ F_0 は，表面の電界の大きさ E の 2 乗，または表面の電荷密度 σ_S の 2 乗に比例し，その方向は σ_S の正負に関係なく導体の表面を向く外向きです．したがって，導体の表面には外向きの張力が働くことになります．

3.3 帯電した導体の電界と電位

3.3.1 導体球

導体球の表面に電荷が帯電した場合の様子は図 3.5 に示すようになるので，導体

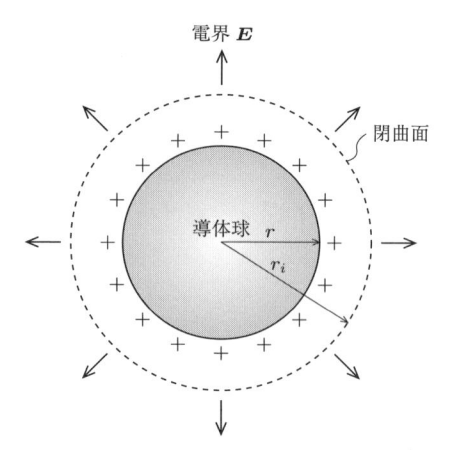

図 3.5 帯電した導体球の電界

球の表面の電界を求めるには,球の周囲に閉曲面を構成する同心の仮想球を作って,その表面の電界を考える方法が有効です.

図 3.5 に示す半径が r_i の仮想球にガウスの法則を適用すると,2.5 節で説明したように,仮想球の表面における電界の大きさを E_i とすると,次の式が成り立ちます.

$$\int_S E_i \, dS = \frac{Q}{\epsilon_0} [\text{V/m}] \tag{3.19}$$

この式 (3.19) から,仮想球の表面の電界の大きさ E_i は仮想球の表面積を S_i $(= \int_S dS)$ とすると $E_i = Q/(\epsilon_0 S_i)$ となります.S_i を仮想球の半径 r_i を使って $S_i = 4\pi r_i^2$ とすると,$E_i = Q/(4\pi\epsilon_0 r_i^2)$ となるので,仮想球の中にある半径 r の導体球の表面の電界の大きさ E は $r_i = r$ とおいて,次の式で表されます.

$$E = \frac{Q}{4\pi\epsilon_0 r^2} [\text{V/m}] \tag{3.20a}$$

この式は,2.5 節で示した式 (2.16) と同じです.

球の表面積を S とすると導体球の表面の電界の大きさ E は

$$E = \frac{Q}{\epsilon_0 S} [\text{V/m}] \tag{3.20b}$$

となり,一見導体の表面の電界を表す式 (3.13) と異なるように見えますが,電荷の面密度 σ_S は Q/S で表されるので,式 (3.20b) の内容は式 (3.13) の内容と同じになります.

▶電位は電界を積分して得られる

次に帯電した球の表面の電位ですが，3.1.1 項で説明したように，電界は電位の勾配なので，電界の大きさ E は電位 V を位置座標の r で微分した式 (3.5) で表されます．ですから，電位 V は逆に電界の大きさ E を位置座標 r で ∞ から r まで積分して，次のように得られます．電位は，通常 $r \to \infty$ で $V = 0$ と定義されるからです．

$$V = \int_{\infty}^{r} (-E)\,\mathrm{d}r = \int_{\infty}^{r} \left(-\frac{Q}{4\pi\epsilon_0 r^2}\right)\mathrm{d}r = -\frac{Q}{4\pi\epsilon_0} \int_{\infty}^{r} \frac{1}{r^2}\mathrm{d}r \quad (3.21\text{a})$$

$$\therefore V = \frac{Q}{4\pi\epsilon_0 r} \quad (3.21\text{b})$$

3.3.2 導体線

図 3.6 に示すように，上下に無限にまっすぐに伸びた帯電した導線があり，この導線に単位長さあたり q_e の電荷が帯電しているとしましょう．帯電した直線による電界の大きさ E_r については，すでに 2.6.4 項で求めました．

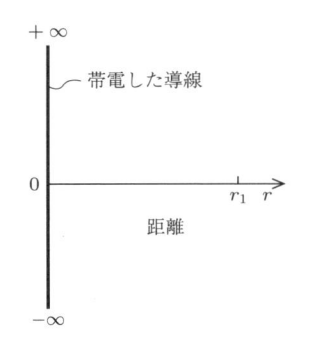

図 3.6 帯電した導線による電位

すなわち，電界の大きさ E_r は式 (2.27b) で与えられるので，この式の電荷 Q を q_e に置き換えると，帯電した導線の電界の大きさは次の式で与えられます．

$$E_r = \frac{q_e}{2\pi\epsilon_0 r} \quad (3.22)$$

次に，この導線から距離が r_1 だけ離れた位置の電位 V_{r_1} を求めましょう．電位 V_{r_1} を求めるには，3.1.2 項で示した一般式 (3.11a) を使って，次のように計算できます．

◆ **補足 3.1** $1/r$ の積分と自然対数について

初等関数の簡単な積分公式の中に，関数 $f(r) = r^n$ を積分する次の公式があります．

$$\int f(r)dr = \int r^n dr = \frac{1}{n+1} r^{n+1} \tag{S3.1}$$

しかし，この積分公式は $n = -1$ $(r^{-1} = 1/r)$ のときには分母が 0 になり，$1/r$ の積分には使えません．実は，$1/r$ の r による積分は自然対数を使って表すと，次のようになります．

$$\int \frac{1}{r} dr = \ln r \tag{S3.2}$$

r の対数についてですが，対数には主に二つの表し方があります．一つは底に 10 を使う常用対数と呼ばれる方法で，これを使うと r の対数は $\log_{10} r$ となります．もう一つが底にネイピア数と呼ばれる e を使う自然対数と呼ばれる方法で，$\log_e r$ となります．そして，$\log_e$ はしばしば (ことに電気系では) ln の記号 (ロンと読む) を使い，e を省略して $\ln r$ と表示されます．

$$\begin{aligned} V_{r_1} &= \int_\infty^{r_1} (-E_r) \, dr = \int_\infty^{r_1} \left(-\frac{q_e}{2\pi\epsilon_0 r} \right) dr = -\frac{q_e}{2\pi\epsilon_0} \int_\infty^{r_1} \frac{1}{r} dr \\ &= -\frac{q_e}{2\pi\epsilon_0} [\ln r]_\infty^{r_1} = -\frac{q_e}{2\pi\epsilon_0} [\ln r_1 - \ln \infty] = \infty \end{aligned} \tag{3.23}$$

この式の積分と $\ln r$ については補足 3.1 に説明しておいたので参照して下さい．

この結果，導線から r_1 の距離の電位は無限大になってしまいましたが，これは導線が上下に無限に伸びていると仮定したためです．ここでは示しませんが，帯電した導線の長さを有限の長さに限れば，電位は無限大にはなりません．

3.4 電気双極子による電位

符号が逆で大きさの等しい，わずかに離れた二つの電荷の対は電気双極子と呼ばれます．いま，図 3.7 に示すように，距離間隔 s の二つの点電荷 Q と $-Q$ の対が作る電気双極子の中点からの距離が r $(s \ll r)$ の位置に点 P があるとして，点 P における電位を求めてみましょう．

点 P における電気双極子による電位を $V(r)$ とすると，$V(r)$ は正符号の点電荷 Q による電位 $V_+(r)$ と負符号の点電荷 $-Q$ による電位 $V_-(r)$ の和になるので，次の式で表されます．

$$V(r) = V_+(r_1) + V_-(r_2) \tag{3.24}$$

3.4 電気双極子による電位

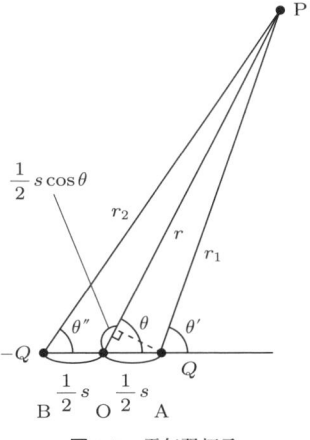

図 3.7 電気双極子

ここで，r_1 と r_2 はそれぞれ点電荷 Q と $-Q$ から点 P までの距離です．

そして，$V_+(r_1)$ と $V_-(r_2)$ は，式 (3.11c) を使って次のように表されます．

$$V_+(r_1) = \frac{Q}{4\pi\epsilon_0 r_1}, \quad V_-(r_2) = -\frac{Q}{4\pi\epsilon_0 r_2} \tag{3.25}$$

図 3.7 を参照して θ, θ', θ'' と r_1, r_2 は次のように近似できます．

$$\theta'' \doteqdot \theta' \doteqdot \theta \tag{3.26a}$$

$$r_1 \doteqdot r - \frac{1}{2}s\cos\theta, \quad r_2 \doteqdot r + \frac{1}{2}s\cos\theta \tag{3.26b}$$

式 (3.26a,b) の関係を使って計算すると，式 (3.24) で表される電気双極子による点 P における電位 $V(r)$ は，次のように求まります (詳しい求め方は演習問題 3.6 とします)．

$$V(r) = \frac{Qs\cos\theta}{4\pi\epsilon_0 r^2}[\mathrm{V}] \tag{3.27}$$

ここで，式 (3.27) の Qs は双極子モーメントと呼ばれます．

次に動径方向の電界の大きさ E_r は 3.1.1 項の式 (3.5) に従って，電位 $V(r)$ を r で微分して，次のように求めることができます．

$$E_r = -\frac{\mathrm{d}V}{\mathrm{d}r} = -\frac{Qs\cos\theta}{2\pi\epsilon_0 r^3}[\mathrm{V/m}] \tag{3.28}$$

3.5 電気影像法による導体の電界と電気力

導体と電荷を含む静電荷の問題はこれを正攻法で解こうとすれば，導体に電荷が近づくと静電誘導が起こることもあり，極めて複雑で厄介な問題になります．こうした場合に便利に使える道具に電気影像法があります．

電気影像法では，図 3.8 に示すような，接地 (アース) した導体の十分に広い表面から a の距離に正の点電荷 Q が近づいたとき，導体の表面から内部方向へ a の距離に，この電荷 Q と逆符号を持った影像電荷の点電荷 $-Q$ が発生すると仮定します．このようにすると，導体と電荷 Q の問題は，電荷 Q と導体内に発生した影像電荷 $-Q$ を使って解くことができるのです．

この取り扱いが妥当なことは次のように説明できます．いま，点電荷 Q と $-Q$ が図 3.9(a) に示す x-y 座標において x 軸上の原点から等距離で対称点の $(a, 0)$ と $(-a, 0)$ にあるとします．この条件で座標が $(0, b)$ の，y 軸上の点 P における電位 V_P を求めると次のようになります．

すなわち，電位 V_P は，点電荷 Q による電位と影像電荷 $-Q$ による電位の和になります．電荷 Q，$-Q$ と点 P との距離が $\sqrt{a^2 + b^2}$ で同じになるので，電位の和の V_P は次の式で与えられゼロになることがわかります．

$$V_\mathrm{P} = \frac{Q}{4\pi\epsilon_0 \sqrt{a^2 + b^2}} - \frac{Q}{4\pi\epsilon_0 \sqrt{a^2 + b^2}} = 0 \tag{3.29}$$

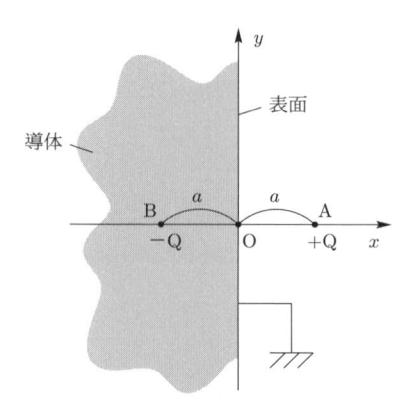

図 3.8　導体近くの電荷 Q と影像電荷 $-Q$

3.5 電気影像法による導体の電界と電気力

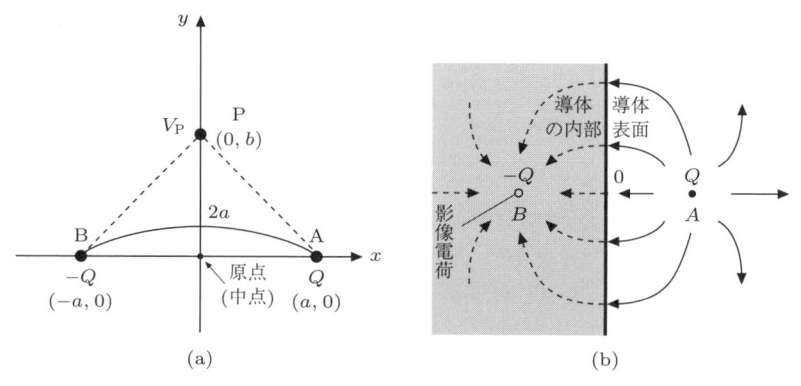

図 3.9 電気影像法と電位，電気力線

この式 (3.29) の電位 V_P の値は，点 P が y 軸上を移動して b の値が変化しても常にゼロで，その値は変わりません．

図 3.8 に示した導体では右端の表面の電位は導体がアースされているとゼロですが，図 3.9(a) の y 軸上の電位も，導体の表面の電位と同じくゼロになります．また，電荷 Q から出て影像電荷 $-Q$ に終わる電気力線の様子は図 3.9(b) に示すようになりますが，y 軸上はゼロ電位の等電位面だから電気力線は y 軸上では y 軸に垂直になります．導体の場合にも，導体表面に入る電気力線の方向は導体表面に対して常に垂直です．だから，電気力線の様子も図 3.8 (導体の場合) と図 3.9(b) の二つの場合で同じになります．

以上のことから，導体とその近くにある点電荷が導体の近傍に作る電気的な状況は，点電荷とその影像電荷が作る電気的な状況と同じになることがわかります．だから，導体と点電荷の問題を点電荷とその影像電荷を使って解くことが妥当であると結論することができます．

そこで，次に図 3.10 に示すように，正の点電荷 Q が導体に近づいてきて，表面の点 C から a の距離にとどまったとして，導体の表面の任意の点 P の電界 $\boldsymbol{E}_P$，および導体と点電荷 Q の間に働く電気力 $\boldsymbol{F}$ を求めてみましょう．ここでは，点 P における点電荷 Q による電界を $\boldsymbol{E}_Q$ とし，その影像電荷 $-Q$ による電界を $\boldsymbol{E}_{-Q}$ とすることにします．

すると，図 3.10 に示すように，点電荷 Q と点 P の距離および影像電荷 $-Q$ と点 P の距離 $r\,(=\sqrt{a^2+b^2})$ の 2 乗はいずれも a^2+b^2 なので，点 P における Q と $-Q$ による電界の大きさ E_Q と E_{-Q} は次のようになります．

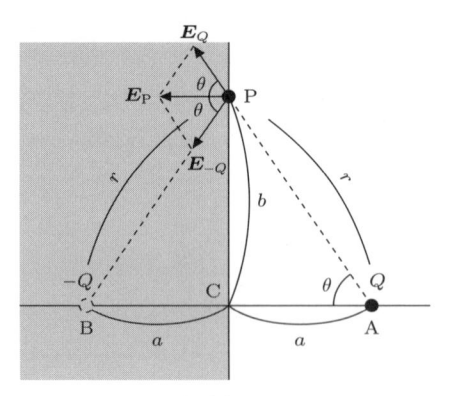

図 3.10 電気影像法による電界 E

$$E_Q = \frac{Q}{4\pi\epsilon_0 (a^2 + b^2)} \tag{3.30a}$$

$$E_{-Q} = \frac{-Q}{4\pi\epsilon_0 (a^2 + b^2)} \tag{3.30b}$$

これらの電界の方向は，電界 E_Q は電荷 Q に対して外向きになるので導体の内部の上向き，電界 E_{-Q} は電荷 $-Q$ を向くので，内部の下向きになり，図3.10 に示すように描けます．電界には負の大きさはありませんがここでは内部に向く方向を負としました．

したがって，点 P での電界の大きさ E_P は図 3.10 を参照して次のように計算できます．

$$E_P = E_Q \cos\theta + E_{-Q} \cos\theta = (-E_Q + E_{-Q}) \cos\theta \tag{3.31}$$

$\cos\theta = a/\sqrt{a^2 + b^2}$ の関係と，式 (3.30a,b) を使って計算すると，点 P での電界 E_P は前に負符号が付いているので図 3.10 に示すように導体の内部方向を向き，その大きさは次の式で与えられることがわかります．

$$E_P = \frac{Qa}{2\pi\epsilon_0 (a^2 + b^2)^{3/2}} \tag{3.32}$$

この式 (3.32) を使って，図 3.10 の導体の表面の C 点，つまり点 B と点 A の中点における電界の大きさ E_C を求めると，$b = 0$ とおいて $E_C = -Q/(2\pi\epsilon_0 a^2)$ となります．この結果，電荷 Q の近くに導体があるときには，電荷 Q から a の距離における電界は内部方向を向き，大きさは $Q/(2\pi\epsilon_0 a^2)$ で表されることになります．もしも，点電荷の近傍に導体がなければ，この中点つまり点 C における

点電荷 Q による電界は大きさが $E_\mathrm{C} = Q/(4\pi\epsilon_0 a^2)$ で，内向きとなるはずですから，ずいぶん違ってきます．

点電荷 Q による電界は近くに導体があるかないかによって，その値が 2 倍異なります．このようなことが起こる原因は，導体の近傍に点電荷が近づくと静電誘導が起こり，逆符号の電荷が発生するからです．ですから，ある意味では導体とこれに近づいた電荷の関係は不思議と言えば不思議です．

次に，点電荷 Q と導体の間に働く電気力 $\boldsymbol{F}$ を求めましょう．この力 $\boldsymbol{F}$ は点電荷 Q と影像電荷 $-Q$ の間に働く力と同じになると考えてよいので，$\boldsymbol{F}$ の大きさは次の式で表され引力になることがわかります．

$$F = \frac{-Q \times Q}{4\pi\epsilon_0 (2a)^2} = -\frac{Q^2}{16\pi\epsilon_0 a^2} [\mathrm{N}] \tag{3.33}$$

導体と点電荷の間に働く力についても面白いことに気づきます．式 (3.33) で表される大きさの力 $\boldsymbol{F}$ は導体に $-Q$ の点電荷が近づいたときにも成り立ちます．そしてこの力は点電荷 $-Q$ が受ける力と解釈できますが，この力は同様に引力になります．要するに，導体に電荷が近づけば電荷の符号の正負にかかわらず，電荷は導体に引き寄せられるような力を受けるのです．

そして，式 (3.33) で表される力の絶対値は点電荷と導体の距離が近いほど大きくなり，導体に近づいた電荷には大きな引力が働きます．だから，電荷が導体に近づくと，その符号の正負にかかわらず電荷は導体に強く引き寄せられることがわかります．

演習問題

3.1 点 A から $2[\mathrm{m}]$ の距離の点 B に電荷 $Q_1 = 1 \times 10^{-6}[\mathrm{C}]$ と，2 点の中点に電荷 $Q_2 = 2 \times 10^{-6}[\mathrm{C}]$ がある．電荷 Q_1 が点 A に作る電界 $\boldsymbol{E}_1$, および電荷 Q_1 と Q_2 の二つの電荷が点 A に作る電界 $\boldsymbol{E}_{1+2}$ を求めよ．電荷は真空中にあると仮定せよ．

3.2 真空中にある任意の点 A の電界の大きさ E_A と電位 V_A が，それぞれ，$E_\mathrm{A} = 5[\mathrm{V/m}]$ および $V_\mathrm{A} = 10[\mathrm{V}]$ であるという．点 A から $\Delta x = 0.1[\mathrm{m}]$ 離れた位置の電位を求めよ．なお，$\boldsymbol{E}_\mathrm{A}$ の方向は x 方向で，Δx の間ではその値が変わらないとせよ．

3.3 真空中の点 A の電位 V と電界の大きさ E が，それぞれ $10[\mathrm{V}]$ と $5[\mathrm{V/m}]$ になるような点電荷 Q は点 A からいくらの距離にあるか？ そして，その電荷 Q の値はいくらか？ また，電荷 Q と点 A の延長線上にあって，電荷 Q から $4[\mathrm{m}]$ の位置

の電位はいくらになるか？　なお，Q は正電荷とせよ．

3.4 ある一様な電界 $\boldsymbol{E}$ の中で電荷 $Q = 2[\mathrm{C}]$ を電界 $\boldsymbol{E}$ に逆らって，距離を $r = 10[\mathrm{cm}]$ だけ移動させるために必要な仕事量が $300[\mathrm{J}]$ であった．ある電界 $\boldsymbol{E}$ の大きさはいくらか？

3.5 表面に Q の電荷が帯電している半径が a の導体球の，表面および内部の電界の大きさ E と電位 V を半径方向の座標を r とする関数を使って表せ．そして，$r = a$ における電界と電位をそれぞれ E_a と V_a として，E, V の半径方向の分布を図示せよ．

3.6 電気双極子の電位 $V(r)$ は本文の式 (3.27) で表されることを，式 (3.24)，式 (3.25) および式 (3.26a,b) を使って示せ．

3.7 図 M3.1 に示すように，真空中に半径が a の導線 A と B が紙面に垂直に，互いに平行に並んで無限に伸びている．導線間の間隔を $d[\mathrm{m}]$ とし，導線 A, B はそれぞれ単位長さあたり $Q[\mathrm{C/m}]$ と $-Q[\mathrm{C/m}]$ の電荷が帯電しているとして，2 本の導線間の電位差を求めよ．ヒント：導線 A の中心から導線 B の方向へ $x[\mathrm{m}]$ の距離にある点 P の電界を使うことが鍵になる．

3.8 図 M3.2 に示すように，真空中に半径 a の接地した導体球があり，この導体球の中心から l の距離に，電荷 Q が近づいてきて停止した．この電荷 Q が導体球から受ける力を求めよ．ヒント：導体球の中心から c の距離に Q の影像電荷 q が生じるものとして計算せよ．

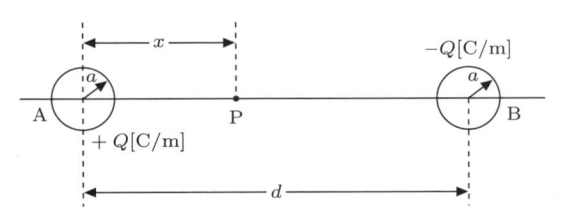

図 **M3.1** 導線間の電位差

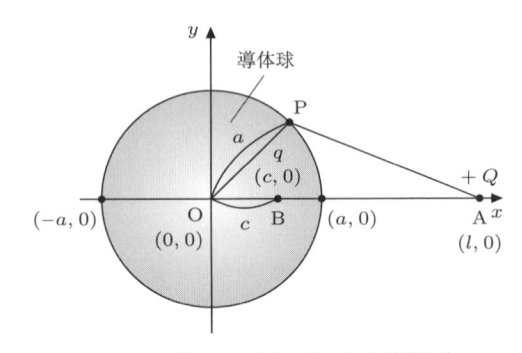

図 **M3.2** 電荷 Q が導体球に作る影像電荷

Chapter 4

誘電体の物理と静電容量

　静電容量は電荷の蓄えられる量ですが，この章では静電容量に関して重要な誘電体の性質から始めることにします．誘電体は絶縁体ですが，かつては電気を伝搬する材料として電媒質と呼ばれていて，電荷を誘起し，電荷を蓄える機能を持っています．まず，誘電体の物理を基本から述べ，誘電体の性質がよく納得できるように説明し，その上で静電容量とその関連事項について説明します．続いて，電荷を蓄えてこれを利用するコンデンサについて，その性質や接続方法などの応用について見ていくことにします．

4.1 誘電体と誘電分極

4.1.1　誘電体の正体と誘電現象

▶誘電体は絶縁体

　導体は電荷を持つ電子が自由に移動できて電気を通す物質ですが，誘電体では電子は自由には動けないので電流は流れません．だから，誘電体は絶縁体に属します．電荷は移動できませんが，誘電体はある種の電気的性質を伝搬する物質なので，かつては電媒質と呼ばれていました．しかし，現在では誘電体の呼称が一般的です．

　この物質が誘電体と呼ばれるのは，この物質が容易に電荷を誘起するからです．導体の場合には，すでに 1.4 節で説明したように，電荷が近づくと静電誘導が起こりますが，誘電体でも似たような現象が起こるのです．これを次に見てみましょう．

▶誘電体で起こる電荷の誘起は奇妙？

　誘電体の場合の電荷の誘起の状況を，導体の場合と対比して図 4.1 に示しました．図 4.1(a) に示す導体の場合には，電気が導通するように接触させた 2 個の物体 A, B に正の電荷を近づけると，近づけた正電荷に近い側の A には負電荷，遠い側の B には正電荷が，それぞれ誘起されます．

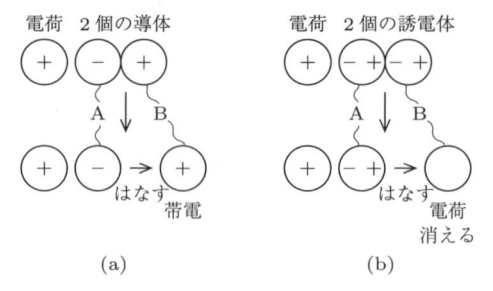

                    電荷　2個の導体　　　　　電荷　2個の誘電体

図4.1　導体と誘電体での誘起される電荷状態の違い

　誘電体の場合も図4.1(b)に示すように，接触させたA, Bの誘電体に正電荷を近づけると正負の電荷が誘起されますが，よく見ると誘起された電荷の状況が導体の場合と異なり，AにもBにも対をなして左右に正負の電荷が誘起されています．そして，正電荷を近づけた状態でAからBを引き離したときに，導体と誘電体で大きく異なる現象が起こります．

　導体の場合には1.4節で説明したように，正電荷から遠ざけられたあとも，誘起されたBの正電荷には逃げ道がないので，正電荷はBに残ったままになります．しかし，誘電体の場合には図4.1(b)に示すように，遠ざけられた誘電体片のBからは誘起されていた正負の電荷は共に消えて無くなります．電荷はなぜ消えたのでしょうか？　誘電体のこの導体との大きな違いは，次に説明する誘電体の分極現象を知ることによって納得できます．

4.1.2　誘電体の分極

　図4.2に示す誘電体において，図に示すように左から右に向かう電界 E を加えると，誘電体の左端に負電荷，右端に正電荷が誘起されます．しかし，誘電体は絶縁体ですから，誘電体の中では電荷は移動できないので，導体の場合のように電界によって物体の中で電荷が移動してその分布が変化することはありません．

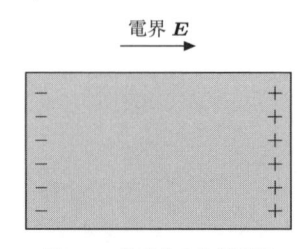

図4.2　誘電体の分極電荷

4.1 誘電体と誘電分極

だから正負の電荷が両端に現れたのは電荷が移動した結果ではないはずです．

では，なぜ図 4.2 に示すように，誘電体の左右に正負の電荷が現れたのでしょうか？　この原因は，誘電体を構成する原子の電荷の状態が電界を加えることによって変化したからです．この状況を調べてみましょう．まず，誘電体などの物質はすべて原子でできていますが，原子は電子と陽子で構成されています．そして，図 4.3(a) に示すように，陽子は中心の原子核に存在し，電子は原子核の周辺に分布しています．

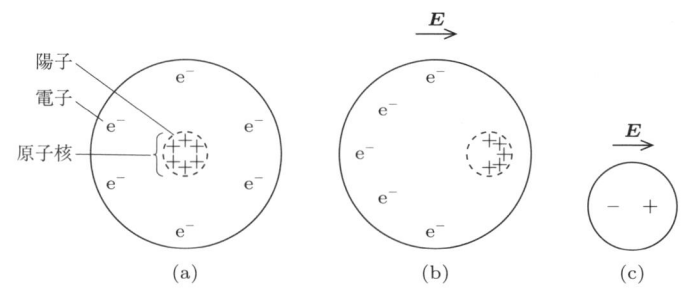

図 4.3　原子の電子分極

原子に図 4.3(b) に示すような右向きの電界 E を加えると，負電荷の電子は原子の中で左側に，正電荷の陽子は同じく右側に，その存在位置をシフトさせます．この状態の原子の電荷の状態を模式的に描くと図 4.3(c) に示すように表すことができます．

すなわち，原子に電界が加わると，電子と陽子が正規の位置から少し左右にシフトして電気双極子ができ，外部に対して電界を作るようになります．このような状態は原子が分極したと言われ，この現象は電子分極と呼ばれます．また，原子が集まった分子でも同じように分極が起こりますが，この分極は原子分極と呼ばれます．

電界を加えた誘電体の内部は多くの原子が電子分極を起こした状態であると解釈できるので，これを模式的に描くと図 4.4(a) に示すようになります．そして，誘電体内に分極によって最終的に発生する電荷は，図 4.4(b) に示すように，誘電体の左右だけに限られます．そしてこの電荷は σ_p で表され，分極電荷 (密度) と呼ばれます．

なぜ分極電荷が左右の端だけに限られるかというと，両端以外の，正負の電荷

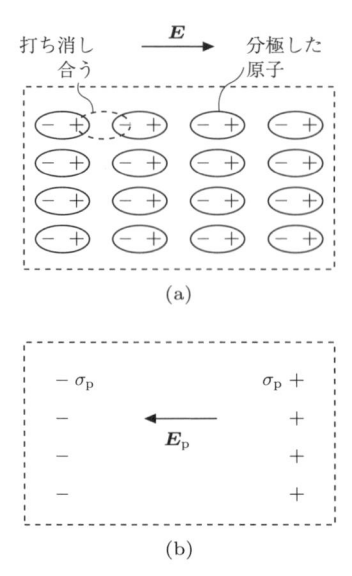

図 4.4 物質の分極

の対 (電気双極子) で表される電子分極した原子は，図 4.4(a) に示したように，お互いに逆符号の左右の電荷によって打ち消されるからです．だから，誘電体に電界 E を加えることによって発生する電荷は誘電体の左側に生じる負の分極電荷 $-\sigma_\mathrm{p}$ と右側の正の分極電荷 σ_p だけです．

そして，分極が起きた誘電体の内部には正負の分極電荷によって，分極電界 E_p が発生します．図 4.4(b) に示すように，E_p は外部から加えた電荷 E とは逆向きになるので，誘電体内部の電界は $E - E_\mathrm{p}$ となり，加えた電界 E より小さくなります．分極を起こした誘電体の分極は P で表され，P は外部から加える電界 E に比例し，その絶対値は分極電荷密度の σ_p に等しくなるので，次の式が成り立ちます．

$$\sigma_\mathrm{p} = |\boldsymbol{P}|[\mathrm{C/m^2}] \tag{4.1}$$

4.2 誘電体の電界と電束密度

4.2.1 電界，電束密度および誘電率

誘電体はこのあと説明するようにコンデンサに使われます．コンデンサは電圧

4.2 誘電体の電界と電束密度

を加えて使われるので，誘電体に電圧が加わった状態での，誘電体内の電界や電束密度がどのように変わるかの知識は非常に重要になります．そこで，ここではこれらについて見ておくことにします．

いま，図 4.5 に示すように二つの電極 A, B を平行に配置し，電極 A, B に正負の電荷を与えたとします．そして電極 A の電荷の面密度を σ_t，電極 B の電荷の面密度を $-\sigma_t$ とします．すると電荷の面密度 σ_t は電極に与えた電荷 Q と電極面積 S を使って $\sigma_t = Q/S$ と表されます．ここで σ_t は真電荷密度と呼ばれます．この真電荷密度を使うと電界の大きさ E は，電極間の物質の誘電率を ϵ として，次の式で与えられます．

$$E = \frac{\sigma_t}{\epsilon} [\text{V/m}] \tag{4.2}$$

また，電極間が真空の場合には真空中の電界の大きさを E_v とすると，誘電率を ϵ から ϵ_0 に変更して，E_v は次の式で表されます．

$$E_v = \frac{\sigma_t}{\epsilon_0} \tag{4.3}$$

電極間に誘電体を入れると，誘電体内部では分極が起こり，分極電荷 (密度 σ_p) が発生するために，電界の大きさ E は式 (4.3) の値から変化します．すると，電束密度の大きさ D も変化します．そこで，誘電体を入れたときの電界の大きさを E_d，電束密度の大きさを D_d とすることにします．

また，誘電率についても，真空中，誘電体中の誘電率と異なってくるので，ここで比誘電率 K を導入して，比誘電率を次のように定義しておくことにします．

$$K = \frac{\epsilon}{\epsilon_0} \tag{4.4}$$

下準備が終わったので，次に電極間に入れたときの誘電体中の電界 $\boldsymbol{E}_d$ を求め

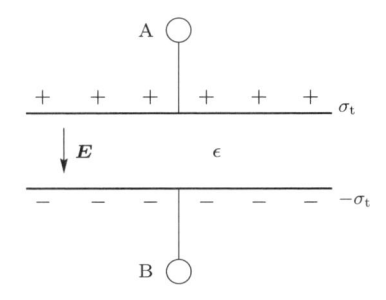

図 4.5 帯電した平行平板電極

ることを考えましょう．電界 E を加えた状態の誘電体の電荷密度 σ_d は，分極電荷 (密度 σ_p) の発生によってその分だけ小さくなるので，$\sigma_\mathrm{d} = \sigma_\mathrm{t} - \sigma_\mathrm{p}$ となります．したがって，電極間に誘電体を入れた状態で電界 E を加えたときの誘電体中の電界の大きさ E_d は，式 (4.3) を使って次のように書けます．

$$E_\mathrm{d} = \frac{\sigma_\mathrm{t} - \sigma_\mathrm{p}}{\epsilon_0} \tag{4.5}$$

ここで，電束密度の大きさ D は式 (2.6) に示すように真電荷密度 σ_t に等しいので $\sigma_\mathrm{t} = D$ とおき，分極密度 σ_p も式 (4.1) を使って $\sigma_\mathrm{p} = P$ とおくと，式 (4.5) より次の式が得られます．

$$D - P = \epsilon_0 E_\mathrm{d} \tag{4.6}$$

したがって，誘電体中の電束密度 D は，次の式で与えられることがわかります．

$$\boldsymbol{D} = \epsilon_0 \boldsymbol{E}_\mathrm{d} + \boldsymbol{P} \tag{4.7}$$

また，分極による効果を誘電体の誘電率で表現することにすると，誘電体の誘電率は ϵ ですから，誘電体の電界の大きさ E_d は次のようになります．

$$E_\mathrm{d} = \frac{\sigma_\mathrm{t}}{\epsilon} \tag{4.8}$$

式 (4.5) とこの式 (4.8) は等しいので，このことを使うと次の式が得られます．

$$\frac{\sigma_\mathrm{t} - \sigma_\mathrm{p}}{\epsilon_0} = \frac{\sigma_\mathrm{t}}{\epsilon} \tag{4.9}$$

この式 (4.9) より，誘電体の誘電率 ϵ は，次の式で表されることがわかります．

$$\epsilon = \frac{\sigma_\mathrm{t}}{\sigma_\mathrm{t} - \sigma_\mathrm{p}} \epsilon_0 \tag{4.10}$$

電界 E を加えたときの電束密度の大きさは，形式的に $D_\mathrm{d} = \epsilon_0 E_\mathrm{d} + P$ で表されます．この式の ϵ_0 に式 (4.10) を使い，E_d に式 (4.8) を使うと，D_d は $D_\mathrm{d} = \sigma_\mathrm{t} - \sigma_\mathrm{p} + P$ となりますが，$P = \sigma_\mathrm{p}$ なので結局 σ_t となります．真空中の電束密度 D の大きさは σ_t になりますが，電界を加えた誘電体の中でも，電束密度の大きさ D は σ_t で変わらず一定であると言うことです．すなわち，$D_\mathrm{d} = D$ となります．

すなわち，電束密度の大きさ D は真電荷密度のみによって決まり，分極電荷 (密度 σ_p) は電束密度 D には影響を与えないのです．電界中の電束密度 D は式

(4.7) で表されるので，一見分極に影響されそうに見えるので要注意です．

4.2.2 境界における電界と電束密度

この項では二つの誘電体が接する境界における電界 E と電束密度 D の関係を見ておくことにします．電束密度 D の境界における振る舞いを調べるには電束密度に関するガウスの法則の式を使うと便利なので，まずこれを確認しておくことにします．

電束密度 D と電界 E の間には誘電率 ϵ を通して，$D = \epsilon E$ の関係があるので，2 章で説明した次の電界 E を使ったガウスの法則の式

$$\int_S E_\mathrm{n}\, \mathrm{d}S = \frac{Q}{\epsilon_0} \tag{2.13b}$$

において，$E_\mathrm{n} = D_\mathrm{n}/\epsilon$ とおくと，電束密度 (の垂直成分) D_n を使ったガウスの法則の式として，次の式が得られます．

$$\int_S D_\mathrm{n}\, \mathrm{d}S = Q \tag{4.11}$$

この式 (4.11) は (電気力線の束である) 電束の密度 D を球 (閉曲面) の表面積にわたって積分したものが電荷 Q になることを表しています．この式から，2.5 節で説明した電界 E と Q および S の関係と同じように $D = Q/S = \sigma_\mathrm{t}$ の関係が得られることからも，この式の妥当性が納得できると思います．

さて，二つの誘電体が図 4.6 に示すように上下に接しているとして，この境界に

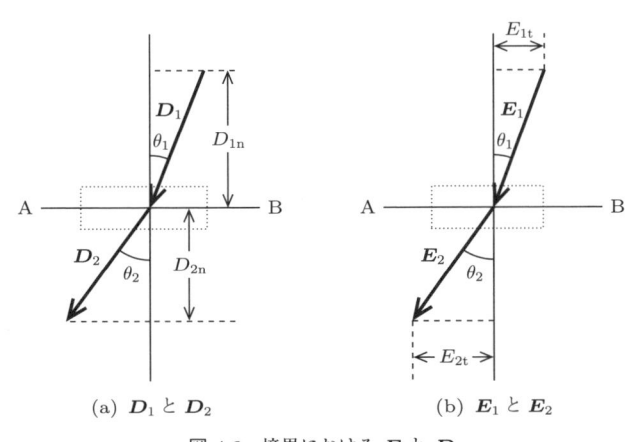

(a) D_1 と D_2 (b) E_1 と E_2

図 4.6 境界における E と D

おける電界 E と電束密度 D の関係を調べてみましょう．境界において式 (4.11) のガウスの法則の式を適用してみることにします．そこで，ガウスの法則における閉曲面として，図 4.6 に点線で示すように境界面を含む薄い箱を仮定します．そして，上下の二つの誘電体の境界に電荷 Q の存在を仮定し，境界の上側の誘電体の電束密度を D_1，誘電率を ϵ_1，境界の下側の電束密度を D_2，誘電率を ϵ_2 として，式 (4.11) を適用すると，箱の側面の積分が無視できる条件で次の式が成り立ちます．

$$\int_S D_n \, dS = \int_S (-D_{1n}) \, dS + \int_S D_{2n} \, dS = (-D_{1n} + D_{2n}) S = Q \quad (4.12)$$

ここで，D_{1n} と D_{2n} は，図 4.6 に示すように，それぞれ上下の誘電体の電束密度 D_1 と D_2 の垂直成分です．また，D_{1n} の前に負符号を付けたのは電束が入り込む方向に向いているからです．実際には二つの誘電体の境界には電荷は存在しないので，$Q = 0$ とおくと，次の関係式が成立します．

$$D_{1n} = D_{2n} \quad (4.13a)$$

$$\text{または，} D_1 \cos \theta_1 = D_2 \cos \theta_2 \quad (4.13b)$$

ここで，θ_1 と θ_2 は図 4.6 に示すように，電束 (密度) の境界への入射角と出射角です．ですから，$D_1 \cos \theta_1$ と $D_2 \cos \theta_2$ はそれぞれ D_1 と D_2 の垂直成分でそれぞれ D_{1n} および D_{2n} です．

一方，上下の誘電体の電界の大きさ E_1 と E_2 の間の関係は，説明は省略して結論のみ示しますが，それぞれの水平成分 E_{1n} と E_{2n} が等しいとして次のようになります．

$$E_1 \sin \theta_1 = E_2 \sin \theta_2 \quad (4.14)$$

そして，電界 E と電束密度 D の間には，上下の誘電体に対して，それぞれ $E_1 \epsilon_1 = D_1$, $E_2 \epsilon_2 = D_2$ の関係が成り立つので，これらの関係と式 (4.13b) と式 (4.14) を使うと，次の関係式が得られます．

$$\frac{\tan \theta_1}{\tan \theta_2} = \frac{\epsilon_1}{\epsilon_2} \quad (4.15)$$

普通に遭遇する実際の問題では，電束 (電気力線) が境界へ垂直に出入りする $\theta_1 = \theta_2 = 0$ の条件の場合が多いので，この場合の二つの誘電体の境界での電束密度 D および電界 E の関係についてまとめておくと，次のようになります．

a. 誘電体 1 と 2 との境界において電束密度 D の大きさは変化しない．すなわち，$D_1 = D_2$．

b. 同じく境界での電界の大きさ E の比は，$E_1 \epsilon_1 = D_1$，$E_2 \epsilon_2 = D_2$ および $D_1 = D_2$ より誘電率の比の逆になる．すなわち，$E_1/E_2 = \epsilon_2/\epsilon_1$ となる．

a は電束密度が真電荷密度のみによって決まることを考えると，当然と言えば当然です．また，b も $D_1 = D_2$ の関係から，上に示したように容易に導かれる結果です．

4.3 静 電 容 量

4.3.1 導体および導体間の静電容量

▶静電容量の定義

いま，電荷 $Q[\mathrm{C}]$ が帯電した一つの導体があり，この導体の電位が $V[\mathrm{V}]$ だとすると，この導体は次の式で表される静電容量 C を持つことになります．

$$C = \frac{Q}{V}[\mathrm{C/V}] \tag{4.16}$$

この式 (4.16) は導体の静電容量を定義する式です．静電容量 C の単位は，式 (4.16) では $[\mathrm{C/V}]$ となっていますが，この単位 $[\mathrm{C/V}]$ は，2 章で誘電率の単位 $[\mathrm{F/m}]$ に使ったファラッド $[\mathrm{F}]$ を使うと，次のようになります．

$$[\mathrm{C/V}] = [\mathrm{F}] \tag{4.17}$$

静電容量の単位には $[\mathrm{F}]$ がよく使われます．なお，静電容量は電気容量とも呼ばれます．

▶導体間の静電容量はコンデンサに使われる

真空中に孤立した 2 個の導体 A と B があり，導体 A と B のそれぞれに $Q[\mathrm{C}]$ と $-Q[\mathrm{C}]$ の電荷が帯電しているとしましょう．この 2 個の導体 A と B の間の電位差が V_{AB} であったとすると，2 個の導体間の静電容量 C_{AB} は次の式で表されます．

$$C_{\mathrm{AB}} = \frac{Q}{V_{\mathrm{AB}}}[\mathrm{F}] \tag{4.18}$$

この式 (4.18) は電位差がある導体間の静電容量を定義する式です．実は 2 個の導体間の静電容量は (電荷を蓄える装置である) コンデンサに使われます．コンデ

ンサについてはこのあと 4.4 節で詳しく説明します．

4.3.2 導体球の静電容量

次に，真空中に存在する導体球の静電容量を考えましょう．導体への電荷の帯電は，3.2.1 項で説明したように，導体の表面に限られるので，導体球の帯電も球の表面で起こります．いま，導体球の半径を a[m] とすると，電荷 Q[C] が表面に帯電した球の電位 V_a は式 (3.11c) を使って，次の式で表されます．

$$V_a = \frac{Q}{4\pi\epsilon_0 a}[\text{V}] \tag{4.19}$$

したがって，表面に電荷 Q[C] が帯電している導体の静電容量 C は，次の式で与えられることがわかります．

$$C = \frac{Q}{V_a} = 4\pi\epsilon_0 a[\text{F}] \tag{4.20}$$

だから，導体球の静電容量 C は導体球の半径 a に比例します．

4.3.3 さまざまな形の導体間の静電容量

▶同心球間

いま，図 4.7 にその断面を示す同心導体球の A と B があるとします．導体球 A は O を中心とする半径 a の導体球であり，B は内半径が b の内部が空洞の導体球であるとします．そして，導体球 A に Q[C]，導体球 B に $-Q$[C] の電荷を与えたとします．

ここで，導体球 A と導体球 B の間に閉曲面として半径 r $(a < r < b)$ の球面を

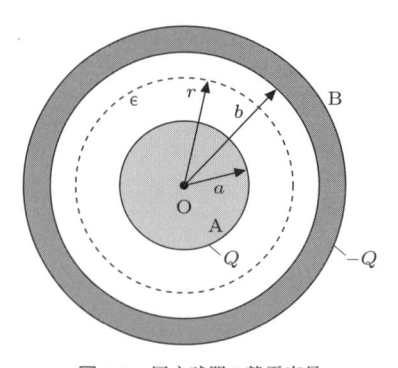

図 4.7 同心球間の静電容量

考えることにします．そして，導体球 A と導体球 B の間の空間の誘電率を ϵ とすると，閉曲面の内部には電荷 Q があるので，式 (2.16) を使って，半径 r の閉曲面の表面における電界の大きさ E_r は，次の式で表されます．

$$E_r = \frac{Q}{4\pi\epsilon r^2} \tag{4.21}$$

この式 (4.21) を使うと，導体球 A と導体球 B の間の電位差 V_{AB} は，式 (4.21) の電界の大きさ E_r に負符号を付けて，これを b から a まで積分すればよいので，次に示すように計算できます．

$$\begin{aligned} V_{AB} &= \int_b^a (-E_r)\,\mathrm{d}r = \frac{Q}{4\pi\epsilon}\int_a^b \frac{1}{r^2}\mathrm{d}r = \frac{Q}{4\pi\epsilon}\left[-\frac{1}{r}\right]_a^b \\ &= \frac{Q}{4\pi\epsilon}\left(\frac{1}{a}-\frac{1}{b}\right) = \frac{Q}{4\pi\epsilon}\frac{b-a}{ab}[\mathrm{V}] \end{aligned} \tag{4.22}$$

したがって，導体球 A と B の間の静電容量 C_{AB} は，式 (4.18) を使って次のようになります．

$$C_{AB} = \frac{Q}{V_{AB}} = \frac{4\pi\epsilon ab}{b-a}[\mathrm{F}] \tag{4.23}$$

なお，外側の導体球 B の外半径や B の外側の電荷は，この式 (4.23) で表される導体球間の静電容量には影響を与えません．

▶同心円筒間

いま，図 4.8 に示す上下に無限に長い同心円筒があり，内側の半径 a の円筒に単位長さあたり $Q[\mathrm{C/m}]$，外側の内半径が b の円筒に $-Q[\mathrm{C/m}]$ の電荷を，それぞれ与えたとします．このとき外側の円筒 B と内側の円筒 A の間の単位長さあ

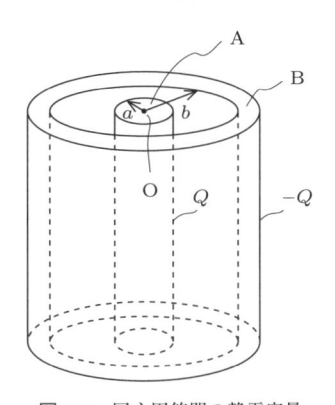

図 4.8 同心円筒間の静電容量

たりの静電容量 C_{AB} を求めてみましょう．

まず，外側の円筒 B と内側の円筒 A の間の領域に長さが無限長の半径 r ($a < r < b$) の円筒状の閉曲面を仮定することにします．この閉曲面は単位長さあたり電荷 Q が帯電した内側の円筒 A を取り囲んでいるので，この閉曲面の表面における電界の大きさを E_r とし，AB 間の雰囲気を空気とすると誘電率は ϵ_0 となるので，E_r は式 (2.23) を使って，次のようになります．

$$E_r = \frac{Q}{2\pi\epsilon_0 r}[\mathrm{V/m}] \tag{4.24}$$

だから，内円筒 A と外円筒 B の間の電位差 V_{AB} は電界の前に負符号を付けた $-E$ を a から b まで積分して，次のように求めることができます．

$$\begin{aligned}V_{AB} &= \int_b^a (-E)\,\mathrm{d}r = \frac{Q}{2\pi\epsilon_0}\int_a^b \frac{1}{r}\mathrm{d}r = \frac{Q}{2\pi\epsilon_0}[\ln r]_a^b \\ &= \frac{Q}{2\pi\epsilon_0}\ln\frac{b}{a}[\mathrm{V}]\end{aligned} \tag{4.25}$$

したがって，円筒 AB 間の単位長さあたりの静電容量 C_{AB} は，この式 (4.25) と式 (4.18) を使って次のようになります．

$$C = \frac{Q}{V_{AB}} = \frac{2\pi\epsilon_0}{\ln(b/a)} \tag{4.26}$$

▶平行平板導体間

次に，図 4.9 に示す面積が S の正負の電荷 Q を与えた平行平板導体 A と B の間の静電容量を求めることにします．平行平板間の電界 $\boldsymbol{E}_{AB}$ には，2.6.3 項で求めた，帯電した平面による電界の大きさの次の式が使えます．

$$E = \frac{\sigma_S}{2\epsilon_0}[\mathrm{V/m}] \tag{2.25}$$

この式 (2.25) の表す電界 $\boldsymbol{E}$ では電気力線が平面の表面と裏面の両方に放出するので，電界の大きさが半分になっています．このことに注意すると同時に，図

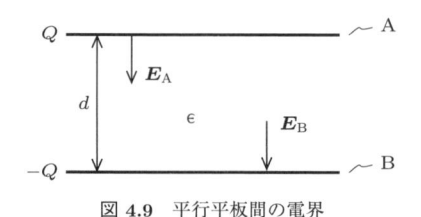

図 4.9　平行平板間の電界

4.9 では上側の平行平板 A から下方向に放出している電気力線による電界を E_A とすると，E_A は図 4.9 に示すように下向きになることに注目する必要があります．なお，平板 A の上向きの電界は下向きの電界 (E_B) と相殺されて 0 です．

一方，下側の平行平板 B からは電気力線は放出しないで吸い込まれているので，この電気力線による電界を E_B とすると，E_B は図 4.9 に示すように，やはり下向きになります．だから平板 B の下の面で上向きの電界は下向きの電界 E_A と相殺されて 0 です．E_A と E_B の絶対値は共に式 (2.25) で表される電界と同じになるから，図 4.9 に示すように平板間の誘電率が ϵ ならば，上の平板 A から下の平板 B に向かう電界は，AB 間の電界なのでこれを E_d とすると，E_A と E_B を加えて，その大きさは次の式で与えられることがわかります．

$$E_d = E_A + E_B = \frac{\sigma_S}{\epsilon} = \frac{Q}{\epsilon S} [\text{V/m}] \tag{4.27}$$

ここで Q は電荷ですが，電荷は，図 4.9 に示すように上側の平板 A では Q，下側の平板 B では $-Q$ です．

したがって，この間の電位差 V_d は式 (4.27) を使って次のように計算できます．

$$V_d = \int_d^0 (-E_d)\,\mathrm{d}x = \int_0^d E_d\,\mathrm{d}x = \frac{Q}{\epsilon S}[x]_0^d = \frac{Qd}{\epsilon S}[\text{V}] \tag{4.28}$$

この結果，上側の平板 A と下側の平板 B の間の静電容量 C_{AB} は，式 (4.18) を使って，次のように求まります．

$$C_{AB} = \frac{Q}{V_d} = \frac{\epsilon S}{d}[\text{F}] \tag{4.29}$$

したがって，平行平板導体間の静電容量 C_{AB} は平行平板の面積 S と AB 間の誘電率 ϵ に比例し，AB 間の距離 d に反比例します．この平行平板導体間の静電容量は，次に説明するコンデンサに利用されています．

4.4 コンデンサの容量とその接続

4.4.1 コンデンサとその容量

▶コンデンサは蓄電器でありキャパシタとも呼ばれる

コンデンサは静電容量を使って電荷を蓄えたり，放出させる受動素子ですが，コンデンサは蓄電器とかキャパシタとも呼ばれます．代表的なコンデンサに平行

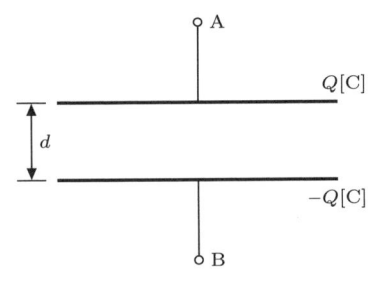

図 4.10 平行平板コンデンサ

平板コンデンサがあるので，これを模式的に描くと図 4.10 に示すようになります．平行平板コンデンサの構造は一対の導体 A と B が電極として使われ，電極間に挟む材料には空気または誘電材料が使われます．

▶コンデンサの容量は誘電率，電極面積，電極間隔で決まる

平行平板コンデンサの容量 C は 4.3.3 項で示した式 (4.29) で表されますが，ここで誘電率 ϵ と式 (4.4) に示した比誘電率 K を使って表しておくと，次のようになります．

$$C = \frac{\epsilon S}{d}[\mathrm{F}] \tag{4.30a}$$

$$= \frac{K\epsilon_0 S}{d}[\mathrm{F}] \tag{4.30b}$$

コンデンサの容量 C は誘電率 $\epsilon\ (= K\epsilon_0)$ と電極面積 S に比例し，電極間の間隔 d の大きさに反比例します．だから，実際に使われる平行平板型のコンデンサでは蓄電量を多くするために，電極面積 S をできるだけ大きくすることや，電極間に誘電率の大きい材料を使うなどの工夫がされています．

4.4.2 コンデンサの接続

コンデンサは電気回路に使われますが，いくつかのコンデンサが組み合わせて使われることも多いです．コンデンサを組み合わせる方法としては並列接続と直列接続があります．

▶並列接続

図 4.11 に示すように，静電容量が C_1，C_2，C_3 のコンデンサを並列に並べて，一方のそれぞれの電極を一つにまとめて電圧端子 A につなげ，他方の電極もまとめてもう一方の端子 B につなげる接続方法がありますが，この方法は並列接続と

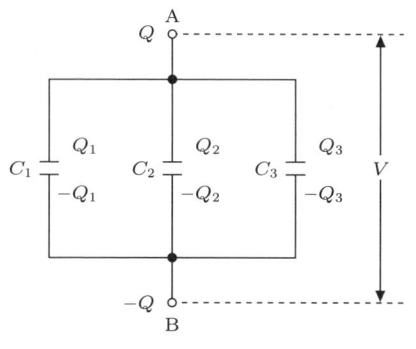

図 4.11 並列接続

呼ばれます．

そして，端子 A の電圧を正とし，端子 B を負として A と B の端子の間に電位差 V[V] を与えて一方の電極の電荷を Q とすると，4.3.3 項の平行平板導体間の箇所で述べましたが，コンデンサの反対側の電極には $-Q$ の電荷がたまります．なぜかと言うと，コンデンサの電極やこれらをつなぐ導線はすべて導体なので，端子 A に Q の電荷を与えることは，正の電荷を他方の端子 B につながった導体に近づけることになります．すると端子 B につながる電極には負の電荷 $-Q$ が静電誘導によって誘起されるからです．

コンデンサ C_1, C_2, C_3 の電荷をそれぞれ Q_1, Q_2, Q_3 とすると，これらは電位差 V との間に，次の関係が成り立ちます．

$$Q_1 = C_1 V, \quad Q_2 = C_2 V, \quad Q_3 = C_3 V \tag{4.31}$$

そして，端子 A に蓄えられる電荷 Q は，次の式で表されるように 3 個の電荷 Q_1, Q_2, Q_3 の和になります．なお，端子 B には $-Q$ の電荷が蓄えられます．

$$Q = Q_1 + Q_2 + Q_3 [\text{C}] \tag{4.32}$$

したがって，端子 A と B の間の全静電容量 C は，これは合成静電容量になりますが，式 (4.32) と式 (4.31) を使って，次の式で表されます．

$$C = \frac{Q}{V} = \frac{C_1 V + C_2 V + C_3 V}{V} = C_1 + C_2 + C_3 [\text{F}] \tag{4.33a}$$

同様に，n 個のコンデンサ $C_1, C_2, C_3, \ldots, C_n$ を並列に接合した場合の合成静電容量 C は，各静電容量を加えて，次の式になります．

$$C = C_1 + C_2 + C_3 + \cdots + C_n = \sum_{i=1}^{n} C_i [\text{F}] \tag{4.33b}$$

だから，コンデンサを並列につないだ場合はコンデンサの個数分だけ容量が大きくなりますが，この理由は電極の面積が増える効果によります．

▶直列接続

コンデンサの接続には，図 4.12 に示すように，3 個のコンデンサを一列に並べてつなぐ接続方法もありますが，これは直列接続と呼ばれます．この場合にも端子 A と B の間に電位差 $V[\text{V}]$ を与えると，各コンデンサの両極に正と負の等量の電荷 Q が誘起されます．

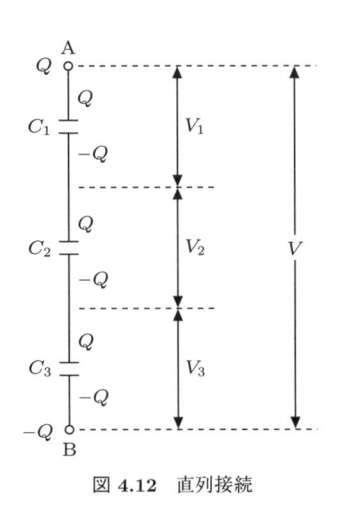

図 4.12 直列接続

なぜなら，並列接続のときに説明したように各電極の間は絶縁体であり，電極をつなぐ導線は導体 (金属) だから，絶縁体を隔てた各電極には静電誘導によって逆の電荷が誘起されるからです．だから，各電極には正 → 負 → 正 → 負 の順に正負の電荷 Q が誘起されます．

直列接続の場合には各コンデンサの容量を C_1, C_2, C_3 とし，各コンデンサの電極間の電位差を，それぞれ $V_1[\text{V}]$, $V_2[\text{V}]$, $V_3[\text{V}]$ とすると，端子 AB 間の電位差は $V[\text{V}]$ だから，次の式が成り立ちます．

$$V = V_1 + V_2 + V_3 [\text{V}] \tag{4.34}$$

そして，各電位差 V_1, V_2, V_3 は $CV = Q$ の関係から，次のようになります．

$$V_1 = \frac{Q}{C_1}[\text{V}], \quad V_2 = \frac{Q}{C_2}[\text{V}], \quad V_3 = \frac{Q}{C_3}[\text{V}] \tag{4.35}$$

この式 (4.35) を使うと，直列接続の場合の合成容量 C は，次のように求まります．

$$C = \frac{Q}{V} = \frac{Q}{\frac{Q}{C_1} + \frac{Q}{C_2} + \frac{Q}{C_3}} = \frac{1}{\frac{1}{C_1} + \frac{1}{C_2} + \frac{1}{C_3}}[\text{F}] \tag{4.36a}$$

したがって，合成容量の C と C_1, C_2, C_3 の間に，次の関係が成立します．

$$\frac{1}{C} = \frac{1}{C_1} + \frac{1}{C_2} + \frac{1}{C_3}[\text{F}^{-1}] \tag{4.36b}$$

また，同じ値のコンデンサ C_0 を n 個直列に接続すると，合成容量 C は式 (4.36b) を使って，次のようになります．

$$\frac{1}{C} = \frac{1}{C_0} + \frac{1}{C_0} + \frac{1}{C_0} + \cdots + \frac{1}{C_0}[\text{F}^{-1}] = \frac{n}{C_0}[\text{F}^{-1}] \tag{4.36c}$$

$$\therefore C = \frac{C_0}{n}[\text{F}] \tag{4.36d}$$

直列接続ではコンデンサの数を増やすほど合成容量の値は小さくなりますが，これには電極間の間隔が寄与しています．すなわち，図 4.12 からわかるように，直列に接続するコンデンサの数が増えると，電極の間隔がコンデンサの数の分だけ増えるので，加えた合計の電極間距離が大きくなるのです．

4.4.3 電極間に働く力

コンデンサの 2 枚の電極には正負の電荷 Q があり，電極間に電界 $\boldsymbol{E}$ が存在するとき電極間には (電気) 力が働きます．この状況は 3.2.2 項で述べた帯電した導体表面に力が働く状況と同じだからです．だから，電極の単位面積あたりに働く力の大きさ F_0 の式としては，そのとき使った式 (3.18) が使えます．ここで式の番号を変更して示すと，次のようになります．

$$F_0 = \frac{1}{2}\epsilon_0 E^2 [\text{N/m}^2] \tag{4.37a}$$

$$\text{または，} F_0 = \frac{1}{2}\frac{\sigma_S^2}{\epsilon_0}[\text{N/m}^2] \tag{4.37b}$$

式 (4.37a,b) は電極間の電界が $\boldsymbol{E}$ であるとき，または電荷の面密度が σ_S のときの電極間に働く力です．ここで，電極間の距離が d のコンデンサに電位差 V を加えたときの電極間の電界の大きさ E を想定すると，E は式 (3.4) にしたがって，

次の式で表されます．

$$E = \frac{V}{d} [\text{V/m}] \tag{4.38}$$

この電界の大きさ E の式 (4.38) を式 (4.37a) に代入すると，単位面積あたりの力の大きさ F_0 として，次の式が得られます．

$$F_0 = \frac{1}{2}\epsilon_0 \left(\frac{V}{d}\right)^2 [\text{N/m}^2] \tag{4.39}$$

だから，電極の面積を S とすると電極に加わる力の大きさ F は次の式で表されます．

$$F = S \times F_0 = \frac{1}{2}\epsilon_0 S \left(\frac{V}{d}\right)^2 [\text{N}] \tag{4.40a}$$

式 (4.37b) を使って電荷 $Q\ (=S\sigma_S)$ を用いると，次の式になります．

$$F = \frac{1}{2}\frac{S\sigma_S^2}{\epsilon_0} = \frac{Q^2}{2\epsilon_0 S}[\text{N}] \tag{4.40b}$$

したがって，電極に加わる電気力の大きさ F はコンデンサに加える電位差 V が大きいほど大きくなり，電位差 V の 2 乗に比例して増大します．また，コンデンサに蓄えた電荷で考えると，電荷 Q の値が大きいほど大きくなり，電荷 Q の 2 乗に比例して増大することがわかります．

4.5 誘電体に蓄えられるエネルギー

4.5.1 静電容量に蓄えられるエネルギー

コンデンサに電荷をためることは一か所に電荷を集めることになりますが，同種の電荷同士ではお互いに反発力が働くので，コンデンサに電荷を蓄えるには仕事をしなくてはならないことがわかります．つまり，電荷をためるにはエネルギーが必要になります．

いま，電位差 V' が q/C のとき電荷を $\mathrm{d}q$ 増やすのに必要な仕事を $\mathrm{d}W$ とすると，仕事 $\mathrm{d}W$ は次のようになります．

$$\mathrm{d}W = V'\mathrm{d}q [\text{J}] \tag{4.41}$$

ここで，単位については電位差 V' と電荷 $\mathrm{d}q$ を掛けると単位は $[\text{V}][\text{C}] = [\text{V} \cdot \text{C}]$ となりますが，補足 2.1 の式 (S2.1) に示したように，$[\text{N} \cdot \text{m}] = [\text{C} \cdot \text{V}]$ の関係が

4.5 誘電体に蓄えられるエネルギー　　　　　　　　　　61

成り立つので，[C·V] は仕事やエネルギーの単位の [J] になります．

さて，式 (4.41) を 0 から Q まで積分して W を求めると，仕事 W は次のように求まります．

$$W = \int_0^Q dW = \int_0^Q V' \, dq = \int_0^Q \frac{q}{C} \, dq = \frac{1}{C} \int_0^Q q \, dq = \frac{Q^2}{2C} [\text{J}] \quad (4.42\text{a})$$

この式 (4.42a) は $Q = CV$ とおくと，次のようになります．

$$W = \frac{Q^2}{2C}[\text{J}] = \frac{1}{2}VQ[\text{J}] \quad (4.42\text{b})$$

$$\text{または，} W = \frac{1}{2}CV^2[\text{J}] \quad (4.42\text{c})$$

以上の結果，静電容量 C のコンデンサに電位差 V を加えて電荷 Q がたまると，式 (4.42b,c) で表されるエネルギーがコンデンサに蓄えられることがわかります．

4.5.2 電界に蓄えられるエネルギー

前項で静電容量 C のコンデンサに蓄えられるエネルギーを考えましたが，このエネルギーは物理的にはコンデンサに加えられた電界 $\boldsymbol{E}$ に蓄えられるエネルギーであると解釈できます．電極間が真空または空気のコンデンサの容量 C は式 (4.30a) を使って，$C = (\epsilon_0 S)/d$ となりますが，電界の大きさ E は $E = Q/(\epsilon_0 S)$ で表されるので，これらの二つの式を使うと，前項の式 (4.42b) で表されるエネルギー W は，次のようになります．

$$W = \frac{Q^2}{2C} = \frac{\epsilon_0^2 S^2 E^2}{2\epsilon_0 S/d} = \frac{1}{2}\epsilon_0 S d E^2 [\text{J}] \quad (4.43)$$

式 (4.43) において Sd は電極面積と電極間隔の積になるので電極間の体積を表しています．だから，コンデンサに蓄えられる単位体積あたりのエネルギー (つまり，エネルギー密度) を w とすると，w は式 (4.43) を Sd で割って，次のようになります．

$$w = \frac{1}{2}\epsilon_0 E^2 [\text{J/m}^3] \quad (4.44)$$

4.5.3 誘電体に蓄えられるエネルギー

4.5.2 項では電界に蓄えられるエネルギー密度 w が式 (4.44) で表されるとしましたが，これは結局誘電体に蓄えられるエネルギーです．このエネルギーは誘電

率として ϵ_0 を使っているので，真空中 (または，空気中) の電界 E に蓄えられるエネルギー密度になります．

したがって，誘電率が ϵ の誘電体中の電界 E に蓄えられるエネルギー密度は，式 (4.44) の ϵ_0 を ϵ に変更して次の式で与えられます．

$$w = \frac{1}{2}\epsilon E^2 [\text{J/m}^3] \tag{4.45a}$$

また，電界と電束密度との $\epsilon E = D$ の関係を使うと，誘電体中の電束密度 D に蓄えられるエネルギー密度は，電束密度の大きさ D を使って，次のようになります．

$$w = \frac{1}{2}\frac{D^2}{\epsilon} [\text{J/m}^3] \tag{4.45b}$$

または，$w = \dfrac{1}{2}ED [\text{J/m}^3]$ (4.45c)

演 習 問 題

4.1 誘電体においても，これに電荷を近づけると導体の場合と同じように，誘電体の両端に電荷が現れるが，導体で起こる静電誘導との違いは何か？

4.2 ある誘電体の表面に真電荷の面密度が $\sigma_t = 1 \times 10^{-12} [\text{C/m}^2]$ の電荷を接触させたところ，分極電荷 $\sigma_p = 0.7 \times 10^{-12} [\text{C/m}^2]$ が生じたという．このときの分極の大きさ P およびこの誘電体中の電界の大きさ E_d を求めよ．

4.3 電極間距離 d が 1[mm]，電極面積 S が 10[cm^2] の平行平板コンデンサがある．電極間の物質が空気の場合と，比誘電率が 3 の誘電体の場合の静電容量を求めよ．

4.4 図 M4.1 に示す十分広い電極面積 S を持つ平行平板電極の間に，比誘電率が K_1 (誘電率 ϵ_1) と K_2 (誘電率 ϵ_2) の 2 種類の誘電体を，この図に示すように詰めた．電極間の距離を d とし，それぞれの誘電体を詰めた部分の間隔を d_1, d_2 として，次

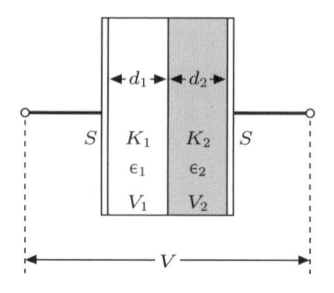

図 **M4.1**　二つの領域を持つ平行平板コンデンサ (I)

の問いに答えよ.

 a. 電極間に V の電位差を与えたとき，各誘電体の領域の電界の大きさ E_1 と E_2 を求めよ.

 b. これをコンデンサと考えて静電容量 C を求めよ.

4.5 図 M4.2 に示すように，電極の間を左右と上下に 2 分割した (a), (b) に示す 2 種類のコンデンサがある．これらのコンデンサにおいて，図に示す 2 分割した領域のそれぞれの電界の大きさ E_1, E_2 と電束密度の大きさ D_1, D_2 を表す式を導け．

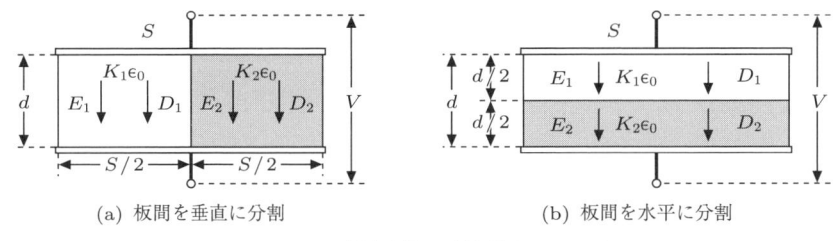

(a) 板間を垂直に分割

(b) 板間を水平に分割

図 **M4.2** 二つの領域を持つ平行平板コンデンサ (II)

4.6 図 M4.3 に示すような，同じ点 O を中心とする半径 a の導体球 A と内半径 b の導体球 B がある．いま，AB 間を空気とし，球 A の表面に電荷 Q，球 B の内表面に $-Q$ の電荷が帯電しているとして，同心球 A と B の間の電位差 V_{AB} を求め，この電位差を使って導体球 A と B の間の静電容量を計算せよ．

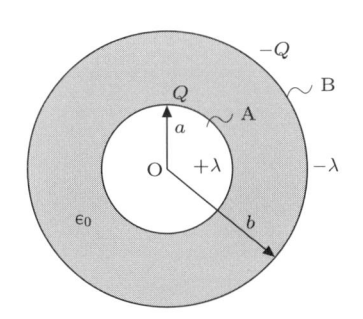

図 **M4.3** 同心球間の電位差

4.7 静電容量の値が $1[\mu F], 2[\mu F], 3[\mu F]$ の 3 個のコンデンサがある．これらのコンデンサを並列に接続したときの合成静電容量を求め，静電容量の増減を示すと共に，並列接続でそのような結果が得られる理由について考察せよ．

4.8 静電容量の値が $1[\mu F], 2[\mu F], 4[\mu F]$ の 3 個のコンデンサがある．これらのコンデンサを直列に接続したときの合成静電容量を求め，静電容量の増減を示すと共に，

直列接続でそのような結果が得られる理由はコンデンサの電極間の距離によると言われるが，このことが明瞭にわかるように例を示して説明せよ．

4.9 面積が $S = 40[\text{cm}^2]$ の金属板 2 枚を空気中で距離 $d = 1[\text{mm}]$ 離して平行に置き，電位差 500[V] を与えた．このときに二つの金属板の引き合う力の大きさ F を求めよ．

4.10 静電容量が $0.8[\mu\text{F}]$ のコンデンサに 100[V] の電圧を加えた．このときコンデンサに蓄えられる電荷とエネルギーを求めよ．

Chapter 5

電流と抵抗

　これまでは静止した電荷の起こす電気現象を述べてきましたが，5章からは動く電荷による電気現象を学びます．まず，電荷の動く電気現象の中で私たちに最もなじみが深い電流から始めます．電流や電流密度の定義のあと，電流の従う法則であるオームの法則ならびに抵抗，そして抵抗の接続方法などについて学びます．続いて，電流の源である電源や起電力について簡単に述べたあと，電流の応用として電気回路の問題を解くときに，便利な道具として使えるキルヒホッフの法則について適用例も含めて簡単に説明することにします．

5.1 電流，電流密度および直流

▶電荷が移動して電流が起こる

　電流は荷電粒子に電界を加えると起こりますが，これは電界による電気力によって荷電粒子が移動することによって起こっています．荷電粒子が正イオンのように正電荷を持っていれば，図5.1(a)に示すように，正電荷の粒子は加える電界 E と同じ方向に移動するので，電流も電界の方向と同じ方向に流れます．

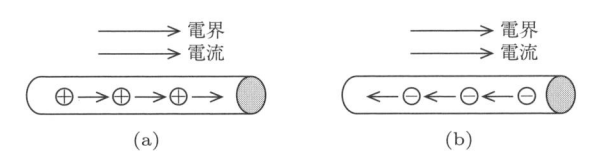

図 5.1　電界，電流および電荷

　電荷の符号が負であれば，電界 E と逆向きの力が働くので，図5.1(b)に示すように，負電荷の荷電粒子は加えた電界 E の方向に対して逆方向に移動します．しかし，電流は電界 E と同じ方向に流れます．正電荷の荷電粒子としては正イオンがあります．また，負電荷の荷電粒子としては負イオンと電子(自由電子)があります．

　水などの液体の中を流れる電流の場合には，電荷を担って移動する荷電粒子は

正負のイオンになりますが,固体,ことに私たちになじみ深い電気配線などの金属材料の中を流れる電流を担う荷電粒子は,負電荷の電子(伝導電子)です.だから,図 5.1(b) に示すように,電子の移動方向は電流の流れる方向とは逆になっています.

なお,電界 $\boldsymbol{E}$ は電位の高い方向から低い方向に向かうので,電位の高低で電流の方向を表すと,電流は電位の高い位置から低い位置の方向に流れます.荷電粒子が一定方向に,時間に対して一定に流れるような電流は直流と呼ばれます.

そして,電流 I は,時間変化 Δt の間に通過する電荷(量) ΔQ を表すものなので,次のように電荷 Q の時間 t による微分で表されます.

$$I = \frac{\Delta Q}{\Delta t} = \frac{dQ}{dt} [\mathrm{C/s}] \tag{5.1}$$

したがって,単位を含めた電荷 Q と電流 I の関係は次のようになります.

$$Q[\mathrm{C}] = I[\mathrm{A}] \times t[\mathrm{s}] \tag{5.2}$$

ここで,[A] は電流の単位のアンペアで,これは時間 [s] あたりの電荷 $Q[\mathrm{C}]$ の移動を表していて,次の式で与えられます.

$$[\mathrm{A}] = \frac{[\mathrm{C}]}{[\mathrm{s}]} = [\mathrm{C/s}] \tag{5.3}$$

電流密度 J は,単位面積あたりに流れる電流なので,電流 I を電流が通る導線の断面積 S で割って,次の式で表されます.

$$J = \frac{I}{S} [\mathrm{A/m^2}] \tag{5.4}$$

導線を流れる電流は電子の移動によって起こっているので,電流密度は電子の密度 $n[\mathrm{m^{-3}}]$,電荷 $e[\mathrm{C}]$,および電子の速度 $v[\mathrm{m/s}]$ の積に比例し,次の式によっても表されます.

$$J = nev [\mathrm{A/m^2}] \tag{5.5}$$

あとで説明するように,電流には伝導電流と変位電流がありますが,この式 (5.5) で表される電流密度は伝導電流密度です.

5.2 抵抗とオームの法則

5.2.1 電気抵抗とオームの法則

導線を流れる電流 $I[\mathrm{A}]$ は，その両端に加える電位差 $V[\mathrm{V}]$ に比例し，次の式

$$I = \frac{V}{R}[\mathrm{A}] \tag{5.6}$$

で表されますが，この実験事実はオーム (G. Ohm, 1789～1854) によって発見されました．この式 (5.6) の関係は，次の式

$$V = RI[\mathrm{V}] \tag{5.7}$$

で表記され，オームの法則と呼ばれています．

式 (5.7) の比例定数 R は導線の種類，太さ，長さおよび温度によって決まるもので，電気抵抗または抵抗と呼ばれます．そして，式 (5.6) を使って電気抵抗 R が次の式

$$R = \frac{V[\mathrm{V}]}{I[\mathrm{A}]} = \frac{V}{I}[\mathrm{V/A}] \tag{5.8}$$

で表されることから，電気抵抗の単位は [V/A] ですが，[V/A] はオームと呼ばれギリシャ文字の Ω (オメガ) を使って，次のように表されます．

$$[\Omega] = [\mathrm{V/A}] \tag{5.9}$$

したがって，式 (5.6) に従って電気抵抗 R が大きくなると電流 I は小さくなり流れにくくなります．逆に抵抗 R が小さくなると電流 I は大きくなり，電流 I は流れやすくなります．

5.2.2 コンダクタンス，抵抗率および導電率

電流の流れやすさは，抵抗の逆数の $1/R$ を使った次の式

$$G = \frac{1}{R}[\Omega^{-1}] \tag{5.10}$$

で表され，G はコンダクタンスと呼ばれます．そして，オーム $[\Omega]$ の逆数の $[\Omega^{-1}]$ の単位は次の式で表され，ジーメンス [S] と呼ばれます．

$$[S] = [\Omega^{-1}] \tag{5.11}$$

ところで，電気抵抗 R は上に述べたように，導線の種類，断面積 $S[\mathrm{m}^2]$，長さ $l[\mathrm{m}]$ および温度によって決まるので，抵抗 R は次の式で表されます．

$$R = \rho_{\mathrm{R}} \frac{l}{S} [\Omega] \tag{5.12}$$

ここで，ρ_{R} は抵抗率で，これは表 5.1 に示すように，材料の種類によって異なります．同じ金属でも金，銀，銅などはその値は小さいですが，ニクロム (線) などは大きくなります．

表 5.1　20°C における抵抗率と温度係数

物　質	抵抗率 $\rho_{\mathrm{R},20}$ $\times 10^{-8} [\Omega \cdot \mathrm{m}]$	温度係数 α_t $\times 10^{-3}$
銀	1.62	3.8
金	2.40	3.4
銅	1.69	3.93
アルミニウム	2.62	3.9
鉄	10.0	
クロム	2.6	
タングステン	5.48	4.5
ニクロム	100〜200	0.03〜0.4
りん青銅	2〜6	3〜4

そして，温度 $t[°\mathrm{C}]$ における抵抗率 ρ_t は近似的に次の式

$$\rho_t = \rho_{20}\{1 + \alpha_t(t-20)\}[\Omega \cdot \mathrm{m}] \tag{5.13}$$

で表され，その値が温度によって変化します．この式 (5.13) において ρ_{20} はセルシウス度で $20[°\mathrm{C}]$ における抵抗率の値を表しています．

また，抵抗率の逆数は導電率と呼ばれ，記号に小文字のシグマ σ が使われ，次の式で表されます．

$$\sigma = \frac{1}{\rho_{\mathrm{R}}}[\Omega^{-1} \cdot \mathrm{m}^{-1}] = \frac{1}{\rho_{\mathrm{R}}}[\mathrm{S/m}] \tag{5.14}$$

5.2.3　抵抗の接続

▶直列接続

抵抗の接続においてもコンデンサの接続の場合と同じように，直列接続と並列接続があります．たとえば，図 5.2 に示すように，R_1, R_2, R_3 の 3 個の抵抗を直

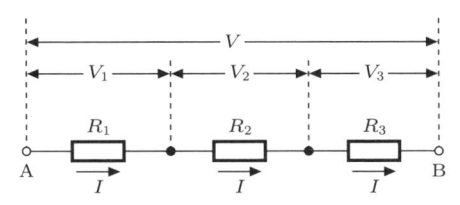

図 5.2 抵抗の直列接続

列につなぐとこの抵抗接続は直列接続になります．そして，直列に接続した抵抗の左右の A, B の端子の間の電位差 V は，この間を流れる電流を I[A] とすると，次の式で表されます．

$$V = IR_1 + IR_2 + IR_3 = I(R_1 + R_2 + R_3) \, [\text{V}] \tag{5.15}$$

したがって，合成抵抗 R は式 (5.15) より，次のようになります．

$$R = R_1 + R_2 + R_3 \, [\Omega] \tag{5.16}$$

抵抗を直列に接続すると合成抵抗 R の値は，この式 (5.16) が示すように，接続する個々の抵抗値よりも大きくなりますが，これは直列に接続すると抵抗線の長さが大きくなるためです．

▶並列接続

次に，R_1, R_2, R_3 の 3 個の抵抗を，図 5.3 に示すように，端子 A と B の間に並列につなぐと，AB 間を流れる電流 I_1, I_2, I_3 と合計の電流 I，および端子 A と B の間に加える電位差 V と各電流 I_1, I_2, I_3 の間に，次の関係式が成り立ちます．

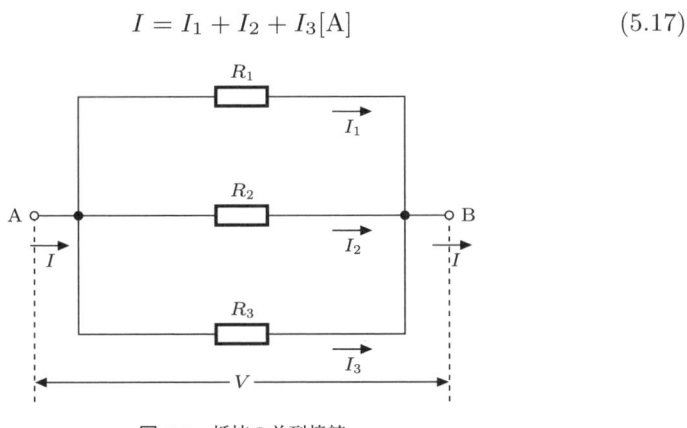

$$I = I_1 + I_2 + I_3 \, [\text{A}] \tag{5.17}$$

図 5.3 抵抗の並列接続

$$R_1 I_1 = V[\text{V}], \quad R_2 I_2 = V[\text{V}], \quad R_3 I_3 = V[\text{V}] \tag{5.18}$$

式 (5.18) より I_1, I_2, I_3 を求めて式 (5.17) に代入すると，次の式が得られます．

$$I = \frac{V}{R_1} + \frac{V}{R_2} + \frac{V}{R_3} [\text{A}] \tag{5.19}$$

したがって，この式 (5.19) を使って，電流 I と電位差 V の比は次のようになります．

$$\frac{I}{V} = \frac{1}{R_1} + \frac{1}{R_2} + \frac{1}{R_3} [\Omega^{-1}] \tag{5.20}$$

式 (5.20) と式 (5.6) を比較すると，合成抵抗を R として，次の式が得られます．

$$\frac{1}{R} = \frac{1}{R_1} + \frac{1}{R_2} + \frac{1}{R_3} [\Omega^{-1}] \tag{5.21}$$

この式 (5.21) より，抵抗を並列接続したときの合成抵抗 R は，次のように得られます．

$$R = \frac{1}{\frac{1}{R_1} + \frac{1}{R_2} + \frac{1}{R_3}} \tag{5.22a}$$

$$= \frac{R_1 R_2 R_3}{R_1 R_2 + R_2 R_3 + R_3 R_1} [\Omega] \tag{5.22b}$$

したがって，電気抵抗を並列に接続すると，抵抗 R の値は式 (5.22) に従って，その値が個々の抵抗の値よりも小さくなります．この原因は抵抗を並列に接続すると，抵抗線の断面積が個々の抵抗線の断面積よりも大きくなり，その結果電流が流れやすくなるためです．

5.3 電気エネルギーおよび電源と起電力

▶電気的仕事は電力で表される

単位時間あたりの仕事は仕事率と言いますが，電気的な仕事率は電力と呼ばれます．つまり，電力は仕事率であってエネルギーそのものではないことに注意する必要があります．いま，点 A と点 B の間に $V[\text{V}]$ の電位差が存在するときに，この間に $I[\text{A}]$ の電流を流すと，このときに AB 間の電界 $\boldsymbol{E}$ が単位時間あたりにする仕事は電力になり，これを P で表すと，次の式で与えられます．

$$P = VI [\text{J/s}] \tag{5.23}$$

5.3 電気エネルギーおよび電源と起電力

電力 P の単位は，この式 (5.23) に示すように [J/s] なので，電力は単位時間に行う仕事，つまり仕事率になります．電力の単位 [J/s] にはワット [W] が使われ，[W] は次の式で表されます．

$$[W] = [J/s] \tag{5.24}$$

だから，電力 P は，実用上は次の式で表されることが多いです．

$$P = VI [W] \tag{5.25a}$$

また，電位差 V は $V = IR$ となるので，電力 P はしばしば次の式によっても表されます．

$$P = RI^2 [W] \tag{5.25b}$$

▶電気エネルギーは電力量で表される

電力 P と (電力が働いた) 時間 t の積が電気エネルギーになります．そして，これは電力量といわれ，その大きさはワット時 [Wh] とか，キロワット時 [kWh] などの単位で表されます．1[Wh] と 1[kWh] のエネルギーを [J] で表すと次のようになります．

$$1[\text{Wh}] = 1[\text{W}] \times 1[\text{h}] = 1[\text{W}] \times 3600[\text{s}] = 3600[\text{W} \cdot \text{s}] = 3600[\text{J}] \tag{5.26a}$$

$$1[\text{kWh}] = 1[\text{kW}] \times 1[\text{h}] = 1000[\text{W}] \times 3600[\text{s}] = 3.6 \times 10^6 [\text{J}] \tag{5.26b}$$

▶電源は他のエネルギーを電気エネルギーに変換したもの

電源は電気エネルギーの源のことですが，電気の場合には電源はエネルギーの全くの源と言う意味ではなく，他のエネルギーを電気エネルギーに変換する，ないし変換したものです．電源には発電機，電池および熱電対などがあります．

発電機は火力，水力，原子力などのエネルギーを電気エネルギーに変換する装置です．そして，電池は化学エネルギーを電気エネルギーに変換する装置です．また，熱電対は金属を接合して高温部と低温部の間で生じる熱起電力を利用した電源です．熱電対は熱起電力を利用した温度計ですが，電源の働きもするのです．熱電対はオームがオームの法則を発見したときに，電池よりも安定であるとして使った電源として有名です．

▶起電力は電位差を一定に保っている

電源は起電力を発生しますが,起電力は電気回路に電流を流す能力です.起電力は電位差を一定に保つ働きをします.だから,1[V] の電池と言えば,正負の電極間の電位差は常に一定で,1[V] を示しています.この説明からわかるように,起電力の単位は [V] です.起電力は,これを E_e で表すと,電力 P と電流 I を使って次の式で表されます.

$$E_e = \frac{P}{I}[V] \tag{5.27}$$

起電力には電池などの化学起電力,発電機のような機械エネルギーによる起電力,熱起電力,光起電力などがあります.

電源を抵抗 R の負荷につなぐと,たとえば図 5.4 に示すような電気回路ができます.この回路図において,電流 I が流れるとすると,起電力は E_e だから,この電源の電力は $E_e I$ となります.また,抵抗が R の負荷で消費される電力はここを流れる電流が I なので RI^2 となりますが,両者は等しいので次の関係が成り立ちます.

$$E_e I = RI^2 \quad \therefore E_e = RI[V] \tag{5.28}$$

だから,電源が内部に持つ抵抗の内部抵抗がゼロであれば,負荷の両側の端子間の電位差と起電力は等しくなります.この関係は負荷抵抗 R の値が変わっても成り立つので,負荷抵抗 R の値が小さくなれば電流 (負荷電流) I は大きくなります.負荷の両端に現れる電位差 $V[V]$ は逆起電力とか電圧降下と呼ばれることもあります.

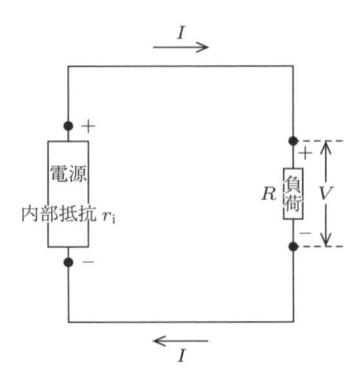

図 5.4 内部抵抗を持つ電源と負荷

内部抵抗がゼロの電源は，この説明からわかるように，回路の負荷に流れる電流の値にかかわらず一定の起電力を供給するので，このような電源は定電圧電源と呼ばれます．

しかし，実際の電源は内部抵抗を持っていることが多いので，この場合を見ておきましょう．いま，内部抵抗を $r_i[\Omega]$ とすると，回路の全抵抗は R から $R+r_i$ に変わるので，$E_e = (R+r_i)I$ の関係から，回路を流れる電流 I は次の式で与えられます．

$$I = \frac{E_e}{R+r_i}[A] \tag{5.29a}$$

そして，内部抵抗 r_i が回路のもつ負荷抵抗 R よりも非常に大きい ($R \ll r_i$) 場合には，式 (5.29a) で表される電流 I は，R/r_i がゼロに近似できるので，書き直すと次のように

$$I = \frac{E_e}{R+r_i} = \frac{E_e}{r_i(1+R/r_i)} \doteqdot \frac{E_e}{r_i}[A] \tag{5.29b}$$

と近似できます．回路を流れる電流 I は負荷抵抗 R の値にかかわらず一定になります．したがって，このような電源は定電流電源と呼ばれます．

5.4 キルヒホッフの法則

直流回路は直流電源を使った電気回路のことですが，ここでは直流回路や低周波の交流回路に適用できるキルヒホッフの法則について説明します．キルヒホッフの法則は電気回路網の解析に有益で，便利に使える道具です．キルヒホッフの法則には第一法則と第二法則があります．

▶キルヒホッフの第一法則

この法則は「回路網中の任意の一つの結合点に流れ込む電流の総和はゼロである」と定義されています．キルヒホッフの法則でいう電流の総和では結合点に流れ込む電流を正と考え，結合点から流れ出る電流は負と考えることになっています．

だから，図 5.5 に示す場合では I_1, I_2, I_3 が結合点に流れ込む電流で，I_4, I_5 が流れ出る電流なので，キルヒホッフの法則を適用すると，次の式が成り立ちます．

$$I_1 + I_2 + I_3 - I_4 - I_5 = 0 \tag{5.30}$$

結合点に出入りする電流が I_1 から I_n まで n 個あるとすると，一般式として次

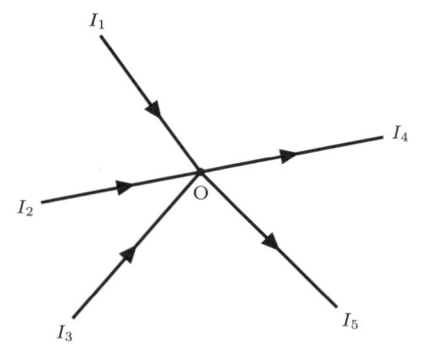

図 5.5 キルヒホッフの第一法則

の式が成り立ちます．

$$\sum_{i=1}^{n} I_i = 0 \tag{5.31}$$

▶キルヒホッフの第二法則

この法則は「回路網中の任意の一つの閉路において，定められた方向の起電力の代数和は，その方向に流れる電流による電圧降下の代数和に等しい」と定義されています．いま，図 5.6 に示すように，結合点 a, b, c, d を通る閉路に起電力が E_1, E_2, E_3, E_4 の電池と，抵抗 R_1, R_2, R_3, R_4 があり，電流 I_1, I_2, I_3, I_4 が，図に示すように右回りに流れているとしましょう．

するとキルヒホッフの第二法則は，定義に従って次のようになります．

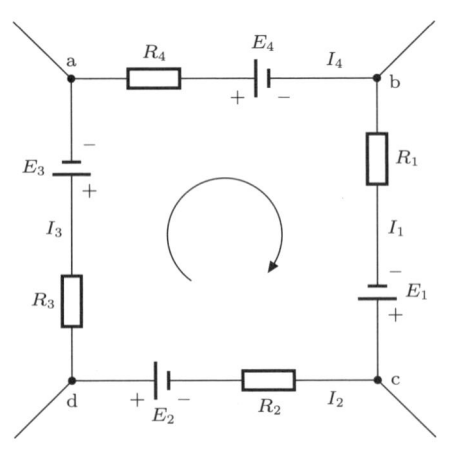

図 5.6 キルヒホッフの第二法則

$$E_1 + E_2 - E_3 - E_4 = R_1 I_1 + R_2 I_2 + R_3 I_3 + R_4 I_4 \tag{5.32}$$

起電力と抵抗が共に m 個ある一般の場合には，第二法則は次の式で表されます．

$$\sum_{i=1}^{m} E_i = \sum_{i=1}^{m} I_i R_i [\mathrm{V}] \tag{5.33}$$

この式の両辺に I_i を掛けると電力になりますが，次の式が成り立ちます．

$$\sum_{i=1}^{m} E_i I_i = \sum_{i=1}^{m} I_i^2 R_i [\mathrm{W}] \tag{5.34}$$

この式 (5.34) の左辺は電源の起電力が供給する電力の総和を示し，右辺は電源から供給される電流 I_i が抵抗 R_i を流れることによって消費される消費電力の総和を表しています．したがって，この式が成り立つことは，供給される電力と消費される電力が等しいことを示しており，エネルギー保存則が成り立つことを表しています．

キルヒホッフの第二法則の演算においては注意すべきことがあります．それは電流の流れる方向で，図 5.6 を使った説明においては，電流 I_1, I_2, I_3, I_4 の流れる方向はすべて右回りで同じであると仮定しましたが，計算して得られる解析結果がこのようになるとは限らないということです．

計算した結果得られる電流の正負の方向が仮定した方向と同じで正符号となれば，電流の方向は仮定した方向で正しいのですが，もしも計算結果の電流の値が逆方向を表す負となれば，電流の方向は仮定した方向とは逆になります．

┃**例題5.1**┃ 図 E5.1 に示す回路図において電流 I_1, I_2, I_3 の値と流れる方向を求めてください．

［解答］まず，電流 I_1, I_2, I_3 の方向を図 E5.1 に示すように仮定します．すると，この図に示したように，抵抗が R_1, R_2, R_3，起電力が E_1, E_3 なので，結合点 B においてキルヒホッフの第一法則を適用すると，次の式が成立します．

$$I_1 - I_2 + I_3 = 0 \tag{E5.1a}$$

また，閉路 ABEFA と閉路 BCDEB にキルヒホッフの第二法則を適用すると，次の二つの式が成り立ちます．

$$R_1 I_1 + R_2 I_2 = E_1 \tag{E5.1b}$$

図 E5.1　例題の回路図

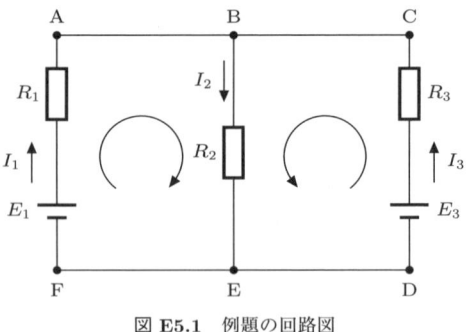

$$R_2 I_2 + R_3 I_3 = E_3 \tag{E5.1c}$$

　式 (E5.1a,b,c) をまとめ，電流の各係数を用いて行列を使って書くと次の式が得られます．

$$\begin{bmatrix} 1 & -1 & 1 \\ R_1 & R_2 & 0 \\ 0 & R_2 & R_3 \end{bmatrix} \begin{bmatrix} I_1 \\ I_2 \\ I_3 \end{bmatrix} = \begin{bmatrix} 0 \\ E_1 \\ E_3 \end{bmatrix} \tag{E5.2}$$

この式 (E5.2) を，行列式の解法を使って解くと電流 I_1, I_2, I_3 は次のように表されます．

$$\begin{aligned} I_1 &= \frac{1}{\Delta} \begin{vmatrix} 0 & -1 & 1 \\ E_1 & R_2 & 0 \\ E_3 & R_2 & R_3 \end{vmatrix} \\ I_2 &= \frac{1}{\Delta} \begin{vmatrix} 1 & 0 & 1 \\ R_1 & E_1 & 0 \\ 0 & E_3 & R_3 \end{vmatrix} \\ I_3 &= \frac{1}{\Delta} \begin{vmatrix} 1 & -1 & 0 \\ R_1 & R_2 & E_1 \\ 0 & R_2 & E_3 \end{vmatrix} \end{aligned} \tag{E5.3}$$

　ここで，Δ は次の行列式を表し，補足 5.1 のサラスの方法を使って計算すると，その値は次のようになります．

$$\Delta = \begin{vmatrix} 1 & -1 & 1 \\ R_1 & R_2 & 0 \\ 0 & R_2 & R_3 \end{vmatrix} \tag{E5.4a}$$

$$= R_1 R_2 + R_2 R_3 + R_3 R_1 = \Delta_b \tag{E5.4b}$$

◆ **補足 5.1** 行列式の値を計算するサラスの方法

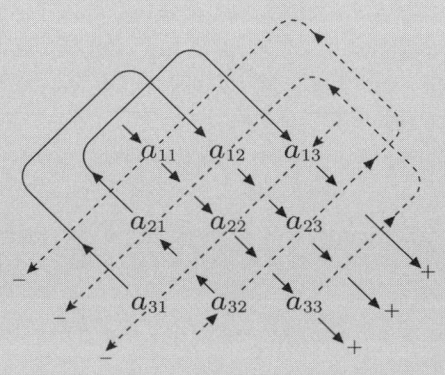

図 S5.1 サラスの方法

図 S5.1 において，各行列要素を実線で示す矢印 → に沿って右回りに掛け合わせて加えた合計から，破線で示す矢印 → に沿って左回りに掛け合わせて加えた合計を引き算することによって，行列式の値は次のように求めることができます．

$$\text{行列式の値} = a_{11}a_{22}a_{33} + a_{12}a_{23}a_{31} + a_{13}a_{32}a_{21}$$
$$- (a_{13}a_{22}a_{31} + a_{12}a_{21}a_{33} + a_{11}a_{32}a_{23})$$

この方法はサラスの方法と呼ばれます．なお，この計算方法が使えるのは 3 行 3 列の行列式までです．4 行 4 列以上の行列式の計算を行うには，その行列式を 3 行 3 列以下の小行列式に展開して，展開した各行列式の値を求めて加え合わせる必要があります．

したがって，I_1, I_2, I_3 は，Δ_b を使って次のように求まります．

$$\begin{aligned}
I_1 &= \frac{(R_2 + R_3)E_1 - R_2 E_3}{\Delta_b} \\
I_2 &= \frac{R_3 E_1 + R_1 E_3}{\Delta_b} \\
I_3 &= \frac{-R_2 E_1 + (R_1 + R_2)E_3}{\Delta_b}
\end{aligned} \tag{E5.5}$$

演 習 問 題

5.1 長さが $l = 1[\text{m}]$，断面積が $S = 1[\text{mm}^2]$ で，抵抗値が $R = 10[\Omega]$ の抵抗線がある．この抵抗線の抵抗率はいくらか？

5.2 抵抗率が $\rho_R = 2 \times 10^{-4} [\Omega \cdot \text{m}]$, 長さが $l = 20 [\text{cm}]$, 断面積が $S = 4 [\text{mm}^2]$ の導線がある. この導線のコンダクタンス G はいくらか？

5.3 ある導線を電流密度が $J = 7.7 \times 10^6 [\text{A}/\text{m}^2]$ の電流が流れている. (伝導) 電子の電荷を $e = 1.602 \times 10^{-19} [\text{C}]$, 導線の電子密度を $8 \times 10^{22} [\text{cm}^{-3}]$ として, この電子の導線の中での移動速度 v を求めよ.

5.4 抵抗値が $1[\Omega]$, $2[\Omega]$, $4[\Omega]$ の 3 個の抵抗線がある. これらの 3 個の抵抗線をすべて直列に接続したときと, 並列に接続したときの, それぞれ抵抗値を計算せよ.

5.5 抵抗値が $2[\Omega]$, $2.5[\Omega]$, $3[\Omega]$ の 3 個の抵抗線がある. $2[\Omega]$ と $2.5[\Omega]$ の抵抗線を並列に接続し, 並列に接続した抵抗線と $3[\Omega]$ の抵抗線を直列に接続すると, 合成抵抗はいくらになるか？

5.6 抵抗を並列に接続すると合成抵抗の値が小さくなるが, この理由を, 数式を使って納得できるように説明せよ.

5.7 起電力が $E_\text{e} = 1[\text{V}]$, 内部抵抗が $r_\text{i} = 0.08[\Omega]$ の電池がある. この電池を使って抵抗が $R = 2[\Omega]$ の金属線に $I = 10[\text{A}]$ の電流が流れるようにするには, 電池を何個つなぐ必要があるか？

5.8 本文の図 E5.1 の回路図において, 抵抗が $R_1 = 1[\Omega]$, $R_2 = 2[\Omega]$, $R_3 = 3[\Omega]$, 起電力が $E_1 = 10[\text{V}]$, $E_3 = 20[\text{V}]$ であるとすると, 電流 I_1, I_2, I_3 の値はいくらになるか？

Chapter 6

磁気と磁界

　磁気は電荷の運動によって発生しています．この章では電荷に対応する磁荷を，実在しませんがその存在を仮定して磁気の説明を始めます．磁気の起源が電子の運動によることを明らかにしてから，電気と磁気を対応させながら磁気の説明をします．また，磁気と電気との対応関係を明示して，磁気のわかりにくさの一因を除く工夫を試みます．内容の説明では，磁荷を使ってクーロンの法則の説明から始め，続いて磁力線，磁界，磁束，そして磁束密度を電気と対応させて説明します．このあと磁気に関するガウスの法則や磁性体とその性質，磁気遮蔽，地球磁気などについて説明することにします．

6.1 電子の運動を起源とする磁気

▶磁石はその名前をギリシャ時代のマグネシアに由来している

　歴史上に磁気が現れたのは古く，古代ギリシャ時代にギリシャのマグネシアで産する鉱物が鉄の付いた杖を引き付けた事件によって磁気が発見されたとされています．そして，磁気 (magnetism) という名前はこのギリシャのマグネシアに由来していると言われています．

　磁気を発しているのは，磁石が持っている二つの磁極 (N 極と S 極) であると，長年みなされてきました．図 6.1 に示すように，たとえば棒磁石の場合には，磁極は磁石の左右にありますが，磁極にはそれぞれ別の種類の磁荷があり，N 極には磁力線を出す正の磁荷があり，S 極には磁力線を吸い込む負の磁荷があると考えられてきました．

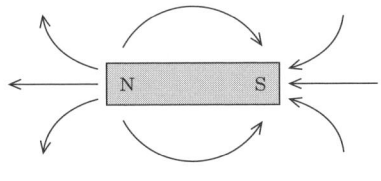

図 6.1　磁石の磁力線

ところが，磁石を詳しく調べてみると磁石は不思議な性質を示すことがわかってきました．というのは，図 6.2 に示すように，棒磁石を二つに分割すると二つの破片も元の棒磁石と同じような性質を示し，分割されて新しくできた二つの磁石の左右にも N 極と S 極ができたのです．そればかりか，新しくできた二つの磁石をさらに分割して 4 個の破片にしても，各磁石の破片にそれぞれ N 極と S 極ができることがわかったのです．

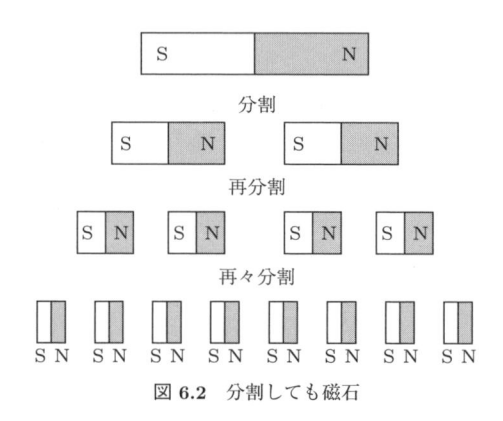

図 **6.2** 分割しても磁石

この磁石の奇怪な現象はさらに続き，何度分割しても，新たにできる破片の両端にそれぞれ新しく N 極と S 極ができたのです．そしてこの不思議な現象は破片のサイズが原子の大きさ ($\sim 10\,\mathrm{nm}$) になるまで続きます．しかも，原子サイズになっても，分割された破片は N 極と S 極を持つらしいことがわかったのです．

以上の事実から磁気を発生する源は原子の中にあることが推定できました．事実，磁気は原子の中にある電子の作る正負の磁荷の対 (あとで述べる磁気双極子の一種) から発生していることが，やがてわかったのです．それと同時に N 極と S 極は切り離すことはできない，すなわち，N 極と S 極はどちらも単独には存在できない，すなわち，磁荷は実在しないということがわかったのです．

▶電子はフィギュアスケートの選手のようにスピン (自転) している！

原子の中の電子は光に近い超高速度で運動しているのですが，そればかりでなく電子は，フィギュアスケートの選手のように，自分で回転 (自転) していることがわかったのです．この電子の自転はスピンと呼ばれています．そして，電子がスピンすることによって，図 6.3 に示すように，電子から磁力線が出ていたの

図 6.3 電子のスピン

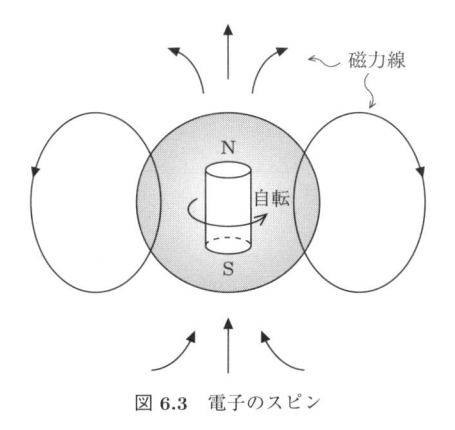

です．

　実は電子が運動する (動く) から電子から磁力線が出て磁気が発生するのです．だから，電子の移動によって起こる電流からも磁力線が出ていて，電流からは磁気が発生しています．このことは，このあと 7 章で詳しく説明します．こうして，磁極から磁気が発生する原因が電子の運動，つまり，電子のスピン (自転) にあることがわかったのです．

6.2 電気と磁気の対応

6.2.1 磁気と電気の類似性および磁荷の有用性と注意点

▶磁気と電気には類似点が多い

　磁気は電気に似た性質を多く持っています．本書では，磁気を発生するものとして磁荷の存在を仮定しますが，この立場に立つと磁気と電気には特に多くの類似点が生じます．重要な類似項目を列挙してみると，次のようになります．

① 磁気では磁界の働きを表す磁力線を仮定します．これは電界の働きを表すものとして仮想的に使われる電気力線に対応しています．

② 磁気では磁力線によって磁気的にゆがんだ空間を磁界 (または磁場) と呼びますが，これは電気力線の及ぶ空間を表す電界 (または電場) に対応します．

③ 磁気においても，電気の場合と同様にクーロンの法則が成り立ちます．ただし，このあと説明するように，この法則は二つの磁荷の間で成り立つ磁気のクーロンの法則です．

④ 電気に電気力線の束の電束やその密度である電束密度があるように，これに対応して磁気には磁力線の束の磁束とその密度の磁束密度があります．

したがって，磁荷の存在を仮定すると，磁気現象を電気現象と対応させて容易に理解することができます．本書ではこの立場で磁気の説明を行いますが，磁荷は実在しないという弱点を持つために，実在する電荷との比較では注意を要する点もあります．

重要な注意点の一つは磁力線 (や磁束) がループを描いていることです．磁気を発して磁力線を出す正の磁荷とこれを吸い込む負の磁荷は実際には存在せず，磁石の正負の磁荷は磁力線が描くループの通過点に過ぎないのです．

だから，図 6.1 に示した磁石の N 極から出て S 極に入っているように見える磁力線も，図 6.4 に示すように，ループを描いていて，その磁力線のループが N 極と S 極を通過しているだけです．これらの磁極は磁力線の発生源や吸い込み口になっているわけではないのです．この状況は，図 6.3 に示した，電子のスピンから出入りしている磁力線の状況と同じです．磁極の磁気は電子のスピンにその源があるのでこれは当然のことです．

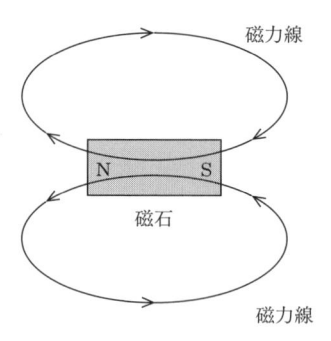

図 6.4 磁力線は磁気ループを描く

以上の磁力線がループを描いていることの説明がわかれば，磁石をいくら細分化しても磁石の破片の左右に N 極と S 極が新しく生まれる謎が解消し，納得できると思います．それと同時に，磁力線がループを描いていることをよく理解しておかないと，次の節で説明する，磁気では重要な法則の，磁気に関するガウスの法則が理解できないのです．

朝倉書店〈物理学関連書〉ご案内

原子分子物理学ハンドブック

市川行和・大谷俊介編
A5判 536頁 定価(本体16000円+税)(13105-5)

自然科学の中でもっとも基礎的な学問分野であるといわれる原子分子物理学は、近年急速に進歩しつつある科学や工学の基礎をなすとともに、それ自身先端科学として重要な位置を占め、他分野に多大な影響を与えている。この原子分子物理学とその関連分野の知識を整理し、基礎から先端的な研究成果までを初学者や他分野の研究者にもわかりやすく解説する。〔内容〕原子・分子・イオンの構造および基本的性質／光との相互作用／衝突過程／特異な原子分子／応用／物理定数表

物性物理学ハンドブック

川畑有郷・上田正仁・鹿児島誠一・北岡良雄編
A5判 688頁 定価(本体18000円+税)(13103-1)

物質の性質を電子論的立場から解明する分野である物性物理学は、今や細分化の傾向が強くなっている。本書は大学院生を含む研究者が他分野の現状を知るための必要最小限の情報をまとめた。物質の性質を現象で分類すると同時に、代表的な物質群ごとに性質を概観する内容も含めた点も特徴である。〔内容〕磁性／超伝導・超流動／量子ホール効果／金属絶縁体転移／メゾスコピック系／光物性／低次元系の物理／ナノサイエンス／表面・界面物理学／誘導体／物質から見た物性物理

ペンギン物理学辞典

清水忠雄・清水文子監訳
A5判 512頁 定価(本体9200円+税)(13106-2)

本書は、半世紀の歴史をもつThe Penguin Dictionary of Physics 4th ed.の全訳版。一般物理学はもとより、量子論・相対論・物理化学・宇宙論・医療物理・情報科学・光学・音響学から機械・電子工学までの用語につき、初学者でも理解できるよう明解かつ簡潔に定義づけするとともに、重要な用語に対しては背景・発展・応用等まで言及し、豊富な理解が得られるよう配慮したものである。解説する用語は4600、相互参照、回路・実験器具等図の多用を重視し、利便性も考慮されている。

素粒子物理学ハンドブック

山田作衛・相原博昭・岡田安弘・坂井典佑・西川公一郎編
A5判 688頁 定価(本体18000円+税)(13100-0)

素粒子物理学の全貌を理論、実験の両側面から解説、紹介。知りたい事項をすぐ調べられる構成で素粒子を専門としない人でも理解できるよう配慮。〔内容〕素粒子物理学の概観／素粒子理論(対称性と量子数、ゲージ理論、ニュートリノ質量、他)／素粒子の諸現象(ハドロン物理、標準模型の検証、宇宙からの素粒子、他)／粒子検出器(チェレンコフ光検出器、他)／粒子加速器(線形加速器、シンクロトロン、他)／素粒子と宇宙(ビッグバン宇宙、暗黒物質、他)／素粒子物理の周辺

物理データ事典

日本物理学会編
B5判 600頁 定価(本体25000円+税)(13088-1)

物理の全領域を網羅したコンパクトで使いやすいデータ集。応用も重視し実験・測定には必携の書。〔内容〕単位・定数・標準／素粒子・宇宙線・宇宙論／原子核・原子・放射線／分子／古典物性(力学量, 熱物性量, 電磁気・光, 燃焼, 水, 低温の窒素・酸素, 高分子, 液晶)／量子物性(結晶・格子, 電荷と電子, 超伝導, 磁性, 光, ヘリウム)／生物物理／地球物理・天文・プラズマ(地球と太陽系, 元素組成, 恒星, 銀河と銀河団, プラズマ)／デバイス・機器(加速器, 測定器, 実験技術, 光源)他

現代物理学[基礎シリーズ]
倉本義夫・江澤潤一 編集

1. 量子力学
倉本義夫・江澤潤一著
A5判 232頁 定価(本体3400円+税) (13771-2)

基本的な考え方を習得し,自ら使えるようにするため,正確かつ丁寧な解説と例題で数学的な手法をマスターできる。基礎事項から最近の発展による初等的にも扱えるトピックを取り入れ,量子力学の美しく,かつ堅牢な姿がイメージされる書。

2. 解析力学と相対論
二間瀬敏史・綿村 哲著
A5判 180頁 定価(本体2900円+税) (13772-9)

解析力学の基本を学び現代物理学の基礎である特殊相対性理論を理解する。〔内容〕ラグランジュ形式／変分原理／ハミルトン形式／正準変換／特殊相対性理論の基礎／4次元ミンコフスキー時空／相対論的力学／電気力学／一般相対性理論／他

3. 電磁気学
中村 哲・須藤彰三著
A5判 260頁 定価(本体3400円+税) (13773-6)

初学者が物理数学の知識を前提とせず読み進めることができる教科書。〔内容〕電荷と電場／静電場と静電ポテンシャル／静電場の境界値問題／電気双極子と物質中の電場／磁気双極子と物質中の磁場／電磁誘導とマクスウェル方程式／電磁波,他

4. 統計物理学
川勝年洋著
A5判 180頁 定価(本体2900円+税) (13774-3)

統計力学の基本的な概念から簡単な例題について具体的な計算を実行しつつ種々の問題を平易に解説。〔内容〕序章／熱力学の基礎事項の復習／統計力学の基礎／古典統計力学の応用／理想量子系の統計力学／相互作用のある多体系の協力現象／他

5. 量子場の理論 —素粒子物理から凝縮系物理まで—
江澤潤一著
A5判 224頁 定価(本体3300円+税) (13775-0)

凝縮系物理の直感的わかり易さを用い,正統的場の量子論の形式的な美しさと論理的透明さを解説。〔内容〕生成消滅演算子／場の量子論／正準量子化／自発的対称性の破れ／電磁場の量子化／ディラック場／場の相互作用／量子電磁気学／他

6. 基礎固体物性
齋藤理一郎著
A5判 192頁 定価(本体3000円+税) (13776-7)

固体物性の基礎を定量的に理解できるように実験手法も含めて解説。〔内容〕結晶の構造／エネルギーバンド／格子振動／電子物性／磁性／光と物質の相互作用・レーザー／電子電子相互作用／電子格子相互作用,超伝導／物質中を流れる電子,他

7. 量子多体物理学
倉本義夫著
A5判 192頁 定価(本体3200円+税) (13777-4)

多数の粒子が引き起こす物理を理解するための基礎概念と理論的手法を解説。〔内容〕摂動論と有効ハミルトニアン／電子の遍歴性と局在性／線型応答理論／フェルミ流体の理論／超伝導／近藤効果／1次元電子系とボソン化／多体摂動論,他

8. 原子核物理学
滝川 昇著
A5判 248頁 定価(本体3800円+税) (13778-1)

最新の研究にも触れながら原子核物理学の基礎を丁寧に解説した入門書。〔内容〕原子核の大まかな性質／核力と二体系／電磁場との相互作用／殻構造／微視的平均場理論／原子核の形／原子核の崩壊および放射能／元素の誕生

現代物理学［展開シリーズ］
倉本義夫・江澤潤一 編集

3. 光電子固体物性
髙橋 隆著
A5判 144頁 定価（本体2800円+税）（13783-5）

光電子分光法を用い銅酸化物・鉄系高温超伝導やグラフェンなどのナノ構造物質の電子構造と物性を解説。〔内容〕固体の電子構造／光電子分光基礎／装置と技術／様々な光電子分光とその関連分光／逆光電子分光と関連分光／高分解能光電子分光

4. 強相関電子物理学
青木晴善・小野寺秀也著
A5判 256頁 定価（本体3900円+税）（13784-2）

固体の磁気物理学で発見されている新しい物理現象を，固体中で強く相関する電子系の物理として理解しようとする領域が強相関電子物理学である。本書ではこの新しい領域を，局在電子系ならびに伝導電子系のそれぞれの立場から解説する。

6. 分子性ナノ構造物理学
豊田直樹・谷垣勝己著
A5判 196頁 定価（本体3400円+税）（13786-6）

分子性ナノ構造物質の電子物性や材料としての応用について平易に解説。〔内容〕歴史的概観／基礎的概念／低次元分子性導体／低次元分子系超伝導体／ナノ結晶・クラスタ・微粒子／ナノチューブ／ナノ磁性体／作製技術と電子デバイスへの応用

7. 超高速分光と光誘起相転移
岩井伸一郎著
A5判 224頁 定価（本体3600円+税）（13787-3）

近年飛躍的に研究領域が広がっているフェムト秒レーザーを用いた光物性研究にアプローチするための教科書。光と物質の相互作用の基礎から解説し，超高速レーザー分光，光誘起相転移といった最先端の分野までを丁寧に解説する。

8. 生物物理学
大木和夫・宮田英威著
A5判 256頁 定価（本体3900円+税）（13788-0）

広範囲の分野にわたる生物物理学の生体膜と生物の力学的な機能を中心に解説。〔内容〕生命の誕生と進化の物理／細胞と生体膜／研究方法／生体膜の物性と細胞の機能／生体分子間の相互作用／仕事をする酵素／細胞骨格／細胞運動の物理機構

先端光技術シリーズ〈全3巻〉
光エレクトロニクスを体系的に理解しよう

1. 光学入門 —光の性質を知ろう—
大津元一・田所利康著
A5判 232頁 定価（本体3900円+税）（21501-4）

先端光技術を体系的に理解するために魅力的な写真・図を多用し，ていねいにわかりやすく解説。〔内容〕先端光技術を学ぶために／波としての光の性質／媒質中の光の伝搬／媒質界面での光の振る舞い（反射と屈折）／干渉／回折／付録

2. 光物性入門 —物質の性質を知ろう—
大津元一編 斎木敏治・戸田泰則著
A5判 180頁 定価（本体3000円+税）（21502-1）

先端光技術を理解するために，その基礎の一翼を担う物質の性質，すなわち物質を構成する原子や電子のミクロな視点での光との相互作用をていねいに解説した。〔内容〕光の性質／物質の光学応答／ナノ粒子の光学応答／光学応答の量子論

3. 先端光技術入門 —ナノフォトニクスに挑戦しよう—
大津元一編著 成瀬 誠・八井 崇著
A5判 224頁 定価（本体3900円+税）（21503-8）

光技術の限界を超えるために提案された日本発の革新技術であるナノフォトニクスを豊富な図表で解説。〔内容〕原理／事例／材料と加工／システムへの展開／将来展望／付録（量子力学の基本事項／電気双極子の作る電場／湯川関数の導出）

納得しながら学べる物理シリーズ1	納得しながら量子力学	岸野正剛著	A5判 228頁 定価（本体3200円+税）（13641-8）	納得しながら理解ができるよう懇切丁寧に解説。〔内容〕シュレーディンガー方程式と量子力学の基本概念／具体的な物理現象への適用／量子力学の基本事項と規則／近似法／第二量子化と場の量子論／マトリックス力学／ディラック方程式
納得しながら学べる物理シリーズ2	納得しながら基礎力学	岸野正剛著	A5判 192頁 定価（本体2700円+税）（13642-5）	物理学の基礎となる力学を丁寧に解説。〔内容〕古典物理学の誕生と力学の基礎／ベクトルの物理／等速運動と等加速度運動／運動量と力積および摩擦力／円運動，単振動，天体の運動／エネルギーとエネルギー保存の法則／剛体および流体の力学
	ドレスト光子 ―光・物質融合工学の原理―	大津元一著	A5判 320頁 定価（本体5400円+税）（21040-8）	近接場光＝ドレスト光子の第一人者による教科書。ナノ寸法領域での光技術の原理と応用を解説〔内容〕ドレスト光子とは何か／ドレスト光子の描像／エネルギー移動と緩和／フォノンとの結合／デバイス／加工／エネルギー変換／他
光学ライブラリー4	光とフーリエ変換	谷田貝豊彦著	A5判 196頁 定価（本体3600円+税）（13734-7）	回折や分光の現象などにおいては，フーリエ変換そのものが物理的意味をもつ。本書は定本として高い評価を得てきたが，今回「ヒルベルト変換による位相解析」，「ディジタルホログラフィー」などの節を追補するなど大幅な改訂を実現。
光学ライブラリー5	デジタルイメージング	歌川健著	A5判 208頁 定価（本体3600円+税）（13735-4）	デジタルスチルカメラはどのような光学的仕組みで画像処理等がなされているかを詳細に解説。〔内容〕デジタル光学の撮像／デジタル撮像素子と空間量子化／補間と画質／色の表示と色の数字／カメラの色処理カラーマネジメント／写真と目と脳
光学ライブラリー6	分光画像入門	伊東一良編著	A5判 180頁 定価（本体3400円+税）（13736-1）	情報技術の根幹をなす「分光情報と画像情報」の仕組みを解説。〔内容〕分光画像とは／光の散乱・吸収と表面色／測光の基礎とフーリエ変換／分光映像法の分類／結像型分光映像法／波動光学と3次元干渉分光映像法／分光画像の利用／コラム
	金属−非金属転移の物理	米沢富美子著	A5判 260頁 定価（本体4600円+税）（13110-9）	金属‐非金属転移の仕組みを図表を多用して最新の研究まで解説した待望の本格的教科書。〔内容〕電気伝導度を通してミクロの世界を探る／金属電子論とバンド理論／パイエルス転移／ブロッホ‐ウィルソン転移／アンダーソン転移／モット転移
	はじめての応力	増田俊明著	A5判 168頁 定価（本体2700円+税）（13104-8）	直感的な図と高校レベルの数学からスタートして「応力とは何か」が誰にでもわかる入門書。〔内容〕力とベクトル／力のつり合い／面に働く力／体積力と表面力／固有値と固有ベクトル／応力テンソル／最大剪断応力／2次元の応力／他
	準結晶の物理	竹内伸・枝川圭一・蔡安邦・木村薫著	B5判 136頁 定価（本体3500円+税）（13109-3）	結晶およびアモルファスとは異なる新しい秩序構造の無縁固体である「準結晶」の基礎から応用面を多数の幾何学的な構造図や写真を用いて解説。〔内容〕序章／準結晶格子／準結晶の種類／構造／電子物性／様々な物性／準結晶の応用の可能性
アドバンスト物理学シリーズ1	表面界面の物理	笠井秀明・坂上護著	A5判 168頁 定価（本体2900円+税）（13661-6）	測定技術の飛躍的進歩により，個々の原子や分子の振舞が明らかになり，こうした物性の基礎から研究成果を詳述。〔内容〕構造と電子状態／表面と原子・分子の反応／表面近傍での水素反応／表面電子系のダイナミクスと強相関現象／他

ISBN は 978-4-254- を省略　　　　　　　　　　　　　　　　　　　　（表示価格は2014年1月現在）

朝倉書店

〒162-8707 東京都新宿区新小川町6-29
電話 直通(03) 3260-7631　FAX(03) 3260-0180
http://www.asakura.co.jp　eigyo@asakura.co.jp

6.2.2 磁気の専門用語と電気との対応および磁気の記述法 (*E*-*H* 対応)

磁気と電気には多くの対応関係が見られますが，このことは磁気と電気の記述に使われる専門用語とその単位に現れています．重要な専門用語とその単位を表6.1に示しますが，この表を見ると磁気と電気との深い関係がわかります．

表 6.1 磁気と電気の対比

磁気	電気
磁荷 Q_m[Wb]	電荷 Q[C]
磁力線	電気力線
磁界 $\boldsymbol{H}$[A/m]	電界 $\boldsymbol{E}$[V/m]
磁位 U_m[A]	電位 V[V]
磁束 Φ_m[Wb]	電束 Φ_E[C]
磁束密度 $\boldsymbol{B}$[T]	電束密度 $\boldsymbol{D}$[C/m²]
クーロンの法則 $\boldsymbol{F} = Q_m \boldsymbol{H}$[N]	クーロンの法則 $\boldsymbol{F} = Q\boldsymbol{E}$[N]
透磁率 μ[H/m]	誘電率 ϵ[F/m]

この表において，磁界 $\boldsymbol{H}$ は前の6.2.1項で述べたように，磁力線の影響を受けた空間のことです．また，磁位は単位磁荷あたりの位置のエネルギーです．これらの単位に電流の単位の [A] が使われていることが注目されます．磁気に電気の単位のアンペア [A] が使われる理由は，7章で詳しく述べるように，磁気が動く電荷による電流から発生している事実を如実に表しています．

表6.1には磁気量に使われる単位が示されていますが，これらの磁気単位はSI単位系に入っています．しかし，磁気単位はわかりにくいこともありますので，代表的な磁束 Φ_m の単位のウェーバ [Wb]，磁束密度 B の単位のテスラ [T]，およびインダクタンスの単位のヘンリー [H] をとりあげ，磁気単位と馴染みの深いSI単位の関係を示しておくと，次のようになっています．

$$[\text{Wb}] = \frac{[\text{N}][\text{m}]}{[\text{A}]} = [\text{V} \cdot \text{s}] \tag{6.1a}$$

$$[\text{T}] = \frac{[\text{Wb}]}{[\text{m}^2]} \text{なので} [\text{T}] = [\text{V} \cdot \text{s/m}^2] \tag{6.1b}$$

$$[\text{H}] = \frac{[\text{Wb}]}{[\text{A}]} = [\text{V} \cdot \text{s/A}] \tag{6.1c}$$

▶ *E*-*H* 対応と *E*-*B* 対応

次に，磁気の表現方法というか，電気と磁気を合わせた電磁気学の組み立て方について説明しておくと，本書では表6.1に示すように，磁気 $\boldsymbol{H}$ は電界 $\boldsymbol{E}$ を対

応させているので，E-H 対応を使っていることになります．磁気と電気の対応関係の記述法ではこの他に磁束密度 B と電界 E を対応させる E-B 対応があります．E-B 対応は電流によって磁束密度 B が生じるので，E と B を対応させて電磁気学を組み立てています．この立場では電流の作る磁界が基本になっています．論理的には E-B 対応の方がすっきりしています．

E-H 対応と E-B 対応の顕著な違いは，あとで説明する磁化 M に現れます．すなわち，E-H 対応では $M = B - \mu H$ となり，E-B 対応では $M = B/\mu - H$ となります．一般の教科書では磁気の記述についての執筆の立場をはっきりと書いていない場合がほとんどなので，そうした本では磁化 M の表示方法を見て，E-H 対応か E-B 対応かを判断する必要があります．

E-H 対応と E-B 対応の長所と短所については次のことが言えます．E-H 対応は磁荷という実在しないものを基本要素の一つとして使うのでやや虚構的な面がありますが，静電気との対応関係が明確なために見通しがよく，磁気がわかりやすいという利点があります．

一方，E-B 対応は電流によって磁束密度 (磁気) が発生することを基本に置いているので，理論的な整合性に優れています．しかし，静電気との対応関係を表しにくい難点があるために，見通しが悪く，磁気と電気との対応関係がわかりにくいという欠点があります．

6.3 磁荷，磁力線，磁束と磁界の物理

6.3.1 磁荷，磁力線と磁界および磁束と磁束密度

物質の持っている磁気的な性質や磁気現象の元となるものが磁気ですが，磁荷を認める立場に立つと，磁気の源は磁荷ということになります．しかし，実際には磁気は電荷の運動，つまり電流やスピンによって発生しているので，本書では磁気の源はあくまで電荷が動くことによると考えることに変わりはありません．しかし，この章では磁荷を使って磁界や磁束密度を説明することにします．そうした方が磁荷に関するクーロンの法則や磁気双極子が，電気の場合とよく対応し，磁気の説明がわかりやすいからです．

さて，磁荷ですが，磁荷 Q_m は磁極の強さを表す量で，磁極の N 極に正の磁荷があり S 極に負の磁荷があります．そして，(磁力線は循環していますが) 見かけ

6.3 磁荷，磁力線，磁束と磁界の物理

上は6.1節の図6.1に示したように，正磁極のN極から磁力線が出ており，磁力線は負磁極のS極に吸い込まれています．なお，磁力線の接線方向は磁界の方向を表しています．

いま，真空中に磁荷 Q_m があるとして磁力線の本数を N_m とすると，N_m は磁荷 Q_m に比例し，(磁気の) 真空の透磁率 μ_0 に反比例して，次の式で表されます．なお，空気の透磁率もほぼ μ_0 です．

$$N_m = \frac{Q_m}{\mu_0} [\text{A} \cdot \text{m}] \tag{6.2}$$

そして，磁荷 Q_m の存在する点を点Oとして，点Oから $r[\text{m}]$ 離れた点における磁力線の密度 n_{0m} は，次の式で表されます．

$$n_{0m} = \frac{N_m}{4\pi r^2} = \frac{Q_m}{4\pi\mu_0 r^2} [\text{A/m}] \tag{6.3}$$

なぜなら，点Oから距離 $r[\text{m}]$ 離れた点は，点Oを中心とした半径 $r[\text{m}]$ の球の表面の点と同じになりますが，球の表面の任意の点における磁力線の密度 n_{0m} は，磁力線の本数 N_m を球の表面積 $S(=4\pi r^2)$ で割ったものになるからです．この事情は2.2節で述べた電気における電荷から出る電気力線の密度の場合と同じです．

そして，電気の場合に電気力線の密度が電界の大きさ E になったように，磁気の場合も磁力線の密度 n_{0m} は磁界の大きさ H に等しくなります．したがって，真空中または空気中における磁界の大きさ H は，式(6.3)を使って，次の式で表されます．

$$H = \frac{Q_m}{4\pi\mu_0 r^2} [\text{A/m}] \tag{6.4}$$

また，磁力線の束で構成される磁束 Φ_m の値は磁荷 Q_m と等しくなり，次の式で表されます．

$$\Phi_m = Q_m [\text{Wb}] \tag{6.5}$$

この関係も，電気の場合の電束 Φ_E と電荷 Q の関係と同じです．

だから，磁束密度の大きさ B を求めるには，磁界の大きさ H を求めるために磁力線の本数 N_m を球の表面積 S で割ったように，式(6.5)で表される磁束 Φ_m を球の表面積 $S(=4\pi r^2$ で) で割って，磁束密度は次の式で与えられます．

$$B = \frac{Q_m}{4\pi r^2} [\text{Wb/m}^2] \tag{6.6}$$

したがって，磁束密度 $\boldsymbol{B}$ は式(6.4)の磁界 $\boldsymbol{H}$ の式を使うと，真空中では磁界 $\boldsymbol{H}$

との間に，次の関係

$$B = \mu_0 H \tag{6.7}$$

が得られ，磁束密度 B の大きさは磁界 H の透磁率倍で表されることがわかります．

磁束密度 B の単位は $[\mathrm{Wb/m^2}]$ ですが，この単位 $[\mathrm{Wb/m^2}]$ はテスラ $[\mathrm{T}]$ と呼ばれ，磁束密度の単位としてはテスラ $[\mathrm{T}]$ もよく使われます．このために，先に示したように，$[\mathrm{T}]$ と $[\mathrm{Wb}]$ の間には 6.2.2 項の式 (6.1b) の関係が成り立ちます．SI 単位では $[\mathrm{V \cdot s/m^2}]$ です．

6.3.2 磁気のクーロンの法則

磁荷の存在を仮定すると，二つの磁荷の間には電荷の場合と同じように力が働きます．この力は磁気的な力とか，磁気力と呼ばれます．いま，真空雰囲気の中に二つの磁荷 $Q_{\mathrm{m}1}$ と $Q_{\mathrm{m}2}$ があり，両者の間の距離が $r[\mathrm{m}]$ であったとすると，これらの二つの磁荷の間に働く力の大きさ F は次の式で与えられます．

$$F = \frac{Q_{\mathrm{m}1} Q_{\mathrm{m}2}}{4\pi \mu_0 r^2} [\mathrm{N}] \tag{6.8}$$

式 (6.8) においては，二つの磁荷 $Q_{\mathrm{m}1}$，$Q_{\mathrm{m}2}$ が磁力線を出す N 極どうしの磁荷や磁力線を吸い込む S 極の磁荷どうしの場合には力の大きさ F の符号は正になり，二つの磁荷の間に働く力は斥力（反発力）になります．しかし，$Q_{\mathrm{m}1}$，$Q_{\mathrm{m}2}$ が N 極と S 極の磁荷というように性質の異なる磁荷の場合には二つの磁荷の間に働く力は引力になります．式 (6.8) で与えられる二つの磁荷の間に働く力の法則は，磁気に関するクーロンの法則と呼ばれます．

そして，二つの磁荷の間に働く力についての法則をまとめると，電気のクーロンの法則とよく似ていて，次のようになります．

① 二つの磁荷（点磁荷）を $Q_{\mathrm{m}1}$ と $Q_{\mathrm{m}2}$ とすると，磁荷 $Q_{\mathrm{m}1}$ と $Q_{\mathrm{m}2}$ の性質が異なる場合には，磁荷 $Q_{\mathrm{m}1}$ と $Q_{\mathrm{m}2}$ の間に引力が働き，その大きさは二つの磁荷 $Q_{\mathrm{m}1}$ と $Q_{\mathrm{m}2}$ の値の積の絶対値に比例し，二つの磁荷 $Q_{\mathrm{m}1}$ と $Q_{\mathrm{m}2}$ の距離 r の二乗に反比例する．

② 二つの磁荷 $Q_{\mathrm{m}1}$ と $Q_{\mathrm{m}2}$ が N 極どうしの磁荷，または S 極どうしの磁荷のように磁荷の性質が同じ場合には，磁荷 $Q_{\mathrm{m}1}$ と $Q_{\mathrm{m}2}$ の間に斥力（反発力）が働き，その大きさは二つの磁荷の値の積に比例し，二つの磁荷の距離 r

の 2 乗に反比例する．

③ 二つの磁荷 Q_{m1} と Q_{m2} に働く力の方向は，二つの磁荷 Q_{m1} と Q_{m2} を結ぶ直線に沿った方向である．

なお，式 (6.4) で表される磁界 H の式を使って，$Q_m = Q_{m1}$ とおき，できた式から求めた Q_{m1} を式 (6.8) に代入して，$Q_{m2} = Q_m$ とおくと，力 F は次の式のように，磁界 H と磁荷 Q_m の積で表されることがわかります．

$$F = Q_m H \tag{6.9}$$

だから，磁荷 Q_m に磁界 H が作用すると力 F が働くことがわかります．

6.3.3 磁位

磁位は記号 U_m で表すことにしますが，磁位は単位磁荷あたりの位置のエネルギーです．磁位は，簡単には磁界 H との関係から，電気の場合の電位と同じように求めることができます．すなわち，電界 E は電位 V の微分になるので，3.1.2 項に示したようにその大きさは次の式で表されます．

$$E = -\frac{dV}{dr} \tag{3.5}$$

磁界 H も磁位 U_m の位置 r の微分で表され，その大きさは次の式で表されます．

$$H = -\frac{dU_m}{dr} \tag{6.10}$$

だから，磁位 U_m は，この式 (6.10) に従って，式 (6.4) で表される磁界の大きさ H を r で積分して，次の式で得られます．

$$U_m = \int_\infty^r (-H)\,dr = \frac{Q_m}{4\pi\mu_0}\int_\infty^r \left(-\frac{1}{r^2}\right)dr = \frac{Q_m}{4\pi\mu_0 r}[\mathrm{A}] \tag{6.11}$$

ここで，磁位 U_m の単位は，$Q_m[\mathrm{Wb}]/(\mu_0[\mathrm{H/m}] \cdot r[\mathrm{m}])$ から $[\mathrm{Wb/H}]$ と得られますが，6.2.2 項で示した式 (6.1c) の関係を使うと，$[\mathrm{H}] = [\mathrm{Wb}]/[\mathrm{A}]$ なので，この関係を使うと $[\mathrm{Wb}]/[\mathrm{H}] = [\mathrm{A}]$ となります．

6.3.4 磁束密度に関するガウスの法則

電気に関するガウスの法則では，電気力線を集めたものは，これを放出している電荷の量 Q に等しくなりました．だから，磁気に関するガウスの法則でも磁力

線を集めたものが，磁力線を放出している磁荷と等しくなってもよさそうですが，6.1 節で説明したように，磁荷は単独では存在できないので，電気の場合とは少し事情が異なってきます．

磁気の場合に球面 (閉曲面) の中心に磁荷 Q_m を置くとしたら，磁荷は単独では存在できないので，次項で説明する正負の対の磁荷を持った磁石 (磁気双極子) を置くことになります．だからこの様子を描くと図 6.5 に示すようになります．ここでは，磁石の中での正負の磁荷の間隔は無視し，磁力線は図 6.5 に示したように循環してループを描くと考えています．

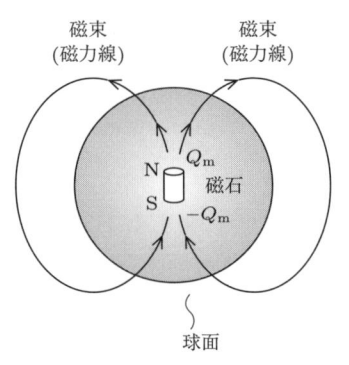

図 6.5　磁気双極子の場合の磁力線

図 6.5 に示したようなループを描く磁力線の発生源の磁荷は集めることはできませんが，あえて集めるとすると，磁気双極子の正負の磁荷を足し合わせることになり，その値はゼロ ($Q_m - Q_m = 0$) ということになります．

だから，電気の場合のガウスの法則の式において，電界 E を磁界 H に，電荷 Q と誘電率 ϵ_0 を磁荷 Q_m と透磁率 μ_0 に置き換えると，磁界に関するガウスの法則は，次のように書くことができるはずです．

$$\int_S H_n \, dS = \frac{Q_m - Q_m}{\mu_0} = 0 \tag{6.12}$$

ここで，H_n は球表面 (閉曲面) における磁界 H の球表面に垂直な成分です．また，式 (6.7) に示した磁界 H と磁束密度 B の関係式 $B = \mu_0 H$ を使うと，式 (6.12) から，次のように磁束密度に関するガウスの法則の式が作れます．

$$\int_S H_n \, dS = \frac{1}{\mu_0} \int_S B_n \, dS = \frac{Q_m - Q_m}{\mu_0} \tag{6.13}$$

6.3 磁荷，磁力線，磁束と磁界の物理　　　89

だから

$$\int_S B_\mathrm{n}\,\mathrm{d}S = Q_\mathrm{m} - Q_\mathrm{m} \tag{6.14a}$$

$$\therefore \int_S B_\mathrm{n}\,\mathrm{d}S = 0 \tag{6.14b}$$

　磁気では，磁束密度 $\boldsymbol{B}$ に関するガウスの法則が式 (6.14b) で表されることから，磁束 Φ_m は湧き出すことはないので，'磁束の発散はない'と言われています．なお，電流から発生する磁束の場合も磁束は電流のまわりを循環していますので，同様に磁束の湧き出しはなく，磁気に関するガウスの法則が成立します．

6.3.5　磁気双極子と磁気モーメント

　いま，図 6.6 に示すように，真空中の接近した点 A と点 B に磁荷 Q_m と $-Q_\mathrm{m}$ があり，磁荷の対を作っているとします．こうした磁荷の対は磁気双極子と呼ばれますが，この磁気双極子から r の距離に点 P があるとして，点 P における磁位 U_m を求めましょう．そして，このことを通して，磁気双極子や磁気モーメントについて学ぶことにします．

　図 6.6 に示す磁気双極子では，二つの磁荷 Q_m と $-Q_\mathrm{m}$ の間隔を l とし，磁荷 Q_m のある点 A から点 P までの距離を r，磁荷 $-Q_\mathrm{m}$ のある点 B から点 P までの距離を r' として，二つの磁荷の間隔 l は距離 r に比べて十分小さい $(l \ll r)$ とします．また，点 A と点 P を結ぶ線と破線で示す点 B と点 A を結ぶ線の延長線とのなす角を θ，点 B と点 P を結ぶ線と点 A と点 B を結ぶ線とのなす角を θ' と

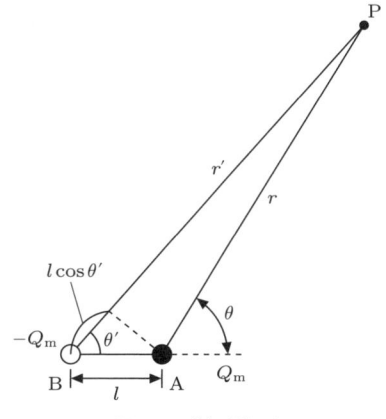

図 6.6　磁気双極子

することにします.

　すると，点Bから点Pまでの距離 r' は，次の式で表されます.

$$r' = r + l\cos\theta' \fallingdotseq r + l\cos\theta \tag{6.15}$$

また，点Pにおける点Aの磁荷 Q_m による磁位はこれを U_{m+} とし，点Bの磁荷 $-Q_m$ による磁位を U_{m-} とすると，式 (6.11) の磁位 U_m の式を使って，これらは次のようになります.

$$U_{m+} = \frac{Q_m}{4\pi\mu_0 r}[\text{A}], \quad U_{m-} = -\frac{Q_m}{4\pi\mu_0 r'}[\text{A}] \tag{6.16}$$

　すると，磁気双極子による点Pにおける磁位はこれを U_m とすると，U_m は U_{m+} と U_{m-} を加えて，次の式で表されます.

$$U_m = U_{m+} + U_{m-} = \frac{Q_m}{4\pi\mu_0}\left(\frac{1}{r} - \frac{1}{r'}\right) \tag{6.17}$$

式 (6.17) の計算結果は，補足 6.1 を使うと，次のようになります.

$$U_m = \frac{Q_m l\cos\theta}{4\pi\mu_0 r^2} \tag{6.18}$$

　ここで，磁気双極子を作る二つの磁荷 Q_m と $-Q_m$ の間隔 l と磁荷 Q_m の積 $Q_m l$ は，磁気双極子モーメントと呼ばれます.磁気双極子モーメントを M_m で表すことにして，次の式で書いておくことにします.

$$M_m = Q_m l \tag{6.19}$$

　この式 (6.19) の M_m を使って，点Pにおける磁位 U_m を表すと，次のようになります.

$$U_m = \frac{M_m \cos\theta}{4\pi\mu_0 r^2} \tag{6.20}$$

　以上のように，接近した正負の磁荷は磁気双極子を作り，磁気双極子モーメント M_m を持ちます.このことから，6.1 節で図 6.3 に示した電子のスピンが一種の磁気双極子になっていると解釈でき，磁気双極子モーメントを持つことがわかります.

◆ 補足 6.1　$(1/r - 1/r')$ の，近似法 $\{1/(1-x) \fallingdotseq 1+x\}$ を使った，具体的な演算

$$\frac{1}{r} - \frac{1}{r'} \fallingdotseq \frac{1}{r} - \frac{1}{r + l\cos\theta} = \frac{1}{r}\left(1 - \frac{1}{1 + l\cos\theta/r}\right) \fallingdotseq \frac{1}{r}\frac{l\cos\theta}{r}$$

$$= \frac{l}{r^2}\cos\theta$$

6.4　物質の磁化と磁束密度

6.4.1　スピンと磁区および磁化

　物質を構成する原子の中の電子は 6.1 節で説明したようにスピンを持っていて，物質の磁気の源はスピンです．スピンは磁気双極子になっていて，小さい磁石とみなすことができます．そして，同じ方向に自転している 2 個のスピンの対は 1 個のスピンよりも強い磁石を作ります．

　しかし，逆向きのスピンの対はそれぞれの磁界を消し合うので，磁石の効果は消えます．多くの物質ではスピンは逆向きやランダムな方向を向いており，はっきりした磁気の性質 (磁性) を示しませんが，鉄，ニッケル，コバルトなどの物質は次のようにして磁性を示します．

　鉄などの物質で磁性が完全に消えていないのは，ひとりでに磁化する自発磁化という性質によります．自発磁化によってスピンの向きが揃った領域を磁区と呼びます．磁区のスピンの向きを矢印 (→) で表すことにすると図 6.7 に示すように，

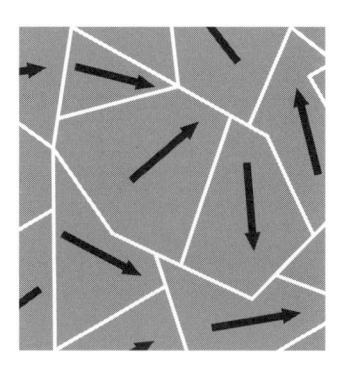

図 **6.7**　スピンの作る磁区

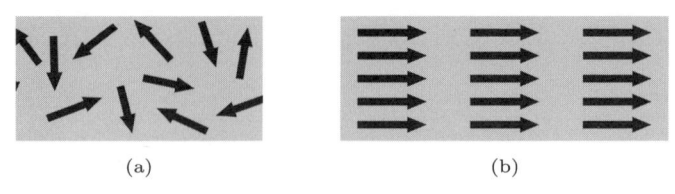

図 6.8 磁性体の磁区

鉄などではスピンの整列した多くの磁区を持っています．しかし，磁界を加えていない状態では鉄全体の磁区の方向は，図 6.8(a) に示すように，一つの方向に揃っていません．このために普通の鉄は磁性を示しません．

しかし，鉄に磁界を加えると，図 6.8(b) に示すように，各磁区が整列し鉄全体が磁気を帯びて磁性を示すようになります．この現象は磁化と呼ばれます．しかし，磁界を取り除くと鉄の磁区は元の不規則な状態に戻り，磁性を示さなくなります．

6.4.2 物質の磁化と磁性体

磁界 H が働いている真空中では，磁束密度 B と磁界 H の関係は，前節の式 (6.7) に示したように，$B = \mu_0 H$ で表されます．磁界 H の中に鉄などの物質を差し込むと，物質の中で磁区の再配列が起こり不規則であった磁区が整列して，物質は強く磁化されます．すると，物質の磁束密度が増加し，磁束密度 B は次のように表されます．

$$B = \mu_0 H + M \,[\mathrm{T}] \tag{6.21}$$

ここで，M は磁化と言われるもので，磁化の強さを表しています．だから，鉄などの物質は磁界 H が加えられて磁化すると，磁束密度 B が増加するのです．

なお，磁化の大きさ M は単位体積あたりの磁気モーメントを表しているので，次の式で与えられることになります．

$$M = \frac{dM_\mathrm{m}}{dV} \tag{6.22}$$

この式 (6.22) の M_m は前節で示したように磁気モーメントで，dM_m は微小な体積 dV 中の磁気モーメントを表しています．だから dM_m の和は M_m になります．

また，磁化 M は磁化率 χ（カイと読む）を使って表すと，次の式で表されます．

$$M = \chi H \tag{6.23}$$

この式 (6.23) を使うと, 式 (6.21) の磁束密度 $\boldsymbol{B}$ は, 次の式で表されることがわかります.

$$\boldsymbol{B} = \mu_0 \boldsymbol{H} + \chi \boldsymbol{H} = (\mu_0 + \chi) \boldsymbol{H} \, [\mathrm{T}] \tag{6.24}$$

この磁束密度 $\boldsymbol{B}$ を使うと磁化 $\boldsymbol{M}$ は次の式で表されます.

$$\boldsymbol{M} = \boldsymbol{B} - \mu_0 \boldsymbol{H} \tag{6.25}$$

ここで, μ_0 は真空の透磁率ですが, $(\mu_0 + \chi)$ が物質の透磁率 μ と等しくなるので, 次の等式が成り立ちます.

$$\mu = \mu_0 + \chi \tag{6.26}$$

また, 物質の透磁率 μ と真空の透磁率 μ_0 の比 μ_S は比透磁率と呼ばれ, μ_S は式で表すと, 次のようになります.

$$\mu_\mathrm{S} = \frac{\mu}{\mu_0} \tag{6.27a}$$

$$\mu_\mathrm{S} = 1 + \frac{\chi}{\mu_0} \tag{6.27b}$$

6.4.3 透磁率と物質の磁性

表 6.2 に示す物質の比透磁率 μ_S を見ると, 物質には空気やアルミニウム Al のように, 比透磁率 μ_S が 1 よりわずかに大きいもの, 銅 Cu や銀 Ag のように 1 よりわずかに小さいもの, そして鉄 Fe などのように比透磁率 μ_S の値が非常に大きいものに分かれます. 比透磁率 μ_S が 1 よりやや大きいものは, 式 (6.27b) からわかるように, 透磁率 μ が真空の透磁率 μ_0 に近く磁化率 χ が正のものです. このような物質は常磁性体と呼ばれています. そして, 常磁性体には自発磁化の性

表 6.2　物質の比透磁率

物質	比透磁率 μ_S	磁性
空気	1.0000004	常磁性
アルミニウム	1.00002	常磁性
銅	0.999991	反磁性
銀	0.99998	反磁性
コバルト	～250	強磁性
ニッケル	～600	強磁性
鉄	～5000	強磁性
パーマロイ	$10^5 \sim 10^6$	強磁性

質はありません．

一方，比透磁率 μ_S が 1 よりやや小さいものは，透磁率 μ は真空の透磁率 μ_0 に近いのですが，磁化率 χ が負になっています．だから，このような物質では，加えた磁界 H とは逆方向に物質が磁化されることを示しています．このために，このような物質は反磁性体とか逆磁性体とか呼ばれます．反磁性体の物質は多く存在し，表 6.2 の銅 Cu，銀 Ag の他にガラス，金 Au，白金 Pt，多くの有機物，大部分の塩類，そして空気以外の気体などが属します．

鉄などの比透磁率 μ_S が正でその値が非常に大きい物質は，磁化率が 1 より非常に大きい物質で，この種の物質は磁界 H を加えると強く磁化されるので，強磁性体と呼ばれています．実際的には強磁性体だけが磁性体と呼ばれ，比透磁率の小さい常磁性体とか反磁性体の物質は非磁性体と呼ばれています．だから物質は磁性体と非磁性体にわかれますが，磁性体は実質的には強磁性体のみで，常磁性体や反磁性体は非磁性体に分類されます．

6.4.4 強磁性体の磁化とヒステリシス曲線および永久磁石

鉄などの強磁性体の物質は磁界 H を加えると，磁気を帯び磁化されます．そして，磁界を取り除くと磁気は減少しますが，磁化の条件によっては完全には磁化が消えないなど複雑な様子を示します．だから，強磁性体の磁化による磁束密度 B の変化は単純ではありません．

すなわち，磁束密度 B の変化が磁界 H に正比例しないばかりか，初期の磁化の状態によって，加えた磁界 H による変化の様子は変わってきます．このように前の経歴に依存する性質を履歴効果 (ヒステリシス) と呼びますが，強磁性体は磁化に関して履歴効果を示します．そして，強磁性体に磁界 H を加えたときの磁束密度 B の変化を表す曲線はヒステリシス曲線と呼ばれます．

ヒステリシス曲線を横軸に磁界の大きさ H，縦軸に磁束密度の大きさ B をとって描くと，図 6.9 に示すようになります．なお，ヒステリシス曲線は縦軸に磁化の大きさ M (や磁気分極) をとり M-H 曲線のかたちで磁化曲線が表されることもあります．

図 6.9 に示すヒステリシス曲線では，最初まったく磁化されていない強磁性体に磁界を加えられた場合が示されています．この B-H 曲線では，最初一定方向に磁界 H を加え，磁界の大きさ H を増加させているので磁束密度の大きさ B は

6.4 物質の磁化と磁束密度

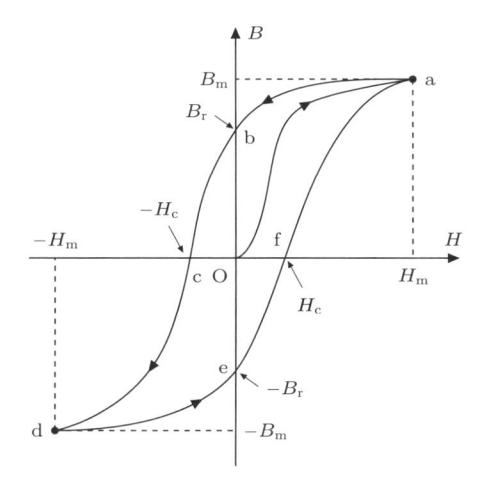

図 6.9 磁気のヒステリシス曲線

原点 O から次第に増加しますが，B の増加の仕方は徐々に減少し，次第に飽和して点 a に達しています．この領域の B-H 曲線は磁化が 0 から増大しているので磁化曲線と呼ばれます．

次に，磁界の大きさ H を減少させると磁束密度 $\boldsymbol{B}$ は点 a から徐々に減少して縦軸との交点 b に達し，ゼロにはなりません．次に最初と逆方向の磁界 $\boldsymbol{H}$ を加えてこれの絶対値を増加させると，磁束密度 $\boldsymbol{B}$ は減少し続けてゼロになり横軸との交点 c を経て，逆向きとなって点 d まで達します．この地点で磁界の絶対値を減少させると磁束密度 $\boldsymbol{B}$ は増加し点 e に達します．磁界 $\boldsymbol{H}$ をゼロにしたあと最初と同じ向きの磁界 $\boldsymbol{H}$ を増大させると磁束密度 B は点 e の地点から増大し横軸との交点 f を経て点 a に戻り，B-H 曲線のヒステリシス曲線が閉じます．

このヒステリシス曲線において，図に示す B_m は飽和磁束密度，B_r は残留磁気で，磁束密度 $\boldsymbol{B}$ がゼロのときの磁界 H_c は保磁力と呼ばれます．この図からわかるように，強磁性体に磁界を加えて一度磁化すると，そのあと磁界を取り除いても磁束密度が残留磁気 B_r として残ることがわかります．残留磁気 B_r をゼロにするには逆方向の磁界 $\boldsymbol{H}$ を加えなければならないのです．

強磁性体ではヒステリシス曲線を描いたとき，残留磁気 B_r が大きくて，保持力 H_c の小さいものは電磁石に適し，B_r の値が適当な (そこそこの) 大きさで H_c の大きいものは永久磁石に適しています．このために，ヒステリシス曲線の囲む面積の小さいものは電磁石に，大きいものは永久磁石に使われます．なお，残留

磁気は残留磁束密度とも呼ばれます．

6.5 磁気遮蔽と地磁気

磁界の存在する空間に強磁性体を置くと，強磁性体が強く磁化されるために，強磁性体の中では磁力線の密度が増加し磁束密度の大きさが大きくなります．図 6.10 に示す図では，リング状の物体は強磁性体ですが，強磁性体の中を通過する磁束は強磁性体の中に入ると，図に示すように圧縮され，磁束密度の大きさが増大します．その結果，磁性体の近傍の空間では磁束が希薄になり，磁束密度が大幅に下がります．

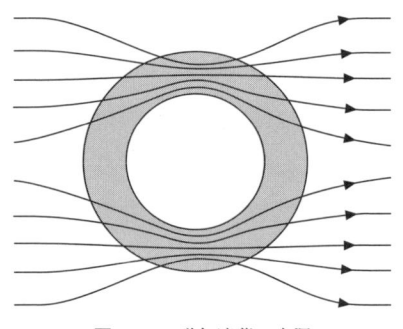

図 6.10 磁気遮蔽の空洞

このような磁束に対する強磁性体の効果が磁気遮蔽に使われ，環境の磁気の影響を小さくすることが行われています．すなわち，図 6.10 に示すように，強磁性体を使って空洞が作られ，空洞の中の磁束密度を減少させ，磁気の影響が少ない空間が作られます．そして空洞の中に計測器が置かれて，(地磁気なども含めて磁気の影響を避けたい) 電気の精密計測などが行われています．

話題は変わりますが，よく知られているように方位磁石の磁針は常に南北を指します．これは地球が大きな磁石になっているからです．すなわち，図 6.11 に示すように，地球の南極からは磁力線が出て，北極に磁力線が吸い込まれているのです．だから，地球では南極が N 極に，北極が S 極になっているのです．

このために磁針の N 極は地球の S 極である北極を指しているのです．しかし，地球の自転軸と磁石としての軸の磁軸は一致していないで，数度傾いています．

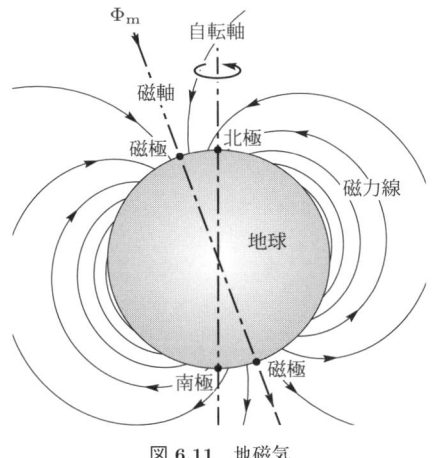

図 6.11 地磁気

このために地球の北極点は磁気の S 極の地点とは一致していません．地球の S 極はグリーンランドの北西端付近にあると言われています．なお，地磁気の発生原因は地球の構造に起因しており，磁気の源は地球内部で起こっている電流であるといわれています．

演 習 問 題

6.1 磁荷および磁束の単位のウェーバ [Wb] は，[Wb] = [N·m]/[A] であるが，[V·s] でも表される．このことが妥当であることを示せ．

6.2 空気中に 1[m] 離れて 1[Wb] の二つの磁荷 Q_{m1} と Q_{m2} がある．二つの磁荷の間に働く力 $\boldsymbol{F}$ を求め，求めた力 $\boldsymbol{F}$ について簡単に説明せよ．ただし，真空の透磁率は $\mu_0 = 4\pi \times 10^{-7}$[H/m] とせよ．

6.3 図 M6.1 に示すように，磁荷の大きさが m[Wb] と $-m$[Wb] の二つの磁荷 Q_{m1} と Q_{m2} が間隔 l の距離で並んで空気中で磁気双極子を形作っている．この磁気双極子の中心から r の距離に磁荷の大きさが m[Wb] の磁荷 Q_{m0} がある．磁荷 Q_{m0}

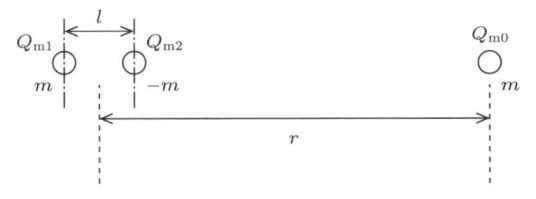

図 M6.1 磁気双極子と磁荷の間の力

と磁気双極子の間に働く力 F を求めよ.

6.4 磁荷の大きさが 10[Wb] の磁荷 Q_m が空気中にある. この磁荷から 50[cm] 離れた位置の磁界の大きさ H, 磁束密度の大きさ B, および磁位 U_m を求めよ. ただし, 真空の透磁率は $\mu_0 = 4\pi \times 10^{-7}$[H/m] とせよ.

6.5 大きさが 2.5×10^6[A/m] の磁界 H の空気中に -5[Wb] の磁荷を置いたとして, この磁荷に働く力 F の大きさと方向を示せ.

6.6 断面積 S が 5×10^{-3}[m^2] の鉄芯の中の磁界 H の大きさが 500[A/m] であるとき, この鉄芯の中の磁束密度の大きさ B と磁束 Φ_m を求めよ. なお, 鉄芯の比透磁率は $\mu_S = 400$ とし, 真空の透磁率は $\mu_0 = 4\pi \times 10^{-7}$[H/m] とせよ.

6.7 ある磁石の N 極と S 極の磁荷 Q_{m1} と Q_{m2} がそれぞれ 10^{-5}[Wb] と -10^{-5}[Wb] で, 磁石の長さが 0.1[m] であるという. この棒磁石の磁気双極子モーメントを求めよ.

6.8 比透磁率 μ_S が 500 の強磁性体がある. この強磁性体を大きさが $H = 240$[A/m] の外部磁界の中に挿入したとき, 真空の透磁率を $\mu_0 = 4\pi \times 10^{-7}$[H/m] として, この強磁性体の磁化率 χ, 磁化の強さ M, 磁束密度の大きさ B を求めよ.

6.9 強磁性体と常磁性体の違いについて説明せよ.

Chapter 7

電流の磁気作用

　この章では磁気が電子の移動(運動)による電流から発生することから学び始めます．すなわち，電流の磁気現象についてのエルステッドの発見に続いて生まれた，アンペアの法則をまず学び，続いてビオとサバールによる電流によって発生する磁界の値と向きの決定法について見ていきます．これらの説明の中で磁界 H と磁束密度 B を電流の立場から見直します．続いて，ソレノイドにおける電流と磁界の問題を学びます．そして，磁気の回路である磁気回路について簡単に説明したあと，磁界と電流の相互作用の問題を，電荷と磁界の観点も含めて見ていきます．この関連で，ホール効果についても触れることにします．

7.1 アンペアの法則とビオ-サバールの法則

7.1.1 アンペアの右ねじの法則

　磁気は古代ギリシャ時代に発見されて以来長い間，電気とは全く別物であると考えられていました．ところが，1820年にデンマークのエルステッドが導線の近くに置いていた方位磁石の磁針の方向が，導線に電流が流れると指していた南北の方向からずれることに気づいたときに，両者が別物というこれまでの考えは通用しなくなったのです．

　すなわち，エルステッドが導線に電流を流す実験をしていたときに，彼が電池のスイッチをオンにしたところ，導線の下にたまたま置いてあった方位磁石の磁針が振れて，磁針が北を指さなくなっているのに気づいたのです．こうしてエルステッドによって電流が磁気に影響することが発見されたのでした．

　この新発見がエルステッドによって発表されると，このニュースはたちまちのうちにヨーロッパ中に知れわたり，科学者たちを興奮の渦に巻き込みました．こうした科学者の中にフランスのアンペール (A.M. Ampère, 1775〜1836) がいました．アンペールはエルステッドの実験事実が実際に起こることを直ちに確認すると共に，電流の磁気作用を徹底的に詳しく調べました．

その結果，電流が流れている導線のまわりには磁気(磁力線)が発生しており，その様子は図 7.1 に示すようになると考えたのです．すなわち，彼は導線に電流が流れると，電流の進行方向に対して右回りに磁力線が出ることを突き止めた(発見した)のです．

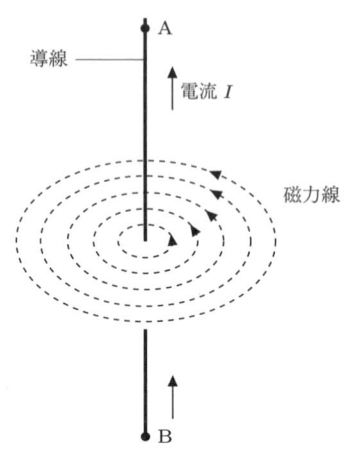

図 7.1　アンペアの右ねじの法則

ところが，図 7.1 の磁力線を見て，'磁力線は左回りに回っているのでは？'という人がいますので，この疑問に答えておきますと，次のようになります．すなわち，図 7.1 において電流は下の点 B から点 A のある上方向に流れているので，発生している磁力線の様子は，点 B の位置から電流の流れている導線を見上げるように磁力線を眺めなければならないのです．そうすると磁力線は右回りに回っていることがわかります．

なお，アンペアの右ねじの法則は正式には「導線に電流を流すと導線のまわりに同心円状に磁界が発生するが，磁界の方向は，右ねじを電流の方向に進めるときに右ねじが回転する方向である」となっています．

7.1.2　アンペアの周回積分の法則

アンペアの右ねじの法則によって電流から磁力線が出ており，電流から磁気が発生していることはわかりましたが，磁気の強さを表す磁界の大きさ H がどのような値になるかはまだ述べていません．アンペールのもう一つの法則のアンペア

の周回積分の法則は磁界 H と電流 I の大きさの関係を表しています．ここではアンペアの周回積分の法則を紹介しながら，直線状の導線に流れる電流 I と磁界 H の大きさの関係を求めてみましょう．なお，周回積分とは，閉曲線に沿った線積分のことです．

さて，図 7.2 に示すように，リング状の半径 a の磁力線の作る円の中心を通って，この円の作る面に垂直に上下に張られた導線に，電流 I が下から上の方向へ流れているとします．そして，磁力線の通っている半径 a の円周上に微小距離 dl をとり，この地点における磁界を H (大きさは H，方向は矢印の方向) として，磁界の大きさ H と dl の積を半径 a の円の一周にわたって加えあわせる，つまり積分すると，中心を流れる電流 I の間に次の式が成り立ちます．

$$\oint \boldsymbol{H} \cdot d\boldsymbol{l} = I[\mathrm{A}] \tag{7.1a}$$

この関係式 (7.1a) がアンペアの周回積分と呼ばれる式です．

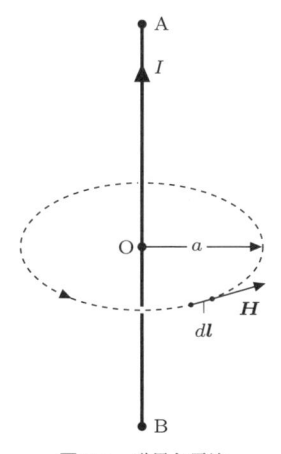

図 7.2 磁界と電流

この式 (7.1a) において積分記号の $\oint$ は線積分を表していて，今の場合には半径 a の円周上の磁界 H を円の一周にわたって積分することを意味しています．だから，積分範囲は円周の 0 から $2\pi a$ になります．したがって，式 (7.1a) の左辺は線積分を普通の積分に書き換えると，次のように表すことができます．

$$\oint \boldsymbol{H} \cdot d\boldsymbol{l} = \int_0^{2\pi a} \boldsymbol{H} \cdot d\boldsymbol{l}[\mathrm{A}] \tag{7.1b}$$

式 (7.1b) の右辺の積分は，図 7.2 の条件のもとでは磁界 $\boldsymbol{H}$ が一定なので定数のように取り扱うことができ，次のように計算できます．

$$\int_0^{2\pi a} \boldsymbol{H} \cdot d\boldsymbol{l} = H \int_0^{2\pi a} dl = H[l]_0^{2\pi a} = 2\pi a H [\mathrm{A}] \tag{7.1c}$$

この式 (7.1c) と式 (7.1a) より，磁界の大きさ H と電流 I の間には次の関係が得られます．

$$2\pi a H = I [\mathrm{A}] \tag{7.1d}$$

したがって，磁界の大きさ H は次の式で与えられることがわかります．

$$H = \frac{I}{2\pi a} [\mathrm{A/m}] \tag{7.2}$$

もしも，中心の導線に I ではなくて，I の n 倍の電流 nI が流れているとすると，磁界の大きさ H も n 倍大きくなります．

式 (7.1a) の周回積分の経路は円周でなくて楕円の軌跡でもよく，さらにはどんな曲線でも電流を囲む閉じた曲線であれば成り立ちます．しかし，積分経路が，図 7.3 に示すように，電流の流れている導線を囲んでいなければ，式 (7.1a) の積分の結果は次のようになります．

$$\oint \boldsymbol{H} \cdot d\boldsymbol{l} = 0 [\mathrm{A}] \tag{7.3}$$

積分経路が電流を囲む場合は，電流と磁力線が鎖交する (互いによぎる) 場合に相当します．図 7.3 の場合のように，積分経路が電流を囲まない場合は磁力線は

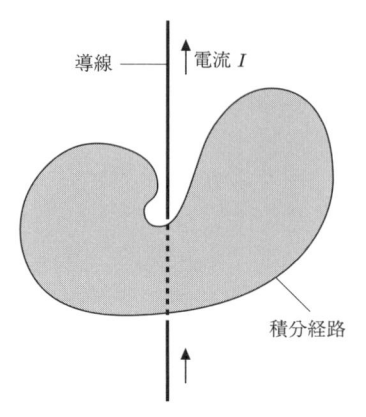

図 **7.3** 電流を囲んでいない積分経路

鎖交しないと言います．一般的には電流のリング(閉曲線)と磁力線のリングがお互いに通り抜けるような場合を鎖交すると言います．

なお，磁気を磁界 H でなくて磁束密度 B で表したときには，$H = B/\mu_0$ となるので，アンペアの周回積分の法則は次の式で表されます．

$$\oint \boldsymbol{B} \cdot \mathrm{d}\boldsymbol{l} = \mu_0 I \,[\mathrm{Wb/m}] \tag{7.4}$$

7.1.3 ビオ-サバールの法則

ビオ (J.B. Biot, 1774〜1862) とサバール (F. Savart, 1791〜1841) は独立に，電流によって作られる磁界について調べ，磁界 H の値と方向を決める方法を発見しました．すなわち，図7.4に示すように電流の流れている任意の形状の導線において，導線の任意の点Aの近傍の微小な長さ $\mathrm{d}l$ を流れる電流が，点Aから r の距離の点Pに作る磁界の大きさ $\mathrm{d}H$ は，次の式で表されることを発見したのです．

$$\mathrm{d}H = \frac{I \mathrm{d}l \sin\theta}{4\pi r^2} \,[\mathrm{A/m}] \tag{7.5a}$$

式 (7.5a) において I は導線を流れる電流，θ は導線の点Aにおける接線と点Aと点Pを結ぶ線分APのなす角度です．この式 (7.5a) はビオ-サバールの法則と呼ばれます．図7.4の点Pにおける磁界 H の方向はアンペアの右ねじの法則によって，電流の方向に対して右回りになるので，紙面の表から裏の方向へ垂直な向きになります．磁界の方向は図7.4に記号 $\otimes$ を使って示しました．式 (7.5a) に

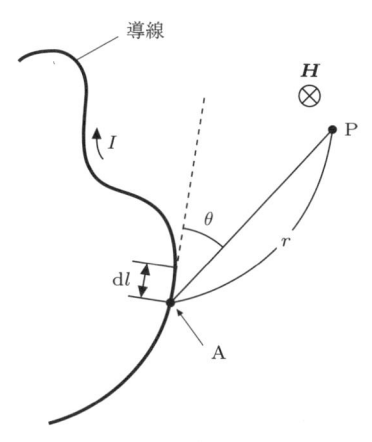

図 7.4 ビオ-サバールの法則

おいて dl と $\sin\theta$ の積 $dl\sin\theta$ はベクトル積 $d\boldsymbol{l}\times\boldsymbol{r}$ の大きさ成分です．したがって，式 (7.5a) のベクトル表記は次のようになります．

$$d\boldsymbol{H} = \frac{Id\boldsymbol{l}\times\boldsymbol{r}}{4\pi r^3}[\text{A/m}] \quad (7.5\text{b})$$

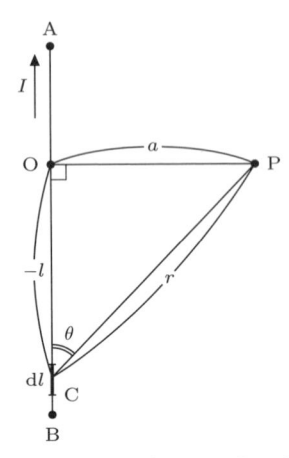

図 7.5　無限長の線状電流の作る磁界

ここで，図 7.5 に示すように，点 B から点 A に上下に張られた一直線の導線を流れる電流から距離 a 離れた位置の点 P の磁界の大きさ H を，式 (7.5a) を使って計算してみましょう．ここでは，電流の流れる導線と，導線から a の距離の点 P の位置関係は図 7.5 に示した状況を想定します．

この計算では，導線 AB を流れている電流を導線上の点 C で考え，この位置における導線の微小長さを dl，導線 AB からの磁界の大きさ H を計算する地点 P までの距離を r，点 P から導線 AB へ下ろした垂線と導線の交点を O，OP の距離を a，OC の距離を l，そして CP と CO のなす角を θ とします．

交点の O を導線の原点とすると OC は $-l$ になることに注意して，図 7.5 の三角形 COP は直角三角形なので $-l$ と a の間に次の関係が成り立ちます．

$$r\cos\theta = -l \quad (7.6\text{a})$$

$$-l\tan\theta = a \quad (7.6\text{b})$$

これらの関係式 (7.6a,b) を使って式 (7.5a) の r を消去すると，次の式が得られ

ます.

$$dH = \frac{Idl\sin\theta}{4\pi(a/\sin\theta)^2}[\text{A/m}] \tag{7.7}$$

また，式 (7.7) の dl を求めるためには，式 (7.6a,b) の関係を使って，l を θ で微分する必要があります．それには式 (7.6b) の l を θ で微分すればいいのです．$1/\tan\theta$ の微分は $-1/\sin^2\theta$ となりますので，l の θ による微分は，次のようになります．

$$\frac{dl}{d\theta} = \frac{a}{\sin^2\theta} \tag{7.8}$$

この式の dl を式 (7.7) に代入して整理すると，dH として次の式が得られます．

$$dH = \frac{I\sin\theta}{4\pi a}d\theta[\text{A/m}] \tag{7.9}$$

点 P における磁界の大きさ H は，この式 (7.9) の dH を θ について 0 から π まで積分すると得られるので，これを実行すると磁界の大きさ H は次のように計算できます．

$$\begin{aligned} H &= \int_0^\pi dH = \int_0^\pi \frac{(I\sin\theta)}{4\pi a}d\theta = \frac{I}{4\pi a}\int_0^\pi \sin\theta\,d\theta \\ &= \frac{I}{4\pi a}[-\cos\theta]_0^\pi = \frac{I}{2\pi a}[\text{A/m}] \end{aligned} \tag{7.10}$$

式 (7.10) から得られた磁界の大きさ H は，アンペアの周回積分の法則を使って求めた式 (7.2) と同じになっています．

7.1.4 電流による磁界，磁束密度，および磁束

理論的には磁気は電流によって発生しますので，ここで電流によって生じる磁界 H や磁束密度 B などを求めておくことにします．まず，電流が流れている導線から垂直距離で r の地点の磁界の大きさ H は，前項で導いた式 (7.10) を使って，次の式で与えられます．

$$H = \frac{I}{2\pi r}[\text{A/m}] \tag{7.11}$$

また，この関係は磁束密度 B を使うと，磁界 H とは $B = \mu_0 H$ の関係があるので，B の大きさは次のようになります．

$$B = \frac{\mu_0 I}{2\pi r}[\text{Wb/m}^2] \tag{7.12}$$

したがって，磁束 Φ_m は，磁束の断面積を S とすると $B = \Phi_\mathrm{m}/S$ の関係を使って，次の式で与えられます．

$$\Phi_\mathrm{m} = \frac{\mu_0 I S}{2\pi r}[\mathrm{Wb}] \tag{7.13}$$

7.2 ソレノイドとその磁界

7.2.1 円形電流が円の中心に作る磁界

ソレノイドは円形に巻いた導線 (コイル) で作られる磁気作用を持つ電気素子です．ソレノイドでは円形電流の作る磁界が基礎になるので，ここで円形の導線に流れる電流が円の中心に作る磁界を求めておくことにします．

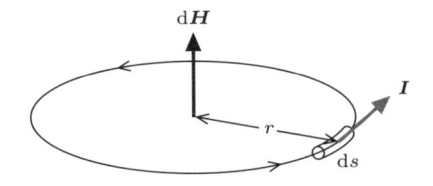

図 7.6 円形電流の作る磁界

いま，図 7.6 に示すように半径 r の円形の導線があるとして，この導線に電流 I が流れているとします．このとき円周上の導線の微小長さ $\mathrm{d}s$ を流れる電流がこの円形導線の中心に作る磁界を求めることにします．$\mathrm{d}s$ を流れる電流が作る磁界の大きさ $\mathrm{d}H$ は，ビオ-サバールの式 (7.5a) を使うと，$\theta = 90°$ なので次の式で与えられます．

$$\mathrm{d}H = \frac{I}{4\pi r^2}\mathrm{d}s[\mathrm{A/m}] \tag{7.14}$$

中心点の磁界の大きさ H は，式 (7.14) の $\mathrm{d}H$ を円周について積分する，つまり s について 0 から $2\pi r$ まで積分すれば得られるので，これを実行すると次のようになります．

$$H = \int_0^{2\pi r} \frac{I}{4\pi r^2}\mathrm{d}s = \frac{I}{4\pi r^2}\int_0^{2\pi r}\mathrm{d}s = \frac{I}{4\pi r^2}[s]_0^{2\pi r} = \frac{I}{2r}[\mathrm{A/m}] \tag{7.15}$$

また，円形電流が円の中心に作る磁界 H の方向は，アンペアの右ねじの法則にしたがって，図に示すように上方向になります．

7.2.2 ソレノイド

ソレノイドは 3 次元のコイルで，図 7.7 に示すように，導線をらせん状に巻きつけて作成したものです．ソレノイドはこれに電流を流して磁界を発生させ，電磁石などの電気素子に使われるものです．ソレノイドには図 7.7 に示す棒状のものの他に，図 7.8 に示すような環状ソレノイドもあります．

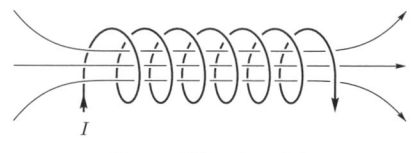

図 7.7 棒状ソレノイド

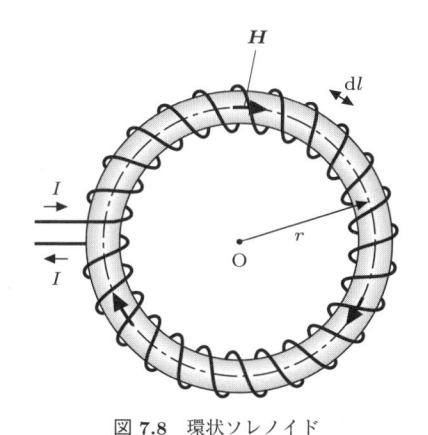

図 7.8 環状ソレノイド

7.2.3 ソレノイドの作る磁界

ソレノイドがその内部に作る磁界 H は，コイル (導線) の軸方向の単位長さあたりの巻数 n に比例して増大します．だから，コイルを流れる電流を I とすると，巻数が n 回のコイルを流れる電流 I_n は次の式で表される電流に相当します．

$$I_n = nI [\text{A}] \tag{7.16}$$

ソレノイドの磁界 H もビオ-サバールの法則を使うことによって求めることができます．ソレノイドの長さが短い場合の計算は複雑になるので，一般にはソレ

ノイドがその半径に比べて十分長いとして無限長のソレノイドの場合が計算されています．そして，単位長さあたりの巻数が n で長さが無限長のソレノイドの軸方向の磁界の大きさは，これを H とすると次の式で与えられることがわかっています (演習問題の 7.3 & 7.4 参照)．

$$H = nI [\text{A/m}] \tag{7.17}$$

実際のソレノイドの磁界の計算を行うには，円形電流が流れるとき，電流に垂直方向の軸上に発生する磁界を計算しなくてなりません．したがって，計算が多少複雑になるので，ここでは省略します．実際にはソレノイドの長さが無限大でなくても十分長ければ，棒状のソレノイドの内部の磁界の大きさ H の値は大体式 (7.17) を使って求めることができます．

また，図 7.8 に示した環状のソレノイドに対しては，全巻数を N，内部の磁界を $\boldsymbol{H}$ としてアンペアの周回積分の法則の式 (7.1a) を使い，I を NI に変えた次の式が成り立ちます．

$$\oint \boldsymbol{H} \cdot d\boldsymbol{l} = NI [\text{A}] \tag{7.18a}$$

ここで，l は環状ソレノイドの円周方向の長さです．式 (7.18a) を計算すると，ソレノイドの磁界の大きさ H は $H = NI/l$ となりますが，環状ソレノイドの半径を r とすると $l = 2\pi r$ の関係が成り立つので，環状ソレノイドの磁界の大きさ H は，次の式で与えられます．

$$H = \frac{NI}{2\pi r} [\text{A/m}] \tag{7.18b}$$

また，このソレノイドの単位長さあたりの巻数を n とすると，n はソレノイドの全巻数 N をソレノイドの長さ $l = 2\pi r$ で割って，$n = N/(2\pi r)$ となりますので，n を使うと環状ソレノイドの磁界 H は式 (7.17) と同じで，次の式で表されます．

$$H = nI [\text{A/m}] \tag{7.18c}$$

7.3 磁気回路

磁気回路は電気回路との類似性から命名されたもので，電気回路が電流などを

7.3 磁気回路

求めるのに対して，磁気回路ではこれを使って磁束などを決めるのに役立ちます．だから，電気回路の電流に対応するものは磁気回路では磁束になります．磁気回路では磁束の他に，表 7.1 に示すように，電気の起電力に対して起磁力，抵抗に対して磁気抵抗，導電率に対して透磁率が対応します．

表 7.1 磁気回路と電気回路の対比

磁気回路	電気回路
起磁力 nI[A]	起電力 e[V]
磁束 Φ_m[Wb]	電流 I[A]
磁気抵抗 R_m[H^{-1}]	抵抗 R[Ω]
透磁率 μ[H/m]	導電率 σ[S/m]

まず，磁界 $\boldsymbol{H}$ ですが，磁気回路ではソレノイドなどが使われるので，この場合について示しておくと，磁界の大きさは次の式で表されます．

$$H = \frac{NI}{l}[\mathrm{A/m}] \tag{7.19}$$

また，磁束密度 $\boldsymbol{B}$ は磁界 $\boldsymbol{H}$ を使って，次の式で表されます．

$$\boldsymbol{B} = \mu \boldsymbol{H}[\mathrm{T}] \tag{7.20}$$

そして，磁束 Φ_m は磁束の通る通路の断面積を S とすると，次の式

$$\Phi_\mathrm{m} = BS = \mu HS[\mathrm{Wb}] \tag{7.21}$$

で書けますが，次の式で表される磁気抵抗

$$R_\mathrm{m} = \frac{l}{\mu S} \tag{7.22}$$

を使うと，磁束 Φ_m は次の式で表されます．

$$\Phi_\mathrm{m} = \frac{NI}{R_\mathrm{m}}[\mathrm{Wb}] \tag{7.23}$$

また，起磁力を E_b で表すと，E_b はコイルの巻数 N と電流 I の積で表され，次の式で表されます．

$$E_\mathrm{b} = NI[\mathrm{A}] \tag{7.24}$$

なお，式 (7.22) や式 (7.23) の関係は電気における，次の関係式と対応しています．

$$R = \frac{l}{\sigma S}, \quad I = \frac{E}{R}[\text{A}] \tag{7.25}$$

この式 (7.25) の後の I の式では，E は起電力ですが，電圧 (電位差) と考えてもこの関係は成立します．だから，この式は電気のオームの法則を表していると言えます．

ここで，式 (7.23) の NI を式 (7.24) にしたがって起磁力 E_b で置き換えると，磁束 Φ_m は次の式で表されます．

$$\Phi_\text{m} = \frac{E_\text{b}}{R_\text{m}}[\text{Wb}] \tag{7.26}$$

この関係式は電気のオームの法則の式との対応関係から，磁気のオームの法則の式とも言われています．

さて，磁気回路ですが磁気回路にもキルヒホッフの法則があります．これは磁気のキルヒホッフの法則と呼ばれ，電気の場合と同じように第一法則と第二法則があります．

- 第一法則：磁気回路を構成する任意の磁路 (磁束の通路) の分岐線の接点において，接点に流入 (および流出) する磁束の総和は 0 である．
- 第二法則：磁気回路の任意の閉磁路において，磁気抵抗 R_m と磁束 Φ_m の積の総和は，その閉磁路の起磁力 E_b ($= NI$) の総和に等しい．

ここで，磁気回路を理解するために，図 7.9 に示す磁気回路にキルヒホッフの法則を適用して未知の磁束の値を求めてみましょう．図 7.9 に示す磁気回路では磁束の通路は磁性体で構成されており，磁性体にコイルを巻きつけてある箇所で起磁力 E_b が発生していると想定すると共に，各磁性体は磁気抵抗 R_m を持っているとします．

いま，磁束 $\Phi_\text{m1}, \Phi_\text{m2}, \Phi_\text{m3}$ を未知としてこれらの磁束をキルヒホッフの法則を使って求めてみましょう．なお，図 7.9 には (a) に磁気回路を，(b) には電気回路に似せてわかりやすく書いた磁気回路図を載せました．

まず，図 7.9(b) の磁気回路において磁路の結合点 A にキルヒホッフの第一法則を適用すると，次の式が成り立ちます．

$$\Phi_\text{m1} = \Phi_\text{m2} + \Phi_\text{m3} \tag{7.27}$$

また，閉磁路 ABECA と ADFBA に第二法則を適用すると，次の二つの式がで

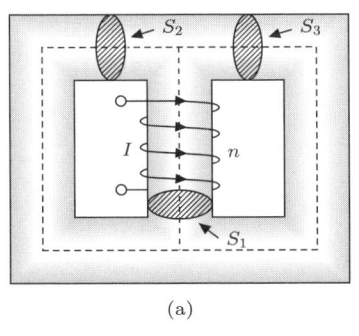

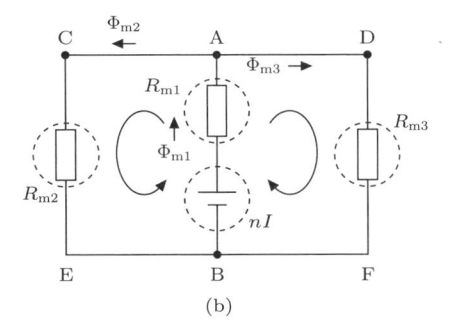

図 7.9 磁気回路 (a) とその回路図 (b)

きます．

$$R_{m1}\Phi_{m1} + R_{m2}\Phi_{m2} = nI \tag{7.28a}$$

$$R_{m1}\Phi_{m1} + R_{m3}\Phi_{m3} = nI \tag{7.28b}$$

これらの 3 個の式を連立させて連立方程式として解くのがオーソドックスな解き方ですが，次のように簡単に解くこともできます．すなわち，図 7.9(a) に示す磁気回路における磁性体がすべて同じ磁性材料で作られているとすると，この磁気回路は左右対称になっていますので，磁気抵抗 R_{m2} と R_{m3} が等しいはずです．すると，対称性から磁束 Φ_{m2} と Φ_{m3} について次の関係が成り立ちます．

$$\Phi_{m2} = \Phi_{m3} \tag{7.29}$$

すると，この関係を式 (7.27) に代入して Φ_{m2} と Φ_{m3} を Φ_{m1} で表すと次のようになります．

$$\Phi_{m2} = \Phi_{m3} = \frac{1}{2}\Phi_{m1} \tag{7.30}$$

この式 (7.30) の関係 $\Phi_{m2} = (1/2)\Phi_{m1}$ を式 (7.28a) に代入して Φ_{m1} を求めると

$$\Phi_{m1} = \frac{2nI}{2R_{m1} + R_{m2}} \tag{7.31}$$

となり，Φ_{m2} と Φ_{m3} も式 (7.30) の関係を使って，次のように求められます．

$$\Phi_{m2} = \Phi_{m3} = \frac{nI}{2R_{m1} + R_{m2}} \tag{7.32}$$

なお，磁気抵抗 R_{m1}, R_{m2}, R_{m3} は，式 (7.22) に従って，次のようになります．

$$R_{m1} = \frac{l_1}{\mu S_1}, \quad R_{m2} = \frac{l_2}{\mu S_2}, \quad R_{m3} = \frac{l_3}{\mu S_3} \tag{7.33}$$

ここで，l_1, l_2, l_3 は各磁性体の長さで，l_1 は AB，l_2 は ACEB，l_3 は ADFB で，それぞれ各磁性体の部分の長さです．また，S_1, S_2, S_3 はそれぞれ AB, ACEB, ADFB の各磁性体の断面積です．

最後に，磁気回路と電気回路の相違点を簡単に述べておくと次のようになります．①起磁力と磁束の間には条件によって非直線性が出てくるので，磁気回路が成り立つのは両者の間で直線性が成り立つ狭い範囲に限られることです．また，②導線と導線がない場所との導電率の差が大きい (導体と絶縁体との比になるので約 10^{20}) ために，電流は常に電気回路の導線の中を通り，導線の外に漏れることはありません．しかし，磁気回路では磁路と磁路のないところで透磁率の差が小さい (磁性体と空気の比になり $10^2 \sim 10^4$) という問題があります．このため，磁束の磁性体内への拘束力が弱く，磁束の漏れが無視できないことがあります．これらの理由によって，磁気を使った装置などの性能を調べるために磁気回路を使う場合には，上記の事柄について十分注意を払って使用する必要があるのです．

7.4 運動する電荷と磁界の相互作用およびローレンツ力

7.4.1 運動する電荷と磁界の相互作用とローレンツ力

電気は磁気に影響を与えますが，それは動いている電荷であって，止まっている電荷は磁気に作用しません．だから，電気が磁気に作用する電気は静電気ではなく，動電気なのです．このことはとりもなおさず，磁気は磁気を発生していない電荷とは相互作用しないことを表しています．

いま，図 7.10 に示すように，左から右方向 (y 方向) へ向かう磁界 $\boldsymbol{H}(= \boldsymbol{B}/\mu)$ が存在する空間において，電荷 q が向こう側から手前方向 (x 方向) に速度 v で運動して進入したとします．すると，電荷 q には上方向 (z 方向) にローレンツ力という電磁力が働きます．そして，この力の大きさ F は次の式で表されます．

$$F = qvB [\text{N}] \tag{7.34}$$

もしも磁界 $\boldsymbol{H}(= \boldsymbol{B}/\mu)$ の方向が (ここでは磁束密度 $\boldsymbol{B}$ を使っていますが)，電荷 q の進行方向に対して直角 ($= 90°$) ではなく，図 7.10(b) に示すように，任意の角度 θ だけ傾いているとすると，式 (7.34) は次のようになります．

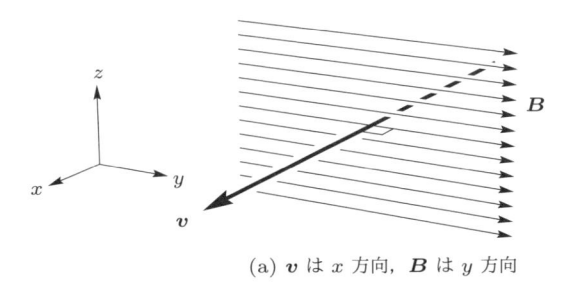

7.4 運動する電荷と磁界の相互作用およびローレンツ力

(a) v は x 方向, B は y 方向

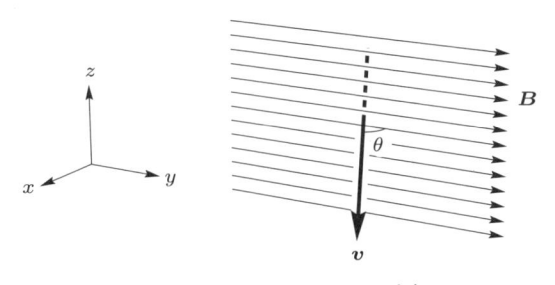

(b) v と B のなす角は θ

図 7.10 運動する電荷に働く電磁力

$$F = qvB\sin\theta [\mathrm{N}] \tag{7.35a}$$

この状況は 3 次元の物理現象ですから,次のようにベクトル表示を使うと,力の方向も表せるので,その状況がよく表現できます.

$$\boldsymbol{F} = q\boldsymbol{v} \times \boldsymbol{B} [\mathrm{N}] \tag{7.35b}$$

ベクトルの積の計算については付録 a.4 項で説明しますが,この式の $\boldsymbol{v} \times \boldsymbol{B}$ の方向は上 (z) 方向になります.したがって,式 (7.35b) で表される力 $\boldsymbol{F}$ は大きさと方向を同時に表しています.

この式 (7.35a,b) で表される力 F はローレンツ力の電磁力の成分です.実はローレンツ力には電気力と電磁力の両方の成分があります.すなわち,ローレンツ力は電磁力成分の $q\boldsymbol{v} \times \boldsymbol{B}$ に電気力成分の $q\boldsymbol{E}$ を加えて,次の式で表されます.

$$\boldsymbol{F} = q(\boldsymbol{E} + \boldsymbol{v} \times \boldsymbol{B})[\mathrm{N}] \tag{7.35c}$$

(ローレンツ力の) 電磁力の成分の大きさだけを議論するときには式 (7.35a) で

十分ですが，力の働く方向も考える必要がある場合には式 (7.35b) が必要になります．しかし，ベクトル演算が苦手な場合には，大きさについては式 (7.35a) を使い，方向については図を描いて考えることにすれば，問題はそれで解決します．

7.4.2 運動している電子が磁界から受ける力

電荷を持つ粒子の中で電磁気学と最も関係の深いものは電子なので，ここでは運動する電子に働く電磁力について考えることにします．いま，図 7.11 に示すように，紙面の表から裏へ向く磁界 H があり，磁束密度を $B(=\mu H)$ とします (磁束密度 B の方向を記号 $\otimes$ で示す)．そして，図 7.11 に示すように，この磁気空間に左方向から速度 v で電子が飛び込んできたとして，電子が磁界 (磁束密度 B) から受ける力の問題を解いてみましょう．

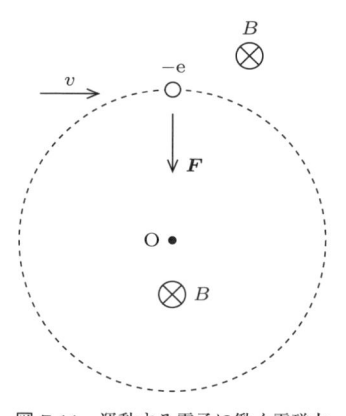

図 7.11　運動する電子に働く電磁力

この問題には前項で説明したローレンツ力 (の電磁力成分) F が働きますので，式 (7.35a) が適用できます．いまの場合，電子の運動方向と磁束密度 B のなす角度 θ は直角の $90°$ なので，$\sin\theta = 1$ となります．この $\sin\theta$ の値を使うと，式 (7.35a) は次のようになります．

$$F = qvB [\text{N}] \tag{7.36}$$

したがって，図 7.11 に示すように，電子は下方向の力を受けます．電子は磁界 (磁束密度 B) による力を受けて運動の進行方向が変わります．電子が運動方向を変化させた後も，磁界は電子に対して紙面の表から裏方向に常に働くので，電子

は運動の進行方向に垂直な力を受け続けることになります．

詳しい説明と理由は省きますが，このような磁界中を運動する電子に働く力は，図 7.11 に示す点 O の方向を指し続けます．この結果，電子は点 O を中心として円運動を始めます．ここで，電子の運動速度は v ですから，運動する円の半径を r とすると，円運動する電子の向心力の大きさ $F_{向心力}$ は次の式で表されます．

$$F_{向心力} = \frac{mv^2}{r}[\text{N}] \tag{7.37}$$

この向心力は電子に働くローレンツ力 (電磁力) で支えられているので，両者つまり式 (7.36) と式 (7.37) を等しいとおくと，電子の回転半径を r として次の式が得られます．

$$r = \frac{mv}{qB}[\text{m}] \tag{7.38}$$

この結果，電子が磁界 (磁束密度 B) の中に，磁界の方向に対して垂直に速度 v で入射すると，磁界の働く磁気空間において，電子は等速円運動を始めることがわかります．

7.4.3 電流に働く電磁力

電流は電荷の移動で起こり，電流のまわりに磁力線が発生して電流は磁気を持ちます．このために電流は運動する電子と同じように磁界から力を受けます．いま，図 7.12 に示すように，向こう側から手前方向に電流 I が流れている導線があるとします．この電流 I に磁界 (磁束密度 B) が加わると電流にローレンツ力 (電磁力) が働きますが，磁界から力を受けて実際に動作する実体は導線になるので，ここでは磁界の導線に働く力を電流に対する力とみなして，この問題を考えることにします．

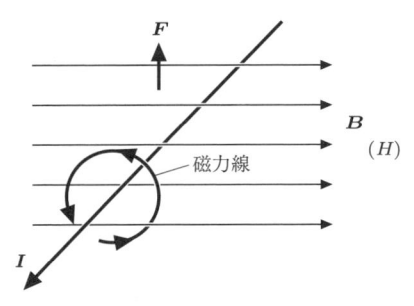

図 7.12　電流に働く電磁力

図 7.12 に示す電流 I が向こう側から手前方向に流れている導線に対して磁界 (磁束密度 B) が左側から右方向に加えられたとします．すると導線にローレンツ力 (電磁力) が働くので，電流の流れている導線には図に示すように上方向の力が加わります．

この現象を図 7.13 に示すフレミングの左手の法則を使って説明すると次のようになります．この法則では電流 I，磁界 (磁束密度 B)，力 F の方向をそれぞれ，x, y, z 方向にとり，左手の人差し指，中指，親指を互いに直角に折り曲げて，人差し指を磁界 (磁束密度 B)，中指を電流 I，親指を力 F に対応させます．

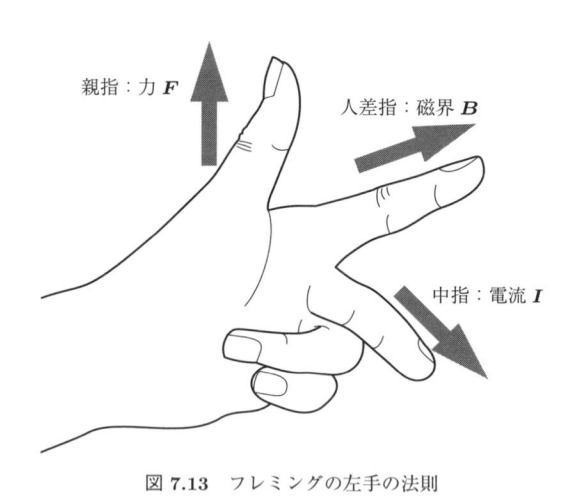

図 7.13　フレミングの左手の法則

したがって，磁界 B が作用している導線の長さを l とすると，導線の受ける力はローレンツ力 (電磁力) の式 (7.35a) に従って次の式で与えられます．

$$F = IlB\sin\theta[\text{N}] \tag{7.39a}$$

式 (7.35a) では $qvB\sin\theta$ となっているので，ちょっと見ると別の式のように見えますが，補足 7.1 で説明するように，電流 I と導線の長さ l の積 Il は電荷 q とその速度 v の積 qv に等しくなるので，式 (7.35a) と式 (7.39a) は等しくなるのです．

すると図 7.12 と図 7.13 の F, B, I の方向はちょうど一致して，これらの関係がみごとに説明できることがわかります．

7.4 運動する電荷と磁界の相互作用およびローレンツ力

◆ **補足 7.1** Il が qv と等しくなることの説明

電流密度を J とすると，式 (5.5) に示したように，J は次の式で表されます．

$$J = nev [\text{A}/\text{m}^2] \tag{S7.1}$$

断面積が S の導線を電流 I が流れているとすると，この式 (S7.1) を使って，I は次の式で表されます．

$$I = JS = nevS [\text{A}] \tag{S7.2}$$

すると Il は $nevSl$ となりますが，Sl は長さが l の導線の体積 V になります．すると $nevSl$ は $nevV$ となりますが，nV は長さ l の導線に含まれる電子の数 N になるので，Ne は長さが l の導線の電荷 q になります．したがって，$neSl$ は q ですから，Il つまり $nevSl$ は qv になるので，結局 Il は qv に等しくなることがわかります．

7.4.4 電流の流れているコイルに働く電磁力とモータ

コイルはらせん状などに巻いた導線のことですが，コイルに電流を流した状態で磁界を加えると，コイルに力 (電磁力) が働きます．いま，図 7.14(a) に示すように，磁束密度が B の磁石の N 極と S 極の間にコイル ABCD を置き，これに A→B→C→D の向きに電流 I を流したとします．

すると，このコイル ABCD に電磁力が働き，コイル A→B の部分には下向き，

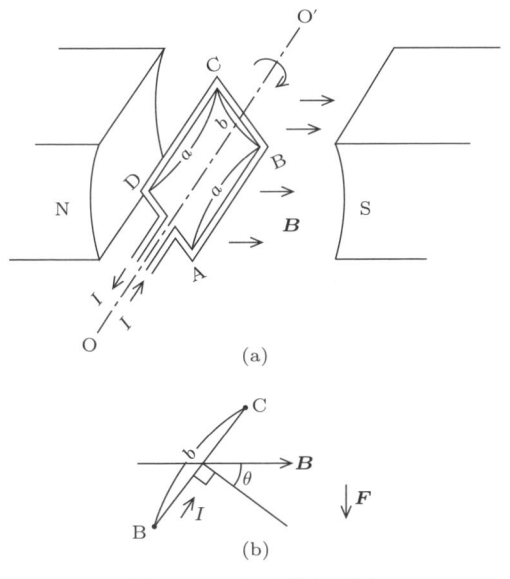

図 7.14 コイルに働く電磁力

コイル C→D の部分には上向きの力が働きます．このことはフレミングの左手の法則を使うと簡単に確かめることができます．

この上下方向へ向く力 F の大きさは，磁界 (磁束密度 B) と電流 I の方向 (A→B および C→D) とのなす角は直角で 90° ですから，A-B および C-D の長さを a とすると，式 (7.39a) を使って，次の式で与えられます．

$$F = IaB \,[\mathrm{N}] \tag{7.39b}$$

次に，コイル ABCD がコイルの中心軸 O-O′ のまわりに回転するとして，このコイルに働く力のモーメント (トルクともいう) を求めることにします．コイル ABCD の力のモーメントは，式 (7.39b) で表される大きさの力 F と B→C の部分の F に垂直な成分との積になります．この垂直成分は B-C の長さを b とすると，図 7.14(b) を参考にして，$b\sin\theta$ になります．したがって，力のモーメントの N は，次の式で与えられます．

$$N = Fb\sin\theta \,[\mathrm{Nm}] \tag{7.40}$$

この式 (7.40) に式 (7.39b) の F を代入すると，N は次のようになります．

$$N = IabB\sin\theta \tag{7.41}$$

この式の ab はコイル ABCD が囲む面積 S になるので，$ab = S$ とおくと，$abB = SB$ となりますが，B は磁束密度ですから SB はコイル ABCD が磁界に垂直 ($\theta = 90°$) のとき，このコイルで囲まれる面を通る磁束 Φ_m になります．したがって，式 (7.41) の力のモーメント N は Φ_m を使って次の式で表されます．

$$N = I\Phi_\mathrm{m}\sin\theta \,[\mathrm{Nm}] \tag{7.42}$$

この式の $I[\mathrm{A}]$ と $\Phi_\mathrm{m}[\mathrm{Wb}]$ の単位は，$[\mathrm{Wb}] = [\mathrm{V\cdot s}]$ の関係があるので，$[\mathrm{A\cdot V\cdot s}] = [\mathrm{C\cdot V}] = [\mathrm{J}] = [\mathrm{N\cdot m}]$ となり確かに仕事 W の単位になります．だから，コイル ABCD が力のモーメントを持って回転すれば仕事をすることになります．しかし，図 7.14(a) の状態では力は一方向にしか働かないので，このコイルは中心軸 O-O′ のまわりに最大でも半回転して止まります．ここで，コイルが半回転するごとに電流の流れる向きを変更できるブラシというものを使うと，コイル ABCD は中心軸 O-O′ のまわりを回転し続けることができます．

実は，ブラシを使ってコイルが磁石の中で回転し続けるようにした実用の電気装置がモータです．だから，モータはトルク(すなわち力のモーメント)を使って電磁気のエネルギーを機械的な動力に変換する装置になっています．

7.4.5 電流の流れている導線間に働く力

導線に電流が流れると磁力線が発生し周囲に磁界を作るので，近くに電流の流れている別の導線があれば，磁界はその導線に力を及ぼします．電流が流れていれば磁気が発生しているからです．

いま，図 7.15 に示すように，距離が d の間隔で平行に置かれた 2 本の導線 α, β があり，これらの導線 α, β に左から右側に向かって，それぞれ電流 I_α と I_β が流れているとしましょう．すると，導線 α を流れる電流 I_α が導線 β の位置に作る磁界の方向 ($\otimes_\alpha$) は，図に示すように，紙面の表面から裏面に向かう方向になります．

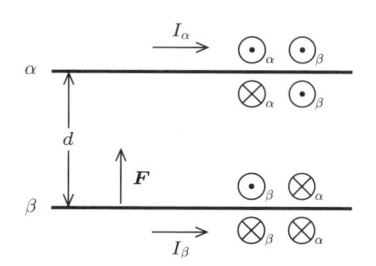

図 7.15 電流の流れている導線間に働く力

そして，磁界の大きさ H は，ビオ-サバールの法則の式 (7.5a) に従った式 (7.11) を使って，次の式で表されます．

$$H = \frac{I_\alpha}{2\pi d} \tag{7.43a}$$

これら 2 本の導線が空気中 (透磁率 μ_0) に置かれているとすると，磁界 $\boldsymbol{H}$ と磁束密度 $\boldsymbol{B}$ の関係は $\boldsymbol{B} = \mu_0 \boldsymbol{H}$ となるので，この関係を使うと磁束密度の大きさ B は次の式になります．

$$B = \frac{\mu_0 I_\alpha}{2\pi d} \tag{7.43b}$$

この式 (7.43b) で表される磁界 (磁束密度 $\boldsymbol{B}$) が，隣の導線 β の長さが l の部

分の電流に及ぼす力の大きさ F は，式 (7.39a) を使って

$$F = I_\beta l B \sin\theta \tag{7.44a}$$

となります．いまの場合磁束密度 B と導線 β のなす角は直角なので，$\sin\theta = 1$ の関係を式 (7.44a) に代入し，磁束密度の大きさ B に式 (7.43b) を使うと，次の二つの式ができます．

$$F = I_\beta l B \tag{7.44b}$$

$$= \frac{\mu_0 I_\alpha I_\beta l}{2\pi d} \tag{7.44c}$$

式 (7.44c) で表される力 F の方向は，磁界 (磁束密度 B) の方向が表から裏で，電流の方向は左から右方向なので，フレミングの左手の法則によって，導線 β に働く力が導線 β から導線 α へ向いています．ですから，この力 F は導線 α から見ると導線 β を引き寄せる引力になります．省略しますが，導線 β の磁界による力も導線 α に対して引力として働きます．

以上の結果，同じ方向に電流が流れる平行な 2 本の導線の間には引力が働くことがわかります．説明は省略しますが，電流の方向が導線 α と β で互いに逆方向の場合には，同様な議論に従って 2 本の導線の間には斥力 (反発力) が働きます．

7.5 ホール効果

導体に電流を流してこれに磁界を加えると面白い現象が起こります．この現象は 1879 年に 24 歳の大学生であったアメリカのホールが発見したので，ホール効果と呼ばれています．いま，図 7.16 に示すように，導体に右から左方向に電流 (電流密度 J) を流した状態で紙面の裏から表側に向かって磁界 (磁束密度 B) を加えると，磁界の方向は電流に対して直角なので，フレミングの左手の法則に従って電流には下から上向きの力 F が働きます．

したがって，電流を担っている (運んでいる) 粒子は導体の表面側に押し上げられます．粒子の電荷を q，速度を v とすると，この粒子に働くローレンツ力の電磁力の大きさ F_α は次の式で与えられます．

$$F_\alpha = qvB \tag{7.45}$$

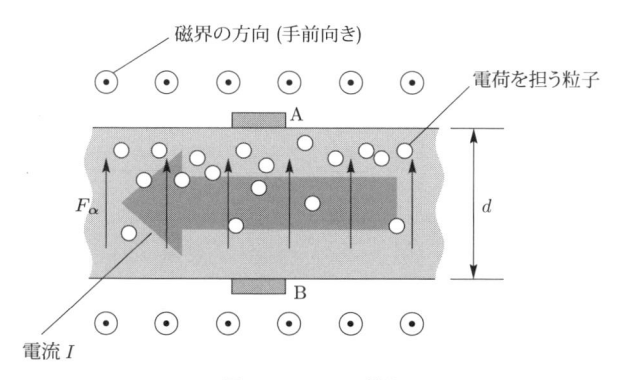

図 7.16 ホール効果

　また，電荷 q が上に押し上げられて導体内の上下で電荷の正負に不均衡ができると導体内に電界が発生します．この電界の大きさを E とすると式 (7.45) で与えられる力の大きさ F_α との間に $F_\alpha = qE$ の関係が成り立ちます．この関係 $F_\alpha = qE$ を式 (7.45) に代入すると，電界の大きさ E と磁界 (磁束密度) の大きさ B の間に，次の関係が得られます．

$$qE = qvB \quad \therefore E = vB \tag{7.46}$$

　導体内に発生したこの電界によって導体の上面と下面の間に電圧 (電位差) が生じますが，この電位差を V とすると，導体の上面と下面の距離は図 7.16 を見ると d なので，V と導体内の電界の大きさ E の間には $E = V/d$ の関係が成り立ちます．$E = V/d$ の関係と式 (7.46) の右側の式より，導体の上面と下面の間の電位差 V を求めると次のようになります．

$$V = dvB \tag{7.47}$$

　また，電流密度 J は，式 (5.5) によると $J = nev$ となりますが，電子の電荷 e を任意の粒子の電荷として q に置き換えて $J = nqv$ の関係を使うと，式 (7.47) の電位差 V はホール電圧 V_H と呼ばれるものになり，V_H は次の式で表されます．

$$V_\mathrm{H} = \frac{1}{nq} dBJ \tag{7.48}$$

　また，式 (7.48) の係数の $1/(nq)$ はホール定数と呼ばれ，次のように記号 R_H で書かれます．

$$R_\mathrm{H} = \frac{1}{nq} \tag{7.49}$$

この結果，電流 (電流密度 J) が流れている導体に磁界を加えると導体の上面と下面に電位差 V が生じ，上面に電流を担う電荷が押し上げられることがわかりました．電荷 q が正であれば導体の上面がプラス電位になります．一方，電荷 q が負であれば，この電荷が上面に押し上げられるので上面はマイナス電位になります．この電位 V はホール電圧ですが，以上の結果ホール電圧 V_H または，式 (7.49) で表されるホール定数 R_H の正負を測れば導体の伝導を担う電荷の正負を決めることができます．導体の上面と下面に図 7.16 に示すように A，B の電極を付けて測定すればこのことを知ることができます．

普通の導体では電流を運ぶ粒子は電子で電荷は負ですが，半導体には p 型半導体と n 型半導体があり，p 型の半導体では電荷を運ぶ粒子は正電荷のホールです．そして n 型半導体の電荷を運ぶ粒子は導体と同じで負電荷の電子です．ですから，ホール電圧 (またはホール定数) の正負を測れば，(外見だけではわからない) 半導体の伝導型が n 型であるか p 型であるかを決めることができるのです．

なお，導体を横幅が a で，断面積 S が ad の矩形であると仮定すると，$S = ad$ となるので，ホール電圧 V_H を，電流 I を使って表すことができます．すなわち，電流密度 J には $J = I/S = I/(ad)$ の関係があるので，式 (7.48) で表されるホール電圧 V_H は，電流 I を使って次の式で表すことができます．

$$V_H = \frac{1}{nq}\frac{dBI}{ad} = \frac{1}{nq}\frac{BI}{a} \tag{7.50}$$

演 習 問 題

7.1 電流 I の流れている導線のまわりに発生する磁力線の様子は図 7.1 に破線で示すように描かれるが，この図を見て，磁力線は左回りに発生しているのではないですか？とときどき異論をはさむ人を見かける．なぜそのように考えてはいけないか？

7.2 図 7.2 において中心点 O を通り上下に張られた導線に流れている電流が I でなくて nI のときには，中心点 O から半径 a の位置に発生する磁界の大きさ H は $H = (nI)/(2\pi a)$ で表されるが，これはなぜか？ 周回積分を使って説明せよ．

7.3 図 M7.1 に示すように，x 軸上の O 点を中心として，x 軸に垂直に立てた半径 b のリング状に巻いた導線に電流 I が流れている．この導線上の点 C から直線距離にして r，原点 O からの距離が x の x 軸上の点 P における原点 O 方向を向く磁界 $\boldsymbol{H}(\boldsymbol{H}_x)$ の大きさ，およびリングの中心の磁界 $\boldsymbol{H}_0$ の大きさを求めよ．

7.4 図 M7.2 に示す，単位長さ (1[m]) あたりの巻数が n で，半径が a，長さが無限長

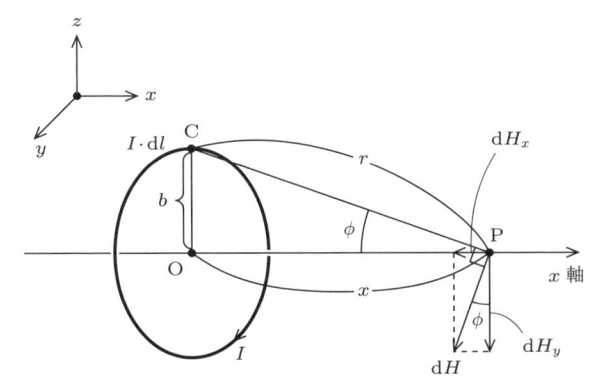

図 M7.1 リングを流れる電流の作る磁界

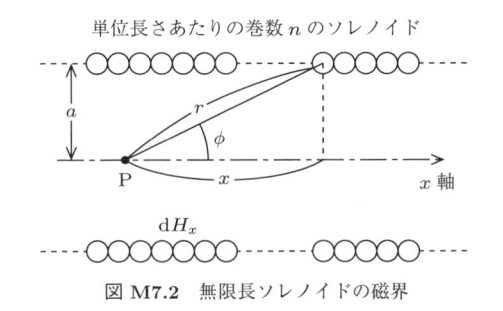

図 M7.2 無限長ソレノイドの磁界

のソレノイドに電流 I が流れている．このとき中心軸上の点 P における磁界の大きさ H を求める式を導き，本文の式 (7.17) に示すように，$H = nI$ となることを示せ．

7.5 ある導線が手前側から向こう側に張られていて，導線には $I = 5[\mathrm{A}]$ の電流が手前側から向こう側へ流れている．この導線に対して左側から $\theta = \pi/4(45°)$ の角度で磁界 ($B = 1.0[\mathrm{T}]$ の磁束密度) を加えると，この導線にはどのような力が加わるか？

7.6 本文の図 7.14 に示す，磁界の中に置いたコイル ABCD において，電流 $I = 5[\mathrm{A}]$，コイルの縦横の幅が $a = 25[\mathrm{cm}]$ と $b = 10[\mathrm{cm}]$，磁束密度が $B = 0.8[\mathrm{T}]$，磁界とコイルの垂線とのなす角度が $\theta = \pi/4$ として，力のモーメント (トルク) N を求めよ．

7.7 十分長い α，β の 2 本の導線が 20[cm] の間隔で平行に張られていて，α と β の導線には共に 10[A] の電流が互いに反対方向に流れているという．導線 α の長さ 1[m] あたりに加わる力の大きさと向きを求めよ．導線は空気中に置かれているとし，透磁率は $\mu_0 = 4\pi \times 10^{-7}[\mathrm{H/m}]$ とせよ．

Chapter 8

電磁誘導とインダクタンス

　この章では電磁誘導とインダクタンスについて学びます．すなわち，電池に代わる電流の発生源として待望されていた，磁気から電流を発生させる電磁誘導が発見されたいきさつと，電磁誘導の原理についてまず説明します．電磁誘導が磁界の中での導体の運動やコイルの運動でも起こることも説明します．続いてコイルにおいて電流が変化したときに起こる (電磁誘導によって生じる) インダクタンスについて，その性質やインダクタンスの接続を学びます．さらに電磁エネルギーについて調べ，最後に変圧器について簡単に見ておくことにします．

8.1 ファラデーの電磁誘導

8.1.1 ファラデーの電磁誘導の法則とレンツの法則

▶巧みな実験と注意深い観察，そして深い洞察が電磁誘導を発見させた

　電流による磁気の発生 (現象) が発見されて以来，この逆の現象，つまり磁気によって電流を発生させることが可能なのではないか？との考えが科学者の間で広がりました．この結果多くの研究者や技術者がこの問題に取り組みましたが，磁気による電流の発生はなかなか実現しませんでした．

　最初多くの研究者は，コイルの隣に磁石を置けばコイルに電流が流れるのではないかと考えました．ファラデー (M. Faraday, 1791～1867) もその一人でしたが，これでは電流は発生しませんでした．何度試みても成功しませんでしたが，ファラデーは電流を発生させる鍵は磁石とコイルにあると考えて，磁石とコイルを常にポケットに入れて持ち歩いたとの逸話が伝わっています．

　何回もの失敗にもくじけずファラデーは，図 8.1 に示すように，2 個のコイルを並べ，一方のコイル (コイル 1) に電池をつないで電流を流して磁力線を発生させ，もう一方のコイル (コイル 2) には電流は流さないで，隣接して方位磁石 (針磁石) を置きました．そして，コイル 2 に電流が流れて磁針が振れることが起こるかどうかを注意深く観察しました．

8.1 ファラデーの電磁誘導

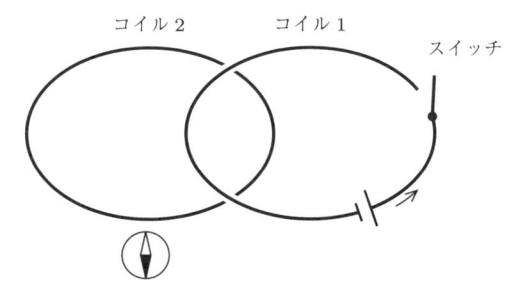

図 8.1 ファラデーの実験

　しかし，電流をコイル1に流して，方位磁石を注意深く見守りましたが，電流をコイル1に流しても方位磁石の磁針はピリッとも動きませんでした．'今日もダメか！'と，ファラデーがコイル1につなげた電池のスイッチを切った(オフにした)ところ，方位磁石の磁針がかすかに振れたようにファラデーには感じられました．

　磁針が振れたのはスイッチを入れたとき実験台がわずかに振動したためだろう，とは思ったのですが，念のために確かめておこうと，スイッチを入れた(オンにした)ところ，磁針がまたわずかに振れました．'ひょっとしたら電流が流れているのでは？'と考えたファラデーはスイッチのオンとオフを何度か繰り返してみました．すると驚いたことに，スイッチをオンにしたときとオフにしたとき，すべての場合に磁針はわずかに振れたのでした．

　こうしてコイルに流した電流から発生する磁力線の変化によって，電流が発生することを発見したファラデーは，この実験結果を次のように結論付けました．すなわち，「コイル1の磁力線がコイル2を貫いている状態で，コイル2を貫く磁力線が変化するときだけコイル2に電流が流れる」としました．

　この結果を電磁誘導の発見として，ファラデーが正式に発表したときの表現は次のようになっています．'一つの電気回路に鎖交する(よぎって貫く)磁束が変化するとき，その磁束の変化に比例して，その回路に起電力が発生する'．この現象がファラデーの電磁誘導と言われるものです．

▶電磁誘導によって起こる起電力の方向について深い考察をしたレンツ

　ファラデーの発表から少しだけ遅れてレンツ(H. Lenz, 1804～1865)も電磁誘導発見の発表をしました．レンツは電磁誘導によって発生する起電力の方向について深い考察を行い，次のように説明しました．'電磁誘導によって発生する起

電力の方向は，磁束の変化を妨げる方向である'．これはレンツの法則と呼ばれます．

レンツの法則を，誘導される起電力によって発生する電流 (誘導電流) を使って説明すると，誘導電流の流れる方向は，アンペアの法則に従った場合に磁束の変化の方向から予想される図 8.2(a) に示す電流の方向とは逆の方向になります (図 8.2(b))．

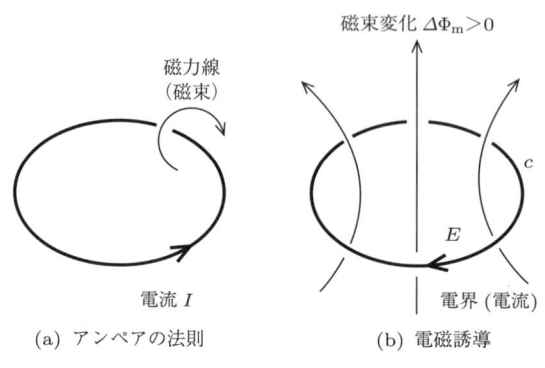

図 8.2 電磁誘導

電磁誘導では磁束の変化によって電界 E が発生しますが，この電界 E を図 8.2(b) に示すコイル c の一周にわたって積分すると，次の式で表される誘導起電力 E_e が発生し，その値はコイル c を鎖交する磁束 Φ_m の減少割合 $-d\Phi_m/dt$ と等しくなります．

$$E_e = \oint_c \boldsymbol{E} \cdot d\boldsymbol{l} = -\frac{d\Phi_m}{dt} [\text{V}] \tag{8.1a}$$

もしもコイルの巻数が n 回であれば，コイルを鎖交する鎖交磁束は $n\Phi_m$ になるので，式 (8.1a) で表される E_e は次の式になります．

$$E_e = -n\frac{d\Phi_m}{dt} [\text{V}] \tag{8.1b}$$

なお，電磁誘導の法則を式 (8.1a,b) の形で実際に表記したのはファラデーやレンツではなく，のちに電磁誘導の法則を吟味し，整理して定式化したノイマン (F. E. Neumann, 1798〜1895) です．

また，磁束 Φ_m は磁束密度 B を磁束の通るコイルの囲む面の面積 S で積分して次の式

8.1 ファラデーの電磁誘導

$$\Phi_\mathrm{m} = \int_s \boldsymbol{B} \cdot \mathrm{d}\boldsymbol{S} [\mathrm{Wb}] \tag{8.2}$$

で表されますが，この式 (8.2) を式 (8.1a) に代入すると次の式ができます．

$$\oint_c \boldsymbol{E} \cdot \mathrm{d}\boldsymbol{l} = -\int_s \frac{\mathrm{d}\boldsymbol{B}}{\mathrm{d}t} \cdot \mathrm{d}\boldsymbol{S} [\mathrm{V}] \tag{8.3}$$

この式 (8.3) はファラデーの電磁誘導の法則の積分型の式と呼ばれています．

8.1.2 磁界中で運動する導体に発生する起電力

導体中には電荷粒子の電子が存在するので，導体が磁界の中で運動すると荷電粒子が運動することになり，導体に起電力が発生します．いま，図 8.3 に示すように，上下に立てた長さ l の導体を一様な磁界 (磁束密度 $\boldsymbol{B}$) の中で $\boldsymbol{B}$ に対して θ の角度を持たせて速度 v で運動させたとすると，導体には起電力 E_e が誘導され，長さ l の導体の両端をコイルでつなぐと導体に誘導電流が流れます．

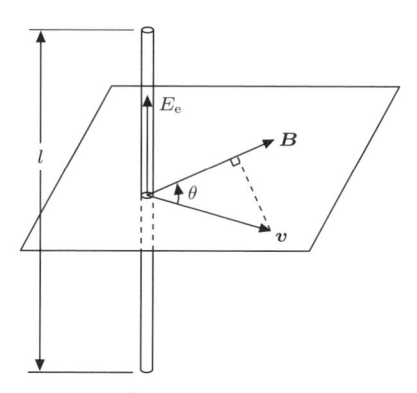

図 8.3 導体の運動による誘導起電力

誘導起電力 E_e は次のようにして計算できます．いま，磁界 (磁束密度 $\boldsymbol{B}$) の中で導体中の電荷 q が v の速度で運動すると，7.4.1 項の式 (7.35a) に示したように，次の式で表されるローレンツ力 (の電磁力成分) が働きます．ここでは式 (7.35a) の式番号を変更して新たに示します．

$$F = qvB\sin\theta [\mathrm{N}] \tag{8.4}$$

このときに発生する誘導電界の大きさを E とすると，力 F との間に $F = qE$ の関係が成り立つので，この関係を式 (8.4) に代入して導くと，誘導電界の大き

◆ 補足 8.1　誘導起電力 E_e と誘導電界 E の関係について

　起電力は単位量の電荷を低電位から高電位に持ち上げるために外部からなされる仕事と理解できます．誘導起電力 E_e を誘導電界 E のする仕事で考えると，起電力は円形のコイルの 1 周にわたって電界 E が単位電荷にする仕事とも解釈できます．本文では説明しませんでしたが，このように考えて作られた式が，式 (8.1a) の中ほどに示した，線積分 $\oint_c \bm{E} \cdot d\bm{l}$ で表される起電力 E_e の式です．

　もしも，仕事をする範囲がコイルの円周ではなく，長さ l の導体であるとすると，式 (8.1a) の線積分は，$\bm{E}$ が一定ならば次のように書けます．

$$E_e = \oint_l \bm{E} \cdot d\bm{l} = E \oint_0^l dl = E[l]_0^l = lE[\text{V}] \tag{S8.1}$$

ここで述べた誘導起電力 $E_e[\text{V}]$ と誘導電界 $\bm{E}[\text{V/m}]$ の関係は，3.1.2 項で述べた電位 $V[\text{V}]$ と電界 $\bm{E}[\text{V/m}]$ の関係と同様になっています．

さ E は次の式で表されます．

$$E = vB\sin\theta [\text{V/m}] \tag{8.5}$$

このとき長さ l の導体に発生する誘導起電力 E_e は，補足 8.1 で説明するように $E_e = lE$ となるので，この関係を式 (8.5) に代入すると，誘導起電力 E_e は次の式で表されます．

$$E_e = vBl\sin\theta [\text{V}] \tag{8.6}$$

8.1.3　磁界中で回転運動するコイルに流れる電流とエネルギー

　いま，巻数が n で面積が S のコイルが図 8.4 に示すように磁界 (磁束密度 $\bm{B}$) の中に置かれているとします．そして，コイルの面の法線と磁束密度 $\bm{B}$ のなす角を θ とします．すると，コイル (の面) をよぎる磁束 Φ_m は $\Phi_m = BS\cos\theta$ となります．

　コイル面をよぎって貫く，つまり，鎖交する磁束は鎖交磁束と呼ばれます．鎖交磁束を ψ_{ms} と書くことにすれば，巻数が n のコイルの鎖交磁束 ψ_{ms} は次の式で表されます．

$$\psi_{ms} = n\Phi_m = nBS\cos\theta [\text{Wb}] \tag{8.7}$$

この鎖交磁束 ψ_{ms} によって発生する起電力 E_e は，式 (8.1b) において $\Phi_m \to \psi_{ms}$ と置き換えて次の式で与えられます．

8.1 ファラデーの電磁誘導

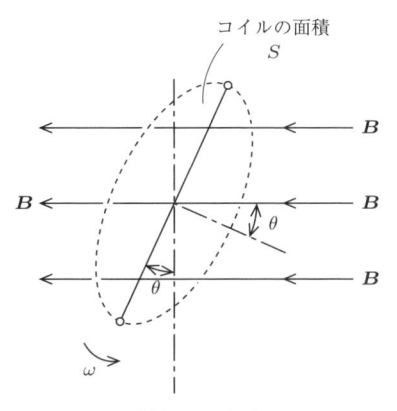

図 8.4 磁界中で回転するコイル

$$E_e = -\frac{d\psi_{\mathrm{ms}}}{dt} = nBS\sin\theta\frac{d\theta}{dt}[\mathrm{V}] \tag{8.8}$$

ここで，回転軸が磁束 $\boldsymbol{B}$ に垂直の状態でコイルを角周波数 (角速度) ω で回転させると，$d\theta/dt = \omega$, $\theta = \omega t$ の関係が成り立つので，式 (8.8) から，次の式が得られます．

$$E_e = nBS\omega\sin\omega t[\mathrm{V}] \tag{8.9}$$

ここで，最大起電力を E_m として $nBS\omega = E_m$ とおくと，起電力 E_e として，次の式が得られます．

$$E_e = E_m\sin\omega t[\mathrm{V}] \tag{8.10}$$

この式 (8.10) で表される起電力 E_e は，図 8.5 に示すように，正弦波状に変化するので，このような起電力は交流起電力と呼ばれます．この式 (8.10) で表される交流は振幅が E_m で ωt が 2π 変化するごとに元の形を繰り返す波になっていま

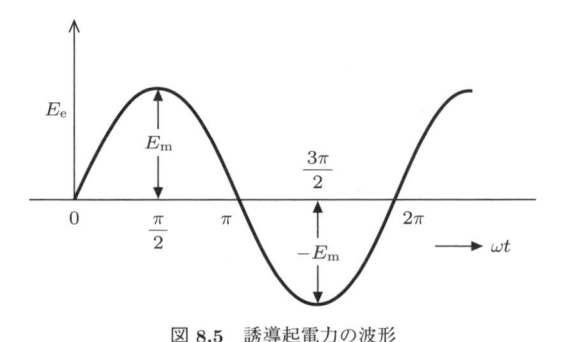

図 8.5 誘導起電力の波形

す．だから，交流波の周期 T は $T\omega = 2\pi$ の関係から $T = 2\pi/\omega$ となり，周波数 f は $f = 1/T = \omega/2\pi[\mathrm{s}^{-1}]$ となります．周波数を表すときには，単位の $[\mathrm{s}^{-1}]$ は [Hz] と表示されヘルツと読まれます．だから，周波数は $f = \omega/2\pi[\mathrm{Hz}]$ と表示されるのが普通です．

以上の結果，磁界の中でコイルを回転運動させることによって起電力 E_e が誘導されることがわかります．これは交流発電の原理になっています．そして，このように磁界の中でコイルを効率よく回転運動させて起電力を発生させる電気装置が交流発電機です．

こうして回転させたコイルに発生する誘導起電力 E_e に負荷抵抗をつないで電流 I を流すと，回転するコイルは仕事をします．このとき発生する電力を P とすると，P は仕事率ですから単位はワット [W] で，次の式で与えられます．

$$P = E_\mathrm{e} I [\mathrm{W}] \tag{8.11}$$

また，誘導電流 I が流れた時間が $t[\mathrm{s}]$ であれば，P に t を掛けたものは仕事，つまりエネルギーの電力量になるので，これを P_H で表すと，P_H は次の式で与えられ，単位はジュール [J] になります．P_H の単位は実用的にはワット秒 [W·s] の秒を時間に置き換えたワット時 [W·h] が使われています．

$$P_\mathrm{H} = E_\mathrm{e}[\mathrm{V}] I[\mathrm{C/s}] t[\mathrm{s}] = E_\mathrm{e} I t [\mathrm{J}] \tag{8.12}$$

8.2 渦 電 流

電磁誘導によって，磁界の中で運動する (棒状の) 導体やコイルに起電力が発生し，誘導電流が流れることを説明してきました．実は導体で誘導電流が起こる話は棒状の導体に限られたことではなく，この現象は任意の形状の導体で起こります．

すなわち，図 8.6 に示すように，磁界 (磁束密度 B) の中で平板状の導体を速度 v で運動させても，導体に誘導電流が流れます．もちろん導体を運動させなくても，磁束 Φ_m を時間的に変化させると，誘導電流は発生します．図 8.6 に示すような場合には，電流が渦の形をして流れるので，この電流は渦電流と呼ばれています．

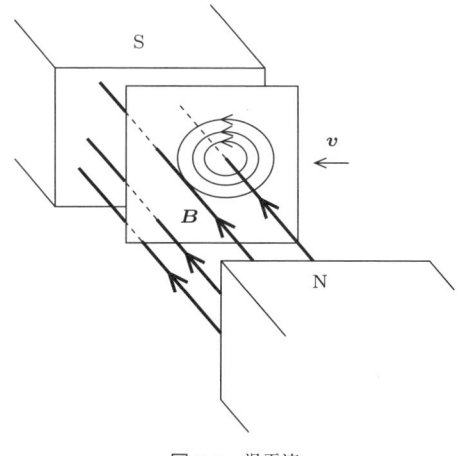

図 8.6 渦電流

　もちろん，導体内で渦電流が流れると，導体には電気抵抗 R があるのでジュール熱が発生して電力の損失が起こりますが，この電力損失は渦電流損と呼ばれます．

8.3 インダクタンス

8.3.1 自己インダクタンスと相互インダクタンス

▶自己インダクタンス：電流にも慣性の法則が成り立つ！

　コイルに電流を流すと磁束 (磁力線) が発生します．磁束はコイル自身と鎖交し，鎖交磁束が生じます．そして，コイルの電流が変化すると鎖交磁束も変化するので電磁誘導が起こり，誘導起電力が生まれます．誘導起電力の大きさは鎖交磁束に比例しますが，この比例係数はインダクタンスと呼ばれます．インダクタンスという単語は誘導係数の意味だけでなく，コイルの電流変化によって誘導起電力が発生する性質の意味でも使われます．インダクタンスには自己インダクタンスと相互インダクタンスの二つがあります．

　いま，図 8.7 に示すように，コイルに一定の電流 I[A] を流すと，コイルと鎖交する鎖交磁束 ψ_{ms} は電流 I に比例し，次の式で表されます．

$$\psi_{\mathrm{ms}} = LI [\mathrm{Wb}] \tag{8.13}$$

ここで，係数の L が自己インダクタンスと呼ばれるものです．

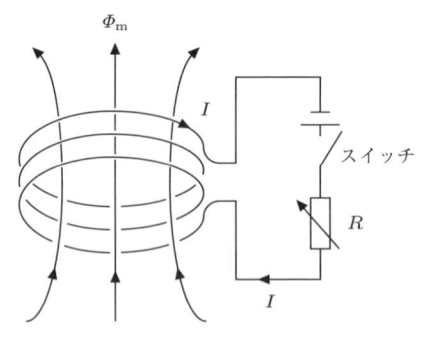

図 8.7 自己インダクタンス

鎖交磁束 ψ_{ms} は 8.1.3 項の式 (8.7) に示しましたが，θ の値が 0° の場合には $\psi_{\mathrm{ms}} = nBS$ となるので，この関係を使うと，式 (8.13) より自己インダクタンス L は次の式で与えられることがわかります．

$$L = \frac{nBS}{I} = \frac{\psi_{\mathrm{ms}}}{I}([\mathrm{Wb/A}]) \tag{8.14}$$

ここで，インダクタンスの単位の [Wb/A] の表示にはヘンリー [H] が使われますが，両者の間には次の関係があります．

$$[\mathrm{H}] = \frac{[\mathrm{Wb}]}{[\mathrm{A}]} \tag{8.15}$$

なお，自己インダクタンス L は自己誘導係数とも呼ばれます．

ところで，図 8.7 に示したコイルの回路において可変抵抗の値を変えてコイルに流れる電流 I を変化させると，鎖交磁束 ψ_{ms} も変化するので電磁誘導が起こります．このように電流を変化させたときに発生する起電力は，電流の変化を妨げる方向に働くので逆起電力と呼ばれます．

だから，このとき発生する逆起電力 E_{e} は，次の式で与えられます．

$$E_{\mathrm{e}} = -\frac{\mathrm{d}\psi_{\mathrm{ms}}}{\mathrm{d}t}[\mathrm{V}] \tag{8.16}$$

この式 (8.16) に式 (8.13) の鎖交磁束 ψ_{ms} を代入して計算すると，逆起電力は自己インダクタンス L を使って次のように表されます．

$$E_{\mathrm{e}} = -L\frac{\mathrm{d}I}{\mathrm{d}t}[\mathrm{V}] \tag{8.17}$$

一般の電気回路には閉回路になっている部分が多いのでコイルがなくても自己インダクタンスを持ちます．閉回路の電流が変化しようとすると自己インダクタ

ンスはそれを妨げるように作用して，電流を一定に保とうとします．この現象は力学の慣性の法則に似ています．一般に物理現象には現在の状態が変化するのを嫌う性質があるようです．

▶相互インダクタンス：一対のコイルのインダクタンスは相互作用する

図 8.8 に示すように，二つのコイルを接近させて並べて置いたとします．そして，コイル 1 に電流を流すと，コイル 1 から磁束が発生しますが，この磁束は隣のコイル 2 に入ります．この状態でコイル 1 の電流が変化すると，コイル 2 には電磁誘導が起き起電力が発生します．逆にコイル 2 に電流を流して，この電流を変化させると今度はコイル 1 に起電力が発生します．この現象は相互誘導と呼ばれます．

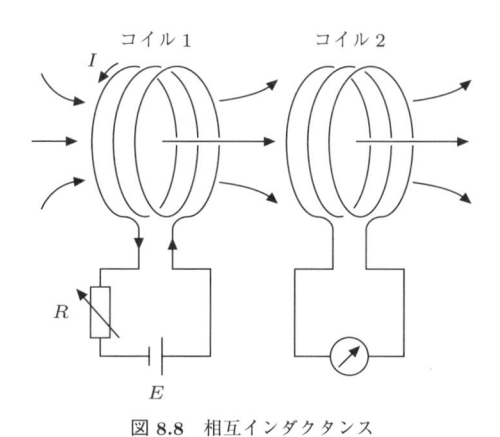

図 **8.8** 相互インダクタンス

いま，巻数が N_1 のコイル 1 と巻数が N_2 のコイル 2 に，それぞれ I_1 と I_2 の電流が流れているとし，コイル 1 の電流 I_1 で磁束が発生してコイル 2 と鎖交したとします．そして鎖交磁束を ψ_{m21} とすると，ψ_{m21} は相互誘導係数，すなわち相互インダクタンスを M_{21} とし，これを用いて，次の式で表されます．

$$\psi_{m21} = N_2 \Phi_{m21} = M_{21} I_1 [\text{Wb}] \tag{8.18a}$$

ここで，Φ_{m21} はコイル 1 の電流によるコイル 2 の面内を通る磁束です．

同様に，コイル 2 の電流 I_2 によるコイル 1 との鎖交磁束を ψ_{m12} とすると，ψ_{m12} は M_{12} を相互誘導係数として，次の式で表されます．

$$\psi_{\mathrm{m}12} = N_1 \Phi_{\mathrm{m}12} = M_{12} I_2 [\mathrm{Wb}] \tag{8.18b}$$

ここで，式 (8.18a,b) の誘導係数の M_{21} と M_{12} は相互インダクタンスと呼ばれるものです．また，$\Phi_{\mathrm{m}12}$ はコイル 2 の電流によるコイル 1 の面内を通る磁束です．式 (8.18a,b) を使うと，相互インダクタンス M_{21} と M_{12} は，次の式で表されることがわかります．

$$M_{21} = \frac{N_2 \Phi_{\mathrm{m}21}}{I_1} [\mathrm{H}] \tag{8.19a}$$

$$M_{12} = \frac{N_1 \Phi_{\mathrm{m}12}}{I_2} [\mathrm{H}] \tag{8.19b}$$

相互インダクタンスでは，電流 I_1 の変化によるコイル 2 の鎖交磁束は $\psi_{\mathrm{m}21}$ なので，このときコイル 2 に発生する逆起電力 $E_{\mathrm{e}2}$ は，式 (8.18a) を使って，次の式で与えられます．

$$E_{\mathrm{e}2} = -\frac{\mathrm{d}\psi_{\mathrm{m}21}}{\mathrm{d}t} = -M_{21}\frac{\mathrm{d}I_1}{\mathrm{d}t}[\mathrm{V}] \tag{8.20a}$$

同様にして，電流 I_2 の変化によるコイル 1 の鎖交磁束 $\psi_{\mathrm{m}12}$ を使うと，コイル 1 に発生する逆起電力 $E_{\mathrm{e}1}$ は，式 (8.18b) を使って次の式で与えられます．

$$E_{\mathrm{e}1} = -\frac{\mathrm{d}\psi_{\mathrm{m}12}}{\mathrm{d}t} = -M_{12}\frac{\mathrm{d}I_2}{\mathrm{d}t}[\mathrm{V}] \tag{8.20b}$$

二つのコイルが一対のコイルを形成している場合には，相互インダクタンスの M_{12} と M_{21} は等しくなるので，次の関係式が成り立ちます．

$$M_{21} = M_{12} = M \tag{8.21}$$

したがって，この相互インダクタンス M を使うと，式 (8.20a,b) の逆起電力は次の式で表されます．

$$E_{\mathrm{e}2} = -M\frac{\mathrm{d}I_1}{\mathrm{d}t}[\mathrm{V}] \tag{8.22a}$$

$$E_{\mathrm{e}1} = -M\frac{\mathrm{d}I_2}{\mathrm{d}t}[\mathrm{V}] \tag{8.22b}$$

8.3.2 自己インダクタンスと相互インダクタンスの関係

前項で説明したように，電流の流れているコイルは自己インダクタンスを持ちますが，接近して並べて使うと相互インダクタンスが生まれるので，ここでは自己インダクタンス L と相互インダクタンス M の関係を求めておくことにします．

接近して並べた一対のコイルの相互インダクタンス M_{21} と M_{12} の間には式 (8.21) の関係が成り立つので，式 (8.19a,b) を使うと，相互インダクタンス M は次の式で表されます．

$$M = \frac{N_2 \Phi_{m21}}{I_1} = \frac{N_1 \Phi_{m12}}{I_2} [\text{H}] \tag{8.23}$$

また，コイル 1 と 2 の自己インダクタンス L_1 と L_2 は，コイル 1 と 2 の鎖交磁束をそれぞれ $N_1 \Phi_{m1}, N_2 \Phi_{m2}$ とすると，式 (8.14) を使って次の式で表されます．

$$L_1 = \frac{N_1 \Phi_{m1}}{I_1} [\text{H}] \tag{8.24a}$$

$$L_2 = \frac{N_2 \Phi_{m2}}{I_2} [\text{H}] \tag{8.24b}$$

もしも，電流 I_1 によるコイル 1 の面と鎖交する磁束 Φ_{m1} と，この磁束がコイル 2 の面と鎖交する磁束 Φ_{m21} が等しいならば，$\Phi_{m1} = \Phi_{m21}$ となります．また，電流 I_2 によるコイル 2 の面の鎖交磁束 Φ_{m2} についても同様な関係があれば，$\Phi_{m2} = \Phi_{m12}$ となります．すると，式 (8.23) を使って，相互インダクタンスの 2 乗の M^2 は，次のように書けます．

$$M^2 = \frac{N_1 N_2 \Phi_{m21} \Phi_{m12}}{I_1 I_2} = \frac{N_1 N_2 \Phi_{m1} \Phi_{m2}}{I_1 I_2} = L_1 L_2 \tag{8.25}$$

したがって，相互インダクタンス M は次のように求まります．

$$M = \pm \sqrt{L_1 L_2} [\text{H}] \tag{8.26a}$$

しかし，一般には 2 個のコイルを磁気的に結合した場合の相互インダクタンス M の絶対値は，この式 (8.26a) で与えられるものより小さくなり，係数 k を使って次の式で表されます．

$$M = \pm k \sqrt{L_1 L_2} [\text{H}] \tag{8.26b}$$

ここで，k は結合係数と呼ばれるもので，k は 0 と 1 の間の値をとります．

式 (8.26b) の結合係数 k の値はコイルの形状，大きさ，およびコイル 1 と 2 の相対位置などで決まります．$k = 1$ となって式 (8.26a) が成り立つ場合は二つのコイル 1 と 2 が完全に結合した理想的な場合です．

結合係数 k の値が普通は 1 にならないのは，コイル 1 と 2 の間で磁束の漏れがあるからです．また，式 (8.26a) と式 (8.26b) において相互インダクタンス M の

値に正負があるのは，コイル 1 とコイル 2 の電流の方向が同じ場合と逆の場合があるからです．正符号は電流の流れる方向がコイル 1 と 2 で同じ場合で，負符号は流れの方向が逆の場合を示しています．なお，自己インダクタンスの符号は常に正符号をとります．

8.3.3 インダクタンスの接続
▶インダクタンスの接続はコイルの接続で得られる

(1) 直列接続の場合

いま，自己インダクタンス L_1, L_2, L_3 の 3 個のコイルが，お互いに磁気的な結合をしないように，ある距離をもって，図 8.9(a) に示すように接続されているとします．そして，これら 3 個のインダクタンスを加えた和のインダクタンスを L とします．すると，3 個のコイルに誘導される起電力の和は，次の式で表されます．

$$\left(-L_1 \frac{dI}{dt}\right) + \left(-L_2 \frac{dI}{dt}\right) + \left(-L_3 \frac{dI}{dt}\right) = -L \frac{dI}{dt} [\text{V}] \tag{8.27}$$

この式 (8.27) より合成インダクタンス L は，次の式で与えられることがわかります．

$$L = (L_1 + L_2 + L_3)[\text{H}] \tag{8.28}$$

次に，図 8.9(b) に示すように，磁気的な結合が可能な程度に接近して，並べて置かれた 2 個のコイルに，同じ方向に電流を流した場合の合成インダクタンスを

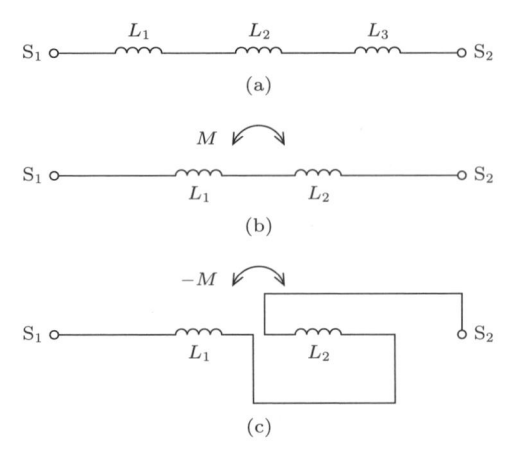

図 **8.9** インダクタンスの直列接続

考えることにします．いま，コイル1と2の起電力，自己インダクタンスを，それぞれ E_{e1}, E_{e2}, L_1 および L_2 とすると，起電力 E_{e1} と E_{e2} はそれぞれ次の式で表されます．

$$E_{e1} = \left(-L_1 \frac{dI}{dt}\right) + \left(-M \frac{dI}{dt}\right) = -(L_1 + M)\frac{dI}{dt}[\text{V}] \qquad (8.29a)$$

$$E_{e2} = \left(-L_2 \frac{dI}{dt}\right) + \left(-M \frac{dI}{dt}\right) = -(L_2 + M)\frac{dI}{dt}[\text{V}] \qquad (8.29b)$$

合成起電力を E_e とすると，E_e は次のように計算できます．

$$E_e = E_{e1} + E_{e2} = -(L_1 + L_2 + 2M)\frac{dI}{dt}[\text{V}] \qquad (8.30)$$

したがって，合成インダクタンスを L とすると，L は次のようになります．

$$L = (L_1 + L_2 + 2M)[\text{H}] \qquad (8.31)$$

また，二つのコイルが接近して並べられてはいますが，図 8.9(c) に示すように，電流の方向が逆の場合には，相互インダクタンスは負になります．詳細は省きますが，この場合の合成インダクタンスは，次の式で与えられます．

$$L = (L_1 + L_2 - 2M)[\text{H}] \qquad (8.32)$$

(2) 並列接続の場合

図 8.10 に示すように，2個のコイルを並列に接続するとこれらのインダクタンス L_1 と L_2 も並列接続になります．このときコイル1と2に分流する電流を I_1，I_2 とし，起電力を E_{e1}, E_{e2} とすると，E_{e1} と E_{e2} は次の式で表されます．

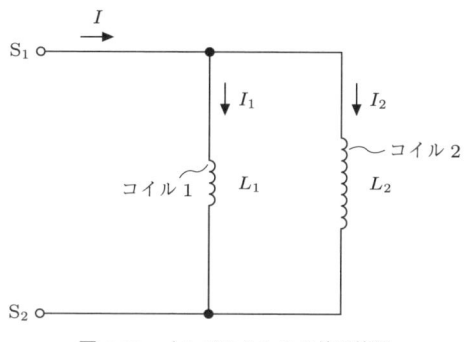

図 8.10 インダクタンスの並列接続

$$E_{e1} = -L_1 \frac{dI_1}{dt} [\text{V}] \tag{8.33a}$$

$$E_{e2} = -L_2 \frac{dI_2}{dt} [\text{V}] \tag{8.33b}$$

図 8.10 に示すように並列に接続すると，コイル 1 と 2 に分流した電流の I_1 と I_2 の間には，当然次の式が成り立ちます．

$$I = I_1 + I_2 \tag{8.34}$$

また，並列接続なのでコイル 1 と 2 の両端の電位差は端子間の S_1 と S_2 の電位差 $V[\text{V}]$ と同じになるはずですから，次の式が成り立ちます．

$$V = V_1 = V_2 \tag{8.35}$$

次に，式 (8.34) の電流の式の両辺を時間 t で微分すると，次の式が成り立ちます．

$$\frac{dI}{dt} = \frac{dI_1}{dt} + \frac{dI_2}{dt} \tag{8.36}$$

この式の右辺を，式 (8.33a,b) を使って書き換えると，次の式が得られます．

$$\frac{dI_1}{dt} + \frac{dI_2}{dt} = -\left(\frac{E_{e1}}{L_1} + \frac{E_{e2}}{L_2}\right) \tag{8.37}$$

図 8.10 に示した回路図では，コイル 1 と 2 の起電力の E_{e1} と E_{e2} は端子間の S_1 と S_2 の電位差 $V[\text{V}]$ と等しくなくてはならないので，$E_{e1} = E_{e2} = V$ の関係が成り立ちます．したがって，式 (8.36) で表される電流の変化 dI/dt は，次のようになります．

$$\frac{dI}{dt} = -\left(\frac{E_{e1}}{L_1} + \frac{E_{e2}}{L_2}\right) = -V\left(\frac{1}{L_1} + \frac{1}{L_2}\right) \tag{8.38}$$

また，合成インダクタンスを L とすると，L による起電力 E_e は次のようになります．

$$E_e = -L\frac{dI}{dt} \tag{8.39}$$

起電力 E_e は端子間の S_1 と S_2 の電位差 $V[\text{V}]$ と等しくなるので，この式 (8.39) から dI/dt を求めて式 (8.38) に代入し，$E_e = V$ の関係を使うと，次の式が得られます．

$$\frac{1}{L} = \frac{1}{L_1} + \frac{1}{L_2} \tag{8.40}$$

以上の結果，相互インダクタンスが働く場合には，これを考慮しなければなりませんが，インダクタンスの直列接続や並列接続は基本的には抵抗の接続の場合と同じような規則に従うことがわかります．

8.3.4 ソレノイドのインダクタンス

ソレノイドには 7.2.2 項に述べたように，棒状のものと環状のものがあります．ここでは棒状のソレノイドとして無限長のソレノイドと環状ソレノイドをとりあげ，自己インダクタンスを求めておきましょう．

▶無限長ソレノイドの自己インダクタンス

棒状ソレノイドでは無限長のものがよく扱われますが，この理由は磁界や磁束などをすっきりした数式に表すためです．コイルの半径に比べてソレノイドの長さが十分長ければ，実際には無限長でなくても，無限長の場合の計算結果の数式が使えます．

さて，ここで扱う無限長のソレノイドをコイルの巻数が単位長さ (1[m]) あたり n 回，断面積が $S[\mathrm{m}^2]$ とすることにします．この条件でソレノイドのコイルに $I[\mathrm{A}]$ の電流を流したときに発生する磁界の大きさ H は次のようになります．すなわち，7.2.3 項の式 (7.17) に示したように巻数が n のソレノイドの磁界の大きさ H は次の式で表されます．

$$H = nI[\mathrm{A/m}] \tag{8.41a}$$

ですから，磁束密度の大きさ B は $\boldsymbol{B} = \mu_0 \boldsymbol{H}$ の関係を使うと次のようになります．

$$B = \mu_0 nI[\mathrm{Wb/m}^2] \tag{8.41b}$$

ソレノイドの磁束の大きさ Φ_m はコイルの断面積が S なので，磁束密度の大きさ B に S を掛けて次の式で与えられます．

$$\Phi_\mathrm{m} = BS = \mu_0 nIS[\mathrm{Wb}] \tag{8.42}$$

したがって，ソレノイドの単位長さあたりの鎖交磁束 ψ_ms は，巻数が単位長さあたり n 回なので，式 (8.7) に従って次の式で表されます．

$$\psi_\mathrm{ms} = n\Phi_\mathrm{m} = \mu_0 n^2 IS[\mathrm{Wb}] \tag{8.43}$$

以上でソレノイドの鎖交磁束 ψ_ms がわかったのでこれを使うと，単位長さあた

りの無限長のソレノイドの自己インダクタンス L は，次の式で求まることがわかります．

$$L = \frac{\psi_{\mathrm{ms}}}{I} = \mu_0 n^2 S [\mathrm{H}] \tag{8.44}$$

▶環状ソレノイドの自己インダクタンス

環状ソレノイドの磁界の大きさ H はリングの一周の長さが $l[\mathrm{m}]$，コイルの巻数が N 回ならば，7.2.3 項の式 (7.18b) で示したように，巻数と電流の積 NI を長さ $l(=2\pi r)$ で割った次の式

$$H = \frac{NI}{l} [\mathrm{A/m}] \tag{8.45}$$

で与えられます．この関係を使うと，磁束密度の大きさ B は，$\boldsymbol{B} = \mu_0 \boldsymbol{H}$ だから次のようになります．

$$B = \frac{\mu_0 NI}{l} [\mathrm{Wb/m^2}] \tag{8.46}$$

すると磁束 Φ_{m} は $\Phi_{\mathrm{m}} = BS = (\mu_0 NIS)/l[\mathrm{Wb}]$ となるので，鎖交磁束 ψ_{ms} は磁束 Φ_{m} にコイルの巻数 N を掛けて，次の式で与えられます．

$$\psi_{\mathrm{ms}} = N\Phi_{\mathrm{m}} = \frac{\mu_0 N^2 IS}{l} [\mathrm{Wb}] \tag{8.47}$$

したがって，環状ソレノイドの自己インダクタンス L は鎖交磁束を電流 I で割って，次の式で与えられます．

$$L = \frac{\mu_0 N^2 S}{l} [\mathrm{H}] \tag{8.48}$$

8.3.5 コイルに蓄えられる磁気エネルギー

これまで述べてきたように，コイルを流れる電流が変化すると逆起電力が発生します．これはコイルがインダクタンスを持つからだとされています．だから，インダクタンスを持つ電気回路の電流を増加させたとすると，逆起電力が発生するので，これに抗して電流をさらに増加させるには，コイルに仕事をする必要があります．そして，この仕事はコイルに流れる電流によってコイルの周辺（に発生している）磁界に磁気エネルギーとして蓄えられます．

いま，自己インダクタンス $L[\mathrm{H}]$ を持つコイルに流れている電流 $I[\mathrm{A}]$ が変化して逆起電力 E_{e} が発生したとすると，E_{e} はすでに書いたように次の式で表されます．

$$E_\mathrm{e} = -L\frac{\mathrm{d}I}{\mathrm{d}t}[\mathrm{V}] \tag{8.49}$$

この逆起電力 E_e に逆らって電荷 $\mathrm{d}q[\mathrm{C}]$ を運ぶためになされる仕事 $\mathrm{d}W$ は，次の式で与えられます．

$$\mathrm{d}W = -E_\mathrm{e}\mathrm{d}q = L\frac{\mathrm{d}I}{\mathrm{d}t}\mathrm{d}q[\mathrm{J}] \tag{8.50}$$

式 (8.50) において，$(\mathrm{d}I/\mathrm{d}t)\mathrm{d}q$ を $(\mathrm{d}q/\mathrm{d}t)\mathrm{d}I$ と書き換え，かつ，$\mathrm{d}q/\mathrm{d}t$ が電流 I になることを使うと，式 (8.50) は次のように書けます．

$$\mathrm{d}W = LI\mathrm{d}I[\mathrm{J}] \tag{8.51}$$

この式 (8.51) を使うと，自己インダクタンス L を持つコイルに流れる電流を，0 から I まで増加させるために必要な仕事は，式 (8.51) を電流 I について，0 から I まで積分した次の式で与えられます．

$$W = L\int_0^I I\mathrm{d}I = \frac{1}{2}LI^2[\mathrm{J}] \tag{8.52}$$

式 (8.52) で与えられるエネルギー W は磁気エネルギーとして自己インダクタンス L を持つコイルの周辺に作られている磁界の中に蓄えられます．実際上は電流が流れているコイルに磁界が発生しているので，エネルギー W はコイルに蓄えられることになります．

4 章において静電容量 C のコンデンサに次の式

$$W = \frac{1}{2}CV^2[\mathrm{J}] \tag{8.53}$$

で表されるエネルギーが蓄えられると述べましたが，コンデンサに蓄えられるエネルギーとコイル (厳密にはコイル近傍の磁界) に蓄えられるエネルギーの間には大きな違いがあります．

なぜかと言いますと，コンデンサに蓄えられるエネルギーはコンデンサに印加された電圧が除かれても蓄えられたままに保持されますが，コイルに蓄えられたエネルギーは電流 I が流れなくなると磁界が消滅するので，エネルギーも消失します．実際上はコイルに蓄えられていたエネルギーは電流が切れた途端に放電したり，回路中の抵抗成分によるジュール損となったりして失われます．

8.4 変圧器

ファラデーが発見した電磁誘導現象は発電機と共に，変圧器で使われています．発電所から送電線で送られてくる高電圧の電気はそのままでは普通の家庭では使えません．この高電圧の電気を普通に使える低い電圧に変換する装置が変圧器です．変圧器の基本構造は図 8.11 に示すようになっていますが，ここでは変圧器の原理について簡単に説明しておくことにします．

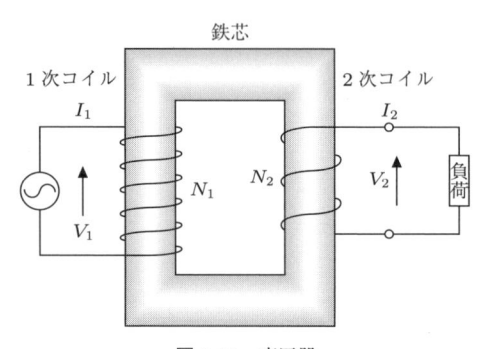

図 8.11 変圧器

図 8.11 に示す変圧器では交流電源から送られてくる高電圧の 1 次電圧 V_1 の電気を左側の 1 次コイルに導入し，これを低電圧の 2 次電圧 V_2 に変換して右側の 2 次コイルから取り出すようになっています．

ここでは理想的な変圧器を仮定することにして，漏れ磁束などはないものと仮定します．すると 1 次コイルを貫く磁束 Φ_m は，図 8.11 に示す鉄芯を通って (漏れることなく) そのまま 2 次コイルを貫くものと仮定できます．

このように仮定すると，1 次電圧 V_1 と 2 次電圧 V_2 は，共に起電力になりますから，1 次コイルと 2 次コイルの巻数をそれぞれ N_1, N_2 ($N_1 > N_2$) として，電磁誘導の式を使って次のように表されます．

$$V_1 = N_1 \frac{\mathrm{d}\Phi_\mathrm{m}}{\mathrm{d}t} [\mathrm{V}] \tag{8.54a}$$

$$V_2 = N_2 \frac{\mathrm{d}\Phi_\mathrm{m}}{\mathrm{d}t} [\mathrm{V}] \tag{8.54b}$$

これらの式 (8.54a,b) を使うと，1次電圧 V_1 と 2 次電圧 V_2 の比は，1 次コイルと 2 次コイルのそれぞれの巻数 N_1 と N_2 を使って，次の式で表されます．

$$\frac{V_1}{V_2} = \frac{N_1}{N_2} > 1 \tag{8.55}$$

また，1 次コイルと 2 次コイルを流れる電流を I_1, I_2 とすると，1 次側および 2 次側の電力 P_1 と P_2 は次の式で表されます．

$$P_1 = V_1 I_1 \tag{8.56a}$$

$$P_2 = V_2 I_2 \tag{8.56b}$$

1 次側と 2 次側の電力 P_1 と P_2 はエネルギーの保存則から等しいので，式 (8.55) を用いると，式 (8.56a,b) より次の関係式が得られます．

$$\frac{I_2}{I_1} = \frac{V_1}{V_2} = \frac{N_1}{N_2} > 1 \tag{8.57}$$

したがって，1 次コイルを流れる電流 I_1 と 2 次コイルを流れる電流 I_2 の比は，それぞれの電圧の比の逆になります．ですから，2 次コイルでは電圧 V_2 は低 (小さ) くなりますが，電流 I_2 は大きくなります．変圧器を使うことによって高電圧を使って少量の電流で送電されてきた電気が，使いやすい低い電圧で大量の電流として使えるようになっているのです．

演 習 問 題

8.1 半径 a が $a = 0.1$[m] で巻数 $n = 1$ の円形コイルがある．このコイルを一様に貫いている磁束密度の大きさ B が $B = B_0 \cos \omega t, \omega = 2\pi f$ で変化するとして，このコイルに誘導される起電力 E_e を求めよ．なお，$B_0 = 0.2$[T]，周波数 f は $f = 50$[Hz] とせよ．

8.2 本文の図 8.4 に示すように，半径 $a = 0.1$[m]，巻数 $N = 5$ の円形コイルが，磁束密度 $B_0 = 0.1$[T] の一様で一定な磁界の中で，磁界の方向に直角な軸のまわりに角速度 $\omega = 314$[rad/s] で回転しているとき，このコイルの両端に誘導される起電力を求めよ．

8.3 磁束密度 $B = 0.6$[T] が一様な磁界中で，磁界の方向と直角に長さ $l = 0.5$[m] の直線状導体を速度 $v = 10$[m/s] で運動させたとき，この導体の両端に発生する起電力はいくらか？

8.4 本文の図 8.3 に示すように，磁束密度が $B = 0.2$[T] の一様で一定な磁界中で，長

さ $l = 1$[m] の直線状の導体を磁界と $45°$ 傾けて速度 $v = 10$[m/s] で運動させたという．この導体の両端に誘起される起電力を求めよ．

8.5 巻数 $N = 20$ のコイルに $I = 4$[A] の電流を流したところ，$\Phi_\mathrm{m} = 6 \times 10^{-3}$[Wb] の磁束が発生したという．このコイルの自己インダクタンス L はいくらになるか．

8.6 巻数 $N = 300$，自己インダクタンス $L = 0.01$[H] のコイルがある．このコイルに 3[A] の電流を流したときのコイルの両面を通り抜ける磁束 Φ_m を求めよ．

8.7 巻数 $N = 2000$，面積 $S = 6 \times 10^{-4}$[m^2]，リングの一周の長さ $l = 0.4$[m] の環状ソレノイドがある．この環状ソレノイドの自己インダクタンス L を求めよ．なお，透磁率は $\mu_0 = 4\pi \times 10^{-7}$[H/m] とせよ．

8.8 相互インダクタンス M が 0.7[H] の 2 個のコイルがある．コイル 1 の電流 I が 0.1[s] の間に 0.1[A] から 1[A] まで変化したという．このときコイル 2 に発生する起電力はいくらか？

8.9 二つのコイル 1 と 2 があり，それぞれの自己インダクタンスが L_1[H]，L_2[H]，相互インダクタンスが M[H] だという．いま，コイル 1 と 2 に，それぞれ I_1 と I_2 の電流を流したとして，二つのコイルに蓄えられる磁気エネルギー W が，次の式で表されることを示せ．

$$W = \frac{1}{2}L_1 I_1^2 + \frac{1}{2}L_2 I_2^2 \pm M I_1 I_2 \tag{M8.1}$$

Chapter 9

変動電流回路で起こる電気現象

　この章では，変動電流と変動電流回路に関わる現象について説明することにします．代表的な変動電流である交流については部分的にすでに述べましたが，ここではまず基本的な交流回路を使ってリアクタンスとインピーダンスについて説明します．このあと，交流回路で起こる共振現象についてその原理と現象を述べます．最後に，直流電流を流したときに電流が短時間流れる過渡現象を，抵抗 R とコンデンサ C の回路である R-C 回路と，抵抗 R とインダクタンス L の回路である R-L 回路の場合について説明することにします．

9.1 交流と交流回路の基本

9.1.1 交流と抵抗，コイル，コンデンサの関係

　交流は，8.1.3 項でコイルに発生する起電力の説明において出てきましたが，時間的に変動する電流です．交流では時間変動が三角関数の正弦波を使って表されます．交流を供給する電源が交流電源ですが，交流電源を使った電気回路では回路素子として抵抗 R の他に，コイルとコンデンサ (キャパシタンスともいう) が使われます．

　ここで，図 9.1 に示すように，交流電源に抵抗 R，コイル (インダクタンス L)，

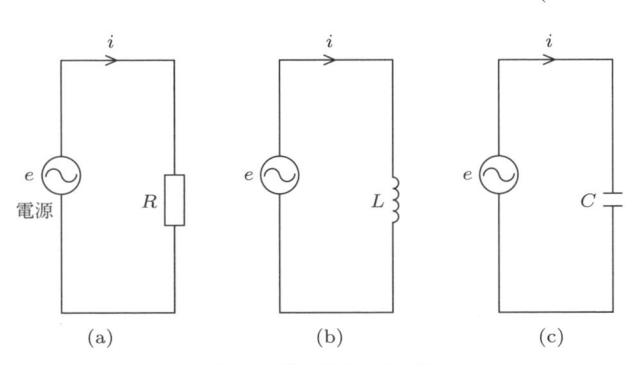

図 9.1　基本的な交流回路

コンデンサ (静電容量 C) を1個ずつつないだ基本的な交流回路を使って，これらの回路素子と交流との関係をまず調べておくことにします．

▶抵抗を使った回路における電流と電圧

図 9.1(a) に示すように，抵抗 R だけを使った回路に振幅が V_m の正弦波の交流電圧 $e = V_\mathrm{m} \sin \omega t [\mathrm{V}]$ を加えると，オームの法則に従って，この回路を流れる電流 i は次の式で表されます．

$$i = \frac{e}{R} = \frac{V_\mathrm{m}}{R} \sin \omega t = I_\mathrm{m} \sin \omega t [\mathrm{A}] \tag{9.1}$$

ここで，$I_\mathrm{m} = V_\mathrm{m}/R$ としましたが，この I_m は電流 i の振幅です．交流電圧 e と式 (9.1) で表される交流電流 i を図に描くと，図 9.2 に示すようになります．ですから，負荷が抵抗 R だけの場合には電圧と電流は同位相になります．このとき抵抗 R による電圧降下で発生する逆起電力 e_R は，次の式で表されます．

$$e_R = iR [\mathrm{V}] \tag{9.2}$$

また，交流の場合の電力 P は形式的には，ここで示した電圧 e と電流 i を使うと，次の式

$$P = ei = V_\mathrm{m} I_\mathrm{m} \sin^2 \omega t [\mathrm{W}] \tag{9.3}$$

で表すことができます．しかし，式 (9.3) で表される電力 P は，ωt の値が 0 から π まで変化するので，電力 P も 0 から $V_\mathrm{m} I_\mathrm{m}$ まで変化してしまいます．だから，式 (9.3) で表される電力 P は時間 t で変化するそのときどきの瞬間的な電力ということになります．

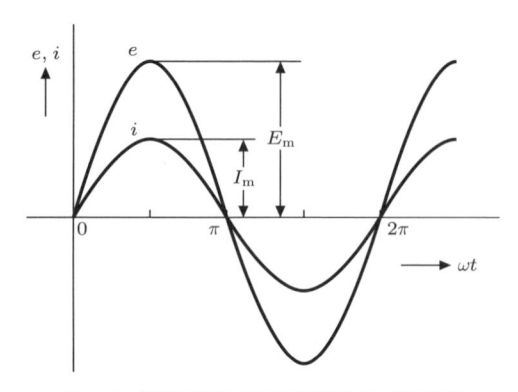

図 9.2 抵抗回路における交流電圧と交流電流

そこで，$\sin^2 \omega t$ の時間平均の値が $1/2$ になることを使って，電流と電圧として次の式

$$V_e = \frac{1}{\sqrt{2}} V_m [\text{V}], \quad I_e = \frac{1}{\sqrt{2}} I_m [\text{A}] \tag{9.4}$$

で表される電圧と電流の実効値の V_e と I_e を使い，電力 P は次の式で表されるのが慣例です．

$$P = V_e I_e [\text{W}] \tag{9.5}$$

だから，交流の振幅 V_m と I_m を使うと電力は $P = (1/2) V_m I_m [\text{W}]$ となります (演習問題 9.1 参照)．

▶コイルを使った回路における電流と電圧

次に，図 9.1(b) に示す回路に前と同じく交流電圧 e を加えると，コイルのインダクタンスを L として，この回路素子の両端に現れる逆起電力 e_L は，次の式で表されます．

$$e_L = L \frac{di}{dt} [\text{V}] \tag{9.6}$$

図 9.1(b) の回路では e_L は電源電圧の e と等しくなるので，$e = V_m \sin \omega t$ を使って次の関係が成立します．

$$V_m \sin \omega t = L \frac{di}{dt} [\text{V}] \tag{9.7}$$

電流 i はこの式 (9.7) を使って時間 t で積分して，次の式で得られます．

$$i = \frac{V_m}{L} \int \sin \omega t \, dt = -\frac{V_m}{\omega L} \cos \omega t = \frac{V_m}{\omega L} \sin \left(\omega t - \frac{\pi}{2} \right) \tag{9.8}$$

この式 (9.8) は，電流の振幅を $(V_m / \omega L) = I_m$ とおくと，次のようになります．

$$i = I_m \sin \left(\omega t - \frac{\pi}{2} \right) \tag{9.9}$$

したがって，コイルを使った交流回路の場合には，電流 i の位相が $\pi/2$ だけ遅れることがわかります．

また，式 (9.8) にある ωL は誘導リアクタンスと呼ばれ，これを表す記号には X_L が使われるので，X_L は次のように表記されます．

$$X_L = \omega L [\Omega] \tag{9.10}$$

すると，V_m と I_m の比 V_m / I_m は ωL だから，$V_m / I_m = X_L$ と書けます．この誘導リアクタンス X_L は直流回路における抵抗に相当します．

▶コンデンサを使った回路における電流と電圧

最後に,図 9.1(c) に示すように交流電源にコンデンサ (静電容量 C) のみをつないだ交流回路では,電流が流れるとコンデンサに電荷が蓄えられます.この電荷を q[C] とすると,コンデンサの両端に加わる電圧は電源電圧の e になるので,これを使ってコンデンサに蓄えられる電荷 q は次の式で表されます.

$$q = Ce [\text{C}] \tag{9.11}$$

この式 (9.11) を使うと,電流 i は電荷 q を時間 t で微分して,次の式で与えられます.

$$i = \frac{dq}{dt} = C\frac{de}{dt} = \omega C V_m \cos \omega t = \omega C V_m \sin\left(\omega t + \frac{\pi}{2}\right) [\text{A}] \tag{9.12}$$

ここで,$\omega C V_m = I_m$ とおくと,i は次の式で表されます.

$$i = I_m \sin\left(\omega t + \frac{\pi}{2}\right) [\text{A}] \tag{9.13}$$

したがって,コンデンサを接続した場合には電流 i の位相が $\pi/2$ だけ進むことになります.

また,$1/(\omega C)$ を次のように

$$X_C = \frac{1}{\omega C} [\Omega] \tag{9.14}$$

とおいて,X_C は容量リアクタンスと呼ばれます.この場合にはコンデンサによる逆起電力 e_C は電源電圧の e と等しくなり,次の式になります.

$$e_C = e = V_m \sin \omega t [\text{V}] \tag{9.15a}$$

この式 (9.15a) の e_C と e は式 (9.12) の $de/dt (= i/C)$ を t で積分して,次の式でも表されます.

$$e = e_C = \frac{1}{C}\int i\,dt [\text{V}] \tag{9.15b}$$

9.1.2 抵抗 R,インダクタンス L,およびコンデンサ C を使った回路のインピーダンス

ここでは,抵抗 R,コイル (インダクタンス L),およびコンデンサ (静電容量 C) の 3 個の回路素子を,図 9.3 に示すように直列につないだ交流回路の電流と電圧を調べることにします.この場合には,L, C があるために電流や電圧に位相差

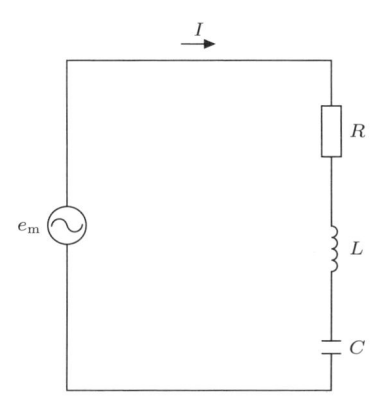

図 9.3 RLC 直列回路

が現れるのでこれを ϕ で表すことにすると，電流 i は次の式で表されます．

$$i = I_\mathrm{m} \sin(\omega t - \phi)\,[\mathrm{A}] \tag{9.16}$$

式 (9.16) で表される電流 i が回路に流れたときの，R, L, C の両端の電位差はそれぞれの逆起電力 e_R, e_L, e_C に等しくなるので，これらはそれぞれ，式 (9.2)，式 (9.6)，および式 (9.15b) で表されます．したがって，電源から供給される電源の交流電圧 e はこれらの逆起電力の和に等しくなるので，次の式が成立します．

$$e = e_R + e_L + e_C = iR + L\frac{\mathrm{d}i}{\mathrm{d}t} + \frac{1}{C}\int i\,\mathrm{d}t\,[\mathrm{V}] \tag{9.17}$$

この式に，$e = V_\mathrm{m}\sin\omega t$, $i = I_\mathrm{m}\sin(\omega t - \phi)$ を代入して計算すると，次の関係式が得られます．

$$\begin{aligned}V_\mathrm{m}\sin\omega t &= RI_\mathrm{m}\sin(\omega t - \phi) + \omega L I_\mathrm{m}\cos(\omega t - \phi) - \frac{I_\mathrm{m}}{\omega C}\cos(\omega t - \phi)\,[\mathrm{V}]\\ &= I_\mathrm{m}\{R\sin(\omega t - \phi) + \left(\omega L - \frac{1}{\omega C}\right)\cos(\omega t - \phi)\}[\mathrm{V}]\end{aligned} \tag{9.18}$$

この式は ωt の値がどんな値をとっても成り立つので，$\omega t = 0$ と $\omega t = \pi/2$ の場合について V_m と I_m の関係を調べると次のようになります．

$\omega t = 0$ のとき：式 (9.18) に $\omega t = 0$ を代入して計算すると次の式が得られます．

$$0 = I_\mathrm{m}\left\{-R\sin\phi + \left(\omega L - \frac{1}{\omega C}\right)\cos\phi\right\} \tag{9.19}$$

$\omega t = \pi/2$ のとき：式 (9.18) に $\omega t = \pi/2$ を代入すると，同様にして次の式が得られます．

$$V_{\mathrm{m}} = I_{\mathrm{m}} \left\{ R \sin\left(\frac{\pi}{2} - \phi\right) + \left(\omega L - \frac{1}{\omega C}\right) \cos\left(\frac{\pi}{2} - \phi\right) \right\}$$

$$= I_{\mathrm{m}} \left\{ R \cos\phi + \left(\omega L - \frac{1}{\omega C}\right) \sin\phi \right\} \tag{9.20}$$

この式 (9.20) を使うと電流の振幅 I_{m} として，次の式が得られます．

$$I_{\mathrm{m}} = \frac{V_{\mathrm{m}}}{R \cos\phi + (\omega L - 1/\omega C) \sin\phi} \tag{9.21}$$

式 (9.21) の右辺の分母の項は交流回路の抵抗成分を表していますので，これを $R_{交流}$ とおくと，交流回路の抵抗成分として次の式が得られます．

$$R_{交流} = R \cos\phi + \left(\omega L - \frac{1}{\omega C}\right) \sin\phi \tag{9.22}$$

次に，この抵抗成分の $R_{交流}$ の絶対値を Z とおくと，Z は次の式で表されます．

$$Z = \sqrt{R^2 + \left(\omega L - \frac{1}{\omega C}\right)^2} \, [\Omega] \tag{9.23}$$

この式 (9.23) で表される Z はインピーダンスと呼ばれています．また，式 (9.16) の電流 i の式に導入した位相 ϕ は，式 (9.19) の関係を使うと，$\tan\phi$ が次の式

$$\tan\phi = \frac{\sin\phi}{\cos\phi} = \frac{\omega L - 1/\omega C}{R} \tag{9.24}$$

で表されるので，ϕ は次の式で与えられます．

$$\phi = \tan^{-1}\left(\frac{\omega L - 1/\omega C}{R}\right) \tag{9.25}$$

9.2 共振現象

図 9.3 に示す，回路素子 R, L, C を直列につないだ交流回路では，式 (9.21) で表される電流の振幅 I_{m} は，インピーダンス Z を使って，次の式

$$I_{\mathrm{m}} = \frac{V_{\mathrm{m}}}{Z} = \frac{V_{\mathrm{m}}}{\sqrt{R^2 + (\omega L - 1/\omega C)^2}} \tag{9.26}$$

で表されます．だから，電流の振幅 I_{m} は角周波数 (角速度) ω に対して図 9.4 に示すように変化し，角周波数 ω の特定の値 ω_0 で急に増大する現象が起きます．これが L と C を直列につないだ交流回路で起こる共振現象です．

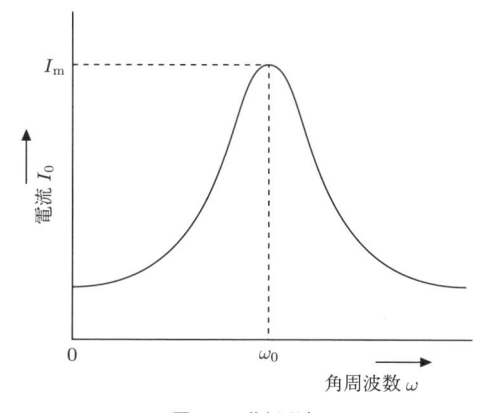

図 9.4 共振現象

式 (9.26) で表される電流の振幅 I_m はインピーダンスの Z が最小の値をとるときに最大になりますが，このとき振動数 ω に関しては式 (9.26) から，次の式が成り立つことがわかります．

$$\omega L - \frac{1}{\omega C} = 0 \tag{9.27}$$

この式を ω について解いて，解を ω_0 とおくと，ω_0 として次の式が得られます．

$$\omega_0^2 = \frac{1}{LC} \quad \therefore \omega_0 = \frac{1}{\sqrt{LC}} [\text{Hz}] \tag{9.28}$$

この式 (9.28) で与えられる ω_0 は共振角周波数と呼ばれます．また，共振周波数 f を f_0 とすると，$2\pi f = \omega$ の関係より，共振周波数 f_0 は，次の式で与えられます．

$$f_0 = \frac{1}{2\pi\sqrt{LC}} [\text{Hz}] \tag{9.29}$$

9.3 過 渡 現 象

9.3.1 過渡現象の起こる理由

これまで説明してきたようにコンデンサに電流を流すと電荷がたまり，電気エネルギーが蓄積されます．また，電流を流している間に限られますが，コイルに電流が流れると磁気エネルギーが蓄えられます．このようにエネルギーの蓄えられる回路では，回路に電圧を加える (オンにする) とか回路から電圧を取り除く，つまり電圧をオフにするなどしても回路は直ちには平衡状態になれません．すな

わち，これらの回路が平衡状態になるにはある程度の時間が必要です．

このように，コンデンサやコイルを含む回路は電源をオンまたはオフにしたときに，平衡状態になって落ち着くまでに時間を要しますが，この間にある程度の電流が流れます．コンデンサやコイルを含む回路において，この短い時間に流れる電流は過渡電流と呼ばれ，このような電流の流れる現象は過渡現象と呼ばれます．

9.3.2 R-C 回路

図 9.5 に示すように，抵抗 R とコンデンサ C で構成される R-C 回路において，スイッチ S を閉じて直流電圧を加えると，回路に電流 i が流れ逆起電力が発生します．そして，抵抗 R とコンデンサ C の両端の電位差はそれぞれ式 (9.2) と (9.15b) で表されるので，電源から供給される電源電圧 E_e との間に，次の式が成り立ちます．

$$E_e = iR + \frac{1}{C}\int i\,dt [\text{V}] \tag{9.30}$$

ここで，コンデンサに蓄えられる電荷を q とすると，q は電流 i を時間 t で積分して次の式で求まります．

$$q = \int i\,dt \tag{9.31}$$

この式より電流 i は電荷 q を使って，次の式で表すことができます．

$$i = \frac{dq}{dt} \tag{9.32}$$

式 (9.32) で表される電流 i と式 (9.31) の関係を使うと，式 (9.30) は次のよう

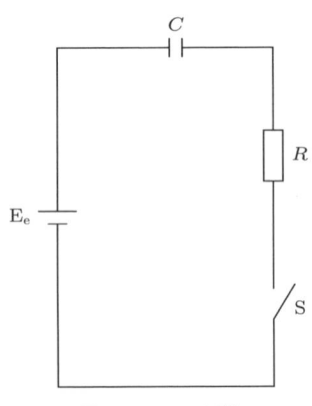

図 9.5 R-C 回路

に書けます．

$$E_e = R\frac{dq}{dt} + \frac{1}{C}q [\text{V}] \tag{9.33a}$$

この式の両辺に C を掛けて書き改めると，まず次の式ができます．

$$-RC\frac{dq}{dt} = q - CE_e \tag{9.33b}$$

続いて，この式 (9.33b) の両辺に $dt/\{RC(q-CE_e)\}$ を掛けると，次の式ができます．

$$\frac{1}{CE_e - q}dq = \frac{1}{RC}dt \tag{9.33c}$$

式 (9.33c) の左辺を q で，右辺は t で積分して，積分定数を C_C とすると，底が e の自然対数 $\ln$ を使って，次の式が得られます．

$$\ln(CE_e - q) = -\frac{1}{RC}t + C_C \tag{9.34}$$

図 9.5 に示した回路ではスイッチを閉じたときを $t=0$ とすると，$t=0$ のときには電荷は蓄積されていませんので $q=0$ となり，この条件を式 (9.34) に代入して積分定数 C_C を求めると，C_C は次のように求まります．

$$C_C = \ln(CE_e) \tag{9.35}$$

次に，この式 (9.35) を式 (9.34) に代入して，$RC = \tau$ で表される，時定数と呼ばれる τ（タウ）を使うと，次の式が得られます．

$$\ln(CE_e - q) - \ln(CE_e) = -\frac{1}{\tau}t \tag{9.36}$$

この式 (9.36) を使うと，時間 t の間にコンデンサに蓄積される電荷 q は，次の式で与えられます．

$$q = CE_e(1 - e^{-\frac{1}{\tau}t}) [\text{C}] \tag{9.37}$$

式 (9.37) を時間 t で微分して電流 i を求めると，i は次のようになります．

$$i = \frac{dq}{dt} = \frac{CE_e}{RC}e^{-\frac{1}{\tau}t} = \frac{E_e}{R}e^{-\frac{1}{\tau}t} [\text{A}] \tag{9.38}$$

式 (9.37) で表される電荷 q と式 (9.38) で表される電流 i の時間変化は図 9.6(a) に示すようになります．すなわち，スイッチをオンにしてから短時間の間は電流 i は減少し，電荷 q は増大する過渡現象が起こります．

(a) 充電のとき

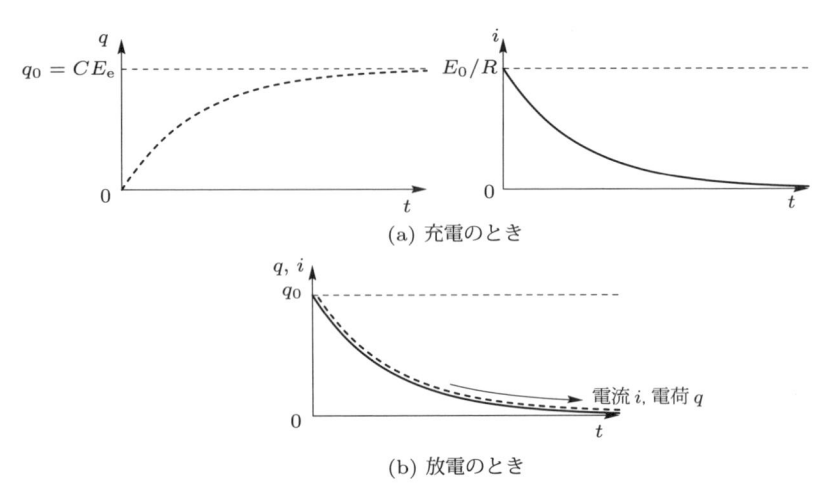

(b) 放電のとき

図 9.6　R-C 回路の過渡現象

　以上はコンデンサが充電される場合の電荷 q と電流 i の時間変化でしたが，次に充電されたコンデンサから電流が放電される場合を考えましょう．いま，電荷 q_0 が蓄えられたコンデンサを抵抗 R とつないで閉回路を作り，スイッチを閉じる（オンにする）と蓄えてある電荷の放電が起こり，逆の現象が起こります．すなわち，（詳細は省略しますが）このときの電荷 q の時間変化は次の式で表されます．

$$q = q_0 e^{-\frac{1}{\tau}t} [\text{C}] \tag{9.39}$$

また，電流 i はこの式の q を時間で微分して，次の式で表されます．

$$i = \frac{dq}{dt} = -\frac{q_0}{RC} e^{-\frac{1}{\tau}t} [\text{A}] \tag{9.40}$$

ですから，コンデンサが放電する場合には，図 9.6(b) に示すように電荷 q は q_0 から減少し，電流 i も減少します．ただ，電流の流れる方向は充電の場合とは逆方向になります．以上のようにコンデンサの充電や放電のときに短時間過渡電流が流れます．

9.3.3　R-L 回路

　次に，図 9.7 に示すような抵抗 R とインダクタンスが L のコイルで構成される R-L 回路で起こる過渡現象を考えましょう．いま，図 9.7 に示す R-L 回路のスイッチ S を閉じて直流電圧 E_e を加えると，抵抗 R とコイル L の両端に現れる

9.3 過渡現象

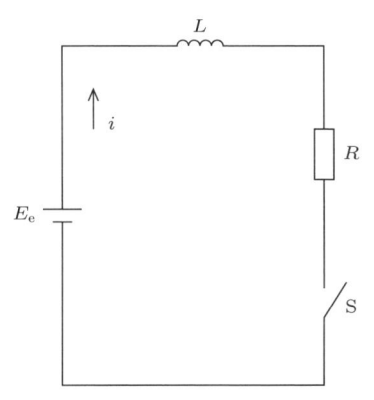

図 9.7 R-L 回路

電位差は，式 (9.2) と式 (9.6) で表されるので，これらの和は電源電圧 E_e との間に，次の関係が成り立ちます．

$$E_\mathrm{e} = iR + L\frac{\mathrm{d}i}{\mathrm{d}t}[\mathrm{V}] \tag{9.41}$$

この式 (9.41) を，前の 9.3.2 項で行ったのと同様にして変形すると，次の式が得られます．

$$-\frac{R}{E_\mathrm{e} - iR}\mathrm{d}i = -\frac{R}{L}\mathrm{d}t \tag{9.42}$$

得られた式 (9.42) の両辺を，9.3.2 項の場合と同じように，左辺は電流 i で，右辺は時間 t で積分すると，積分定数を C_C として，次の式が得られます．

$$\ln(E_\mathrm{e} - iR) = -\frac{R}{L}t + C_C \tag{9.43}$$

この場合にも，スイッチを入れた (オンにした) $t=0$ のとき電流 i は 0 だから，この条件を上の式 (9.43) に代入して積分定数 C_C を求めると，C_C は次のように決まります．

$$C_C = \ln E_\mathrm{e} \tag{9.44}$$

すると，この関係を使って，式 (9.43) は次のように書けます．

$$\ln(E_\mathrm{e} - iR) - \ln E_\mathrm{e} = \ln\left(\frac{E_\mathrm{e} - iR}{E_\mathrm{e}}\right) = -\frac{R}{L}t \tag{9.45a}$$

この式 (9.45a) の後の方の等式から，次の関係が得られます．

$$\frac{E_\mathrm{e} - iR}{E_\mathrm{e}} = e^{-\frac{R}{L}t} \tag{9.45b}$$

したがって，この式 (9.45b) から電流 i を求めると i は次の式で与えられます．

$$i = \frac{E_e}{R}(1 - e^{-\frac{R}{L}t}) \tag{9.46a}$$

この場合の時定数 τ は $\tau = L/R$ となるので，τ を使うと式 (9.46a) は次のように書けます．

$$i = \frac{E_e}{R}(1 - e^{-\frac{1}{\tau}t}) \tag{9.46b}$$

R-L 回路の場合には電流 i のスイッチを入れた直後の時間変化は図 9.8 に示すようになります．したがって，R-L 回路の過渡電流 i はスイッチを入れた直後のごく短時間に増えたあと飽和して一定になります．

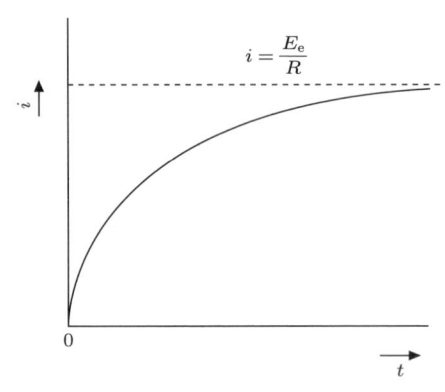

図 9.8 R-L 回路の過渡電流

演 習 問 題

9.1 抵抗 R だけを使った交流回路における交流電流 $I_m \sin \omega t$ と交流電圧 $V_m \sin \omega t$ の積は形式的には電力 P になり，計算すると $P = V_m I_m \sin^2 \omega t$ となる．この式で表される電力 P は，ある時間 t における瞬間的な電力しか表さないので，普通電力 P としては，時間平均で表される $P = (1/2)V_m I_m$ が使われる．電力 P の時間平均がこの式で表されることを計算して示せ．

9.2 インダクタンス L の値を 0.1[H] として，誘導リアクタンス X_L の値を求めよ．ただし，交流の周波数 f は 50[Hz] とせよ．

9.3 コンデンサの静電容量 C の値を 2[μF] として，容量リアクタンス X_C の値を求めよ．ただし，交流の周波数 f は 50[Hz] とせよ．

演習問題

9.4 静電容量 C が $5[\mu F]$ のコンデンサに周波数 f が $50[Hz]$ で,実効値 V_e が $100[V]$ の正弦波交流電圧を加えた場合に,コンデンサに流れる電流の実効値 I_e を求めよ.

9.5 静電容量 C が $2[\mu F]$ のコンデンサと,$100[\Omega]$ の抵抗 R で構成される R-C 回路に流れる電流の時定数 τ の値はいくらになるか?

9.6 抵抗 $R(=10[\Omega])$ とインダクタンス $L(=1[H])$ で構成される R-L 直列回路に,$100[V]$ の直流電圧を加えたという.電圧を加えてから $0.1[s]$ 後の電流 i の値を求めよ.ただし,ネイピア数 e の値は 2.72 とせよ.

9.7 インダクタンス L が $10[mH]$ のコイルと静電容量 C が $1[\mu F]$ のコンデンサを直列に接続した交流回路がある.この回路の共振周波数 f_0 はいくらか?

Chapter 10

電磁波とマクスウェル方程式

　この章のテーマである電磁波とマクスウェル方程式は共にマクスウェルの業績で，電磁気学ではとくに重要な事項です．この章では変位電流が重要な役割を果たすので，変位電流が導入された経緯を簡単に述べたあと，変位電流がコンデンサにも流れる電流であることを説明して，親しみやすくすると共にその重要性を明らかにします．続いて電磁波の発生と伝送について実際的な面から見ておきます．最後にマクスウェル方程式を提示し，その物理的な内容を説明すると共に，マクスウェルが予言した電磁波をマクスウェル方程式から導く過程を示します．

10.1 変 位 電 流

10.1.1 変位電流が導入された経緯

　電磁気学では系の電荷は常に一定であるという電荷保存則が成り立っています．これまで触れて来ませんでしたが，電荷保存則はどんな場合でも成立しなくてはならない重要な法則です．

　電気現象には電荷や電流が時間に依存しない定常状態と，時間 t の経過によって変化する非定常状態があります．すべての電流や電荷に関する電気の法則において電荷保存則は定常状態では問題なく成立します．しかし，マクスウェル (J. Maxwell, 1831～1879) が電気の基本的な式を使って，のちにマクスウェル方程式と呼ばれるようになる，方程式を作るにあたって電気の法則を詳しく調べたところ，一つの重要な法則において非定常状態では電荷保存則が成立しなくなることがわかったのです．

　すなわち，電磁気学を基礎から理論的に詳しく考察していたマクスウェルはアンペアの法則 (詳しくは周回積分の法則) において補足 10.1 に示すように電流が時間的に変化する非定常状態では電荷保存則が成立しないことに気付いたのです．

　そこでマクスウェルは非定常状態においても電荷保存則が成立するように，アンペアの法則 ($\int \boldsymbol{H} \cdot \mathrm{d}\boldsymbol{l} = \boldsymbol{I}$) の右辺の電流 $\boldsymbol{I}$ の項に，電界 $\boldsymbol{E}(=\epsilon \boldsymbol{D})$ の時間変

◆ **補足 10.1** 電流が時間的に変化するときにはアンペアの法則は正しくない！

アンペアの法則は電流が時間的に変化するときには，電荷保存の法則が成立しません．少し高度になりますが，ここで簡単なベクトル演算を使って，これを示しておくことにします (必要に応じて付録 c 節を参照して下さい)．すなわち，アンペアの法則は微分形では，電流密度を J として，$\mathrm{rot}\, H = J$ となります．この式の両辺の div をとると，$\mathrm{div}\cdot\mathrm{rot}\, H = \mathrm{div}\, J$ となりますが，この式の左辺の $\mathrm{div}\cdot\mathrm{rot}\, H$ は (省略しますが) 演算すると 0 になります．すると，右辺の $\mathrm{div}\, J$ も 0 になります．しかし，電流密度 J が時間変化するときに成り立つ電荷保存則は，ρ を電荷密度として $\mathrm{div}\, J = -\partial\rho/\partial t$ となっています．だから，$\mathrm{div}\, J$ は 0 になってはいけないのです．したがって，電流が時間的に変化するときにはアンペアの法則には欠陥があり正しくないことがわかります．

化によって発生する dD/dt を電流項として付け加えました．こうして，彼はアンペアの法則を拡張したのです．

この電流の時間変化によって発生する新しい電流は，X 線の発見者として有名なレントゲン (W. Röntgen, 1845～1923) によって実験的に発見され，最初レントゲン電流と呼ばれたようですが，dD/dt の式の電束密度 D が当時は主に電気変位とも呼ばれたことから，変位電流と名付けられました．現在では電束電流と呼ばれることもあります．このような理由からマクスウェル方程式に含まれているアンペアの法則の式は，アンペアが最初に発見したアンペアの法則の式ではなく，マクスウェルが修正した拡張されたアンペアの法則の式なのです．

10.1.2 コンデンサを流れる変位電流

▶絶縁体でできているコンデンサに電流が流れる！

コンデンサは 4 章で説明したように，電荷を蓄えたり放出したりする受動素子で電気回路において使われます．コンデンサは図 10.1 に示すように，A，B 2 枚

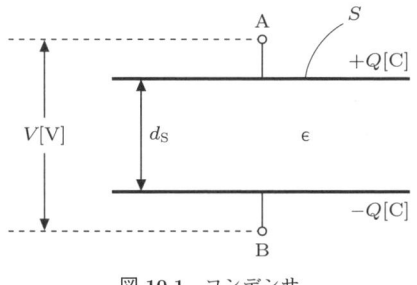

図 10.1 コンデンサ

の金属電極で空気や誘電体などの絶縁物を挟んだ構造になっています．このように一部が絶縁物でできているコンデンサに果たして電流が流れるのでしょうか？ここではこれを調べてみましょう．

いま，コンデンサの電極端子 AB 間に加えた電位差を V[V]，静電容量を C[F] とし，このコンデンサに電荷 Q が蓄えられているとすると，すでに説明したように，電荷 Q[C] はこれらを使って次のように表されます．

$$Q = CV [\text{C}] \tag{10.1}$$

もしも，コンデンサに電流 I が流れるとすると，電流 I は電荷 Q を時間 t で微分した，次の式で表されるはずです．

$$I = \frac{dQ}{dt} = C\frac{dV}{dt} [\text{A}] \tag{10.2}$$

この式の電位差 V が直流電圧だとすると，直流電圧は時間変化しません．つまり直流電圧は時間の関数ではないので $dV/dt = 0$ となって，電流 I は流れないことがわかります．

しかし，コンデンサに加わる電位差 V が角周波数を ω とする次の式

$$V = V_0 \sin \omega t \tag{10.3}$$

で表される交流電圧だとすると，これを時間 t で微分した dV/dt は，次の式

$$\frac{dV}{dt} = V_0 \omega \cos \omega t \tag{10.4}$$

になるので，この式を式 (10.2) に代入すると，電流 I は次のようになります．

$$I = \frac{dQ}{dt} = V_0 C \omega \cos \omega t [\text{A}] \tag{10.5}$$

この式 (10.5) で表される電流 I は角周波数 ω の値がゼロでない限りゼロにはなりません．角周波数 ω の値がゼロの場合の電流は直流ですから，この式からは ω がゼロでない限り，つまり流れる電流が交流であれば，電流 I はコンデンサを流れることがわかります．

そこで，コンデンサを流れる電流の正体を調べるために，式 (10.2) を使って少し考えてみましょう．すでに説明したように電界 $\boldsymbol{E}$ は電位差（電圧）V の勾配になるので，上下の二つの電極の間隔を図 10.1 に示すように d_S とすると，電界の大きさは $E = V/d_S$ となり，電位差 V は $V = E d_S$ となります．また，電界 $\boldsymbol{E}$

10.1 変位電流

と電束密度 $\boldsymbol{D}$ の間には $\boldsymbol{D}=\epsilon\boldsymbol{E}$ の関係があるので，電位差 V は電束密度の大きさ D を使って，次の式で表されることがわかります．

$$V = \frac{d_\mathrm{S}}{\epsilon} D \,[\mathrm{V}] \tag{10.6}$$

この式 (10.6) を (10.2) に代入して計算すると，電流 I の式は次のようになります．

$$I = \frac{C d_\mathrm{S}}{\epsilon} \frac{\mathrm{d}D}{\mathrm{d}t} \,[\mathrm{A}] \tag{10.7}$$

また，コンデンサの容量 C は電極の面積を S とすると，次の式

$$C = \frac{\epsilon S}{d_\mathrm{S}} \tag{10.8}$$

で表されるので，この式の C を式 (10.7) に代入すると，電流として次の式ができます．

$$I = S \frac{\mathrm{d}D}{\mathrm{d}t} \,[\mathrm{A}] \tag{10.9}$$

以上の演算の結果，図 10.1 に示す構造のコンデンサに交流電圧 V を加えたときには電流が流れ，その電流 I は式 (10.9) で表されることがわかります．式 (10.9) の D は電束密度の大きさですが，D は古くは電気変位とも呼ばれていました．このために，式 (10.9) で表される電流 I は変位電流とか，電束電流と呼ばれます．

しかし，この変位電流は電荷の移動で起こる普通の電流 (伝導電流) ではありません．式 (10.9) の電束密度の大きさ D は式 (10.6) を導くときにも使ったように，電界 $\boldsymbol{E}$ との間に $\boldsymbol{D}=\epsilon\boldsymbol{E}$ の関係があるので，変位電流 I は電界の時間変化によって起こっています．実は，普通の電流 (伝導電流) の密度 J も補足 10.2 に説明するように，電界を使って $\sigma\boldsymbol{E}$ で表すことができ電界 $\boldsymbol{E}$ に比例しています．

ですから，変位電流と普通の電流とは電界 $\boldsymbol{E}$ を通して密接に関連していて，コンデンサを流れる変位電流は導線を流れる電流とつながっています．こうしてコンデンサに交流電圧を加えると，(一部が絶縁体でできているにもかかわらず) コンデンサに電流が流れ，その電流は変位電流であることがわかります．

10.1.3 変位電流と伝導電流

前の 10.1.2 項で説明したように，電流には伝導電流 I_C の他に変位電流があります．ここでは変位電流は I_D として，伝導電流密度を J_C，変位電流密度を J_D

◆ **補足 10.2**　電流 I, 電流密度 J および電界 E の関係

電流 I はすでに説明したように $I = V[\text{V}]/R[\Omega]$ で表されるので, 導線を長さ l の直線とし, 電界の大きさを E, 抵抗を R とすると電流 I は次の式で表されます.

$$I = \frac{V}{R}[\text{A}] = \frac{lE}{R}[\text{A}] \tag{S10.1}$$

また, 抵抗率 ρ_R は導線の断面積を S とすると $\rho_R = R(S/l)$ で表され, 導電率 σ と抵抗率 ρ_R の間には $\sigma = 1/\rho_R$ の関係があるので, 5.1 節で説明した電流密度の大きさ J は, 次のように電界の大きさ E を使って表されることがわかります.

$$J = \frac{I}{S} = \frac{lE}{SR} = \frac{1}{\rho_R}E = \sigma E \tag{S10.2}$$

とすることにします. いま, 交流電界の大きさ E が次のように表されるとしましょう.

$$E = E_0 \sin \omega t [\text{V/m}] \tag{10.10}$$

すると, 伝導電流密度 J_C と変位電流密度 J_D は, それぞれ次の式で表されます.

$$J_\text{C} = \sigma E = \sigma E_0 \sin \omega t [\text{A/m}^2] \tag{10.11a}$$

$$J_\text{D} = \frac{\partial D}{\partial t} = \frac{\partial (\epsilon E)}{\partial t} = \epsilon \omega E_0 \cos \omega t [\text{A/m}^2] \tag{10.11b}$$

$$= \epsilon \omega E_0 \sin \left(\omega t + \frac{\pi}{2}\right) [\text{A/m}^2] \tag{10.11c}$$

ここで, σ は導電率 (伝導率とも呼ばれる) で, ρ_R は抵抗率です. また, 伝導電流密度 J_C が σE で表されることは補足 10.2 に示しました. 補足では 5.1 節との関連で J_C は J で表しています. 導体内では, 導電率 σ はその値が大きいですが, 誘電体などの絶縁体では室温においてはほとんどゼロになります. だから, 導電率に依存する伝導電流は実質的には金属などの導体だけに流れ, 誘電体などの絶縁体では流れません.

一方, 変位電流は式 (10.11b,c) に示すように, 角周波数 ω に大きく依存します. ですから, 角周波数 ω が大きい, すなわち, $\omega = 2\pi f$ の関係から, 周波数 f の大きい交流の場合に変位電流が流れます. 変位電流は誘電体などの絶縁体において流れるので, 誘電体などで流れる電流は実質的には変位電流だけです. 一般にはわずかには電流の流れる絶縁性の物質もたくさんあります. そうした物質では伝導電流と変位電流の両方が流れることになります.

10.1.4 拡張されたアンペアの法則

ここでいうアンペアの法則は右ねじの法則ではなく，アンペアの周回積分の法則の方ですが，これは次の式で表されます．

$$\oint_c \boldsymbol{H} \cdot \mathrm{d}\boldsymbol{l} = \boldsymbol{I} \, [\mathrm{A}] \tag{10.12}$$

この式で表される電流 $\boldsymbol{I}$ は時間的に変化しない一定の電流を表しています．ですから，この式 (10.12) は定常状態のアンペアの法則になっています．

もしも，電流 $\boldsymbol{I}$ が時間的に変化すると，電流のまわりから放出されている磁力線が時間的に変化するので，磁束 Φ_m も時間的に変化し，その結果電流が発生する可能性があります．しかし，式 (10.12) にはこのような電流は含まれていませんので，電流が時間的に変化する非定常状態の場合には式 (10.12) で表されるアンペアの法則の式は正しくないことがわかります．

そればかりではありません．電流には前の 10.1.3 項で述べたように伝導電流の他に変位電流がありますが，式 (10.12) には変位電流が含まれていません．したがって，変位電流が流れる非定常状態においては式 (10.12) で表されるアンペアの法則は正しくないことになります．

したがって，非定常状態の場合も含めて一般的に成立するアンペアの法則は，右辺の電流項に通常の電流 $\boldsymbol{I}$ の他に，式 (10.9) に示した変位電流 $S(\mathrm{d}\boldsymbol{D}/\mathrm{d}t)$ を加えた，次の式で表されることになります．

$$\oint_c \boldsymbol{H} \cdot \mathrm{d}\boldsymbol{l} = \boldsymbol{I} + S\frac{\mathrm{d}\boldsymbol{D}}{\mathrm{d}t} \, [\mathrm{A}] \tag{10.13}$$

ここで述べた議論と同じではありませんが，マクスウェルは変位電流の存在を想定して，非定常状態においても成立する一般的な正しいアンペアの法則として式 (10.13) を提案したので，この式 (10.13) はアンペア-マクスウェルの法則とか，拡張されたアンペアの法則と呼ばれています．

10.2　電　磁　波

10.2.1 電磁波の種類と発生

電磁波は，電荷の振動によって発生する電波という電気の波である，という風に思っている人もいるかもしれません．しかし，実際は表 10.1 に示すように，周

表 10.1 電磁波の種類と周波数，波長

種類	振動数	波長
通信用電波	3×10^3 Hz	100 km
ラジオ波		$\wr$
	3×10^7	10 m
テレビ波		$\wr$
マイクロ波	3×10^{11}	1 mm
光		
赤外線		1 mm
		$\wr$
可視光線	6×10^{14}	0.5 μm
		$\wr$
紫外線	3×10^{16}	10 nm
X線		10 nm
		$\wr$
γ線	3×10^{21}	0.1 pm

波数 f が低く波長 λ の長い ($f\lambda=c\to\lambda=c/f$) 通信用の電波やマイクロ波などの，いわゆる電波だけでなく，光やX線，γ線なども電磁波に含まれます．

電磁波はマクスウェルによって 1865 年に理論的にその存在が予言されたものです．そして，電磁波が実際に存在することはヘルツ (H. Hertz, 1857～1894) によって 1888 年に火花放電を使った実験によって実証されました (ヘルツの発見までは電磁波は科学者たちにも認められなかったと言われています)．

すなわち，ヘルツは接近させて置いた 2 個の球形の電極の間に高電圧を加えて火花放電を起こさせ，電極を支える金属棒の周辺の空間に電磁波が発生することを確認しました．電磁波の発生装置には，現在では，コイルとコンデンサを用いた共振回路による高周波発振機が使われています．

そして，発生する電磁波の周波数 f は 9.2 節で説明した，次の式で表されます．

$$f=\frac{1}{2\pi\sqrt{LC}}[\text{Hz}] \tag{10.14}$$

共振回路で発生させた電磁波は図 10.2(b) に示すダブレットアンテナと呼ばれるアンテナを使って空間に放出されます．

図 10.2(a) に示す電極間には変位電流が流れていますが，二つの電極を上下に拡げたものが図 (b) のダブレットアンテナになっています．二つの電極の間に流れる点線で示す変位電流は電界が時間的に変化して発生しています．電界が時間変化すると磁力線 (磁束) が発生し，磁界が生まれます．この磁界も時間的に変化するので，電界が発生します．さらに，電界が時間的に変化すると磁界が発生す

10.2 電磁波

変位電流

(a) (b)

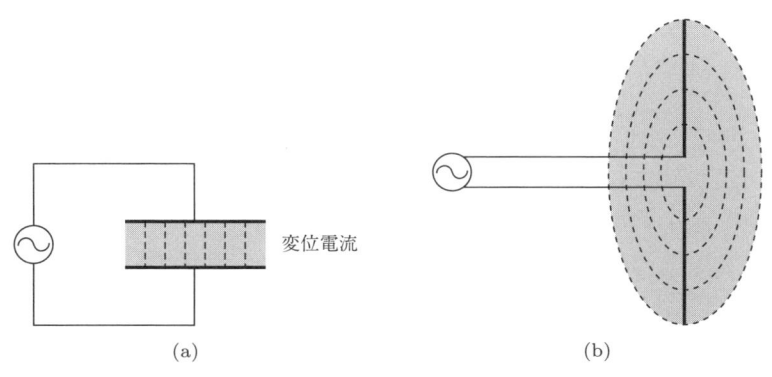

図 10.2 変位電流と電磁波の発生

るというように周期的に電界と磁界が発生し，これらが電界と磁界の波，すなわち電磁波となっているのです．実際には電界と磁界は同位相なのでこれらの発生は同時に起こっています．

10.2.2 電磁波の伝送とレッヘル線を流れる電流

電磁波は自由空間を伝わることができるので，電気信号の輸送に使われる電磁波の伝送では電磁波が自由空間に放出されて伝送されます．電磁波は通常は直進するので，進行方向に障害物があると電磁波は遮られることになります．しかし，周波数が低く波長が長い電磁波では回折や反射が容易に起こるので，直進できなくて影になる箇所にもまわり込んで電磁波は到達することができ，自由空間の伝送に大きな障害はありません．

しかし，電磁波の周波数が高くなって波長が短くなると，電磁波に対して影になる部分には電磁波が伝わりにくくなるので，以下のように特殊な伝送線や導波管などが使われています．すなわち，周波数 f がメガヘルツ領域 ($f = 10^6$[Hz] 以上) の電磁波では図 10.3 に示すレッヘル線や同軸ケーブルが使われています．

また，周波数 f がギガヘルツの領域 ($f = 10^9$[Hz] 以上) の電磁波では内部が中空の中空導体でできた導波管が使われ，中空部分に電磁波を挿入して伝送が行われています．周波数がさらに大きくなって 10^{11}[Hz] 以上になると，電磁波は光の領域に入るので，この領域の信号の伝送には光ファイバーが使われています．

電磁波の伝送の問題はかなり専門的な領域の話になるので，基本的にはここでは説明は省略することにしますが，このあとで述べる電磁波とも関連があるので，

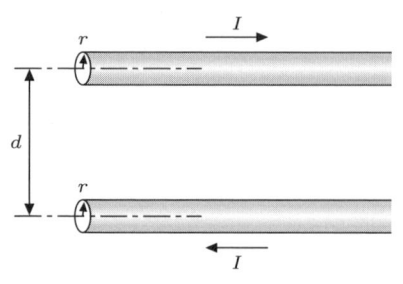

図 10.3 レッヘル線

レッヘル線についてのみ簡単に以下に説明しておくことにします．

　レッヘル線は，図 10.3 に示すように，間隔 d で平行に並べた半径 r の導線 2 本で構成されています．レッヘル線では電流 I が 2 本の導線を往復して流れていますので，この線は，図 10.4 に示すように，インダクタンス L と静電容量 C を持つことになります．

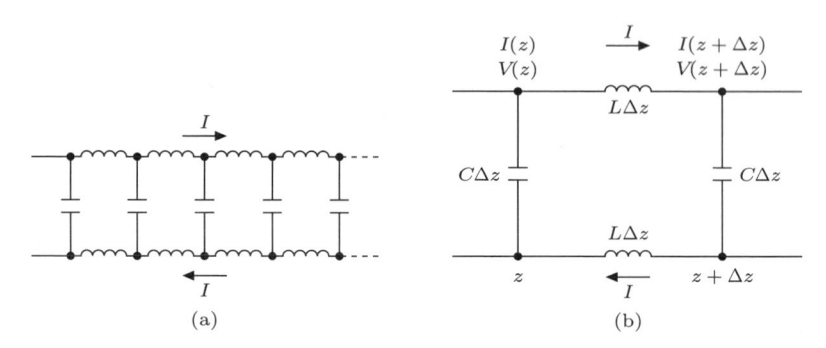

図 10.4 レッヘル線の L と C

　インダクタンスが生じるのは電流が 2 本のレッヘル線を往復していて，全体として一種のコイルが形成されているとみなせるからです．また，静電容量が発生するのは 2 本の導線が平行に並んでいるからです．図 10.4(a),(b) では横軸に z をとり，Δz は微小距離としています．また，インダクタンス L と静電容量 C は単位長さごとに分割して示されています．

　詳しい説明はこの本のレベルを超えるので省略しますが，レッヘル線がインダクタンス L と静電容量 C を持つと，レッヘル線を流れる電流 I と電圧 V に関して，L と C を係数としてそれぞれ，次の二つの偏微分方程式を導くことができます．

10.2 電磁波

$$\frac{\partial V}{\partial z} = -L\frac{\partial I}{\partial t} \tag{10.15a}$$

$$\frac{\partial I}{\partial z} = -C\frac{\partial V}{\partial t} \tag{10.15b}$$

ここで，式 (10.15a,b) をそれぞれ z と t でもう一度偏微分すると，次の 4 個の 2 階の偏微分方程式ができます．

$$\frac{\partial^2 V}{\partial z^2} = -L\frac{\partial^2 I}{\partial t \partial z} \tag{10.16a}$$

$$\frac{\partial^2 V}{\partial z \partial t} = -L\frac{\partial^2 I}{\partial t^2} \tag{10.16b}$$

$$\frac{\partial^2 I}{\partial z^2} = -C\frac{\partial^2 V}{\partial t \partial z} \tag{10.16c}$$

$$\frac{\partial^2 I}{\partial z \partial t} = -C\frac{\partial^2 V}{\partial t^2} \tag{10.16d}$$

式 (10.16a) の右辺に式 (10.16d) を代入すると，次の式ができます．

$$\frac{\partial^2 V}{\partial z^2} = LC\frac{\partial^2 V}{\partial t^2} \tag{10.17a}$$

また，式 (10.16c) の右辺に式 (10.16b) を代入すると，次の式ができます．

$$\frac{\partial^2 I}{\partial z^2} = LC\frac{\partial^2 I}{\partial t^2} \tag{10.17b}$$

これらの式 (10.17a,b) は，左辺と右辺を逆にすると，古くから知られている，次の式で表される (古典) 物理学の波動方程式と係数を除いて同じ形をしています．

$$\frac{\partial^2 f(x,t)}{\partial t^2} = u^2 \frac{\partial^2 f(x,t)}{\partial x^2} \tag{10.18}$$

この波動方程式 (10.18) においては，$f(x,t)$ は波を表し，u は波の進行速度を表しています．この式 (10.18) と式 (10.17a,b) を比較すると，V と I は電圧と電流の波を表していることになります．また，LC は $1/u^2$ に等しくなるので，次の式が成り立ちます．

$$LC = \frac{1}{u^2}[\text{s}^2/\text{m}^2] \tag{10.19}$$

実は，レッヘル線のインダクタンス L と静電容量 C を求めて LC の値を計算すると，LC は誘電率と透磁率を使って，次のように表せることがわかっています．

$$LC = \epsilon_0 \mu_0 [\text{s}^2/\text{m}^2] \tag{10.20}$$

ここで，ϵ_0 と μ_0 はそれぞれ真空(および近似的には空気中)の誘電率と透磁率です．そして，光の速度 c は次の式で表されることもわかっています．

$$c = \frac{1}{\sqrt{\epsilon_0 \mu_0}} [\text{m/s}] \tag{10.21}$$

式 (10.21) より $\epsilon_0 \mu_0 = 1/c^2$ となるので，式 (10.20) の LC は，次の式で表されることがわかります．

$$LC = \frac{1}{c^2} [\text{s}^2/\text{m}^2] \tag{10.22}$$

以上の検討から，レッヘル線を伝わる電圧 V と電流 I は，波の形になっており，これらの波の速度は光の速度 c になることがわかります．これらのことから判断すると，レッヘル線には光速で進む電圧の波と電流の波が存在し，これらが伝送されていることがわかります．すなわち，レッヘル線では電圧や電流が波として伝わっているのです．

10.3 マクスウェル方程式と電磁波

10.3.1 マクスウェル方程式の微分型と積分型

▶積分型でも表示できるマクスウェル方程式

マクスウェル方程式は基本的な電気現象の法則を，数式を使って簡略にまとめ，一つの体系的な方程式にしたものです．歴史的に見ると，マクスウェル方程式はまず微分型を用いて表記されましたが，積分型でも表すことができます．

微分型のマクスウェル方程式は次の式で表されています．

$$\text{rot } \boldsymbol{H} = \boldsymbol{J} + \frac{\partial \boldsymbol{D}}{\partial t} \tag{10.23a}$$

$$\text{rot } \boldsymbol{E} = -\frac{\partial \boldsymbol{B}}{\partial t} \tag{10.23b}$$

$$\text{div } \boldsymbol{D} = \rho_E \tag{10.23c}$$

$$\text{div } \boldsymbol{B} = 0 \tag{10.23d}$$

ここで一応書いておきますと，これらの式で $\boldsymbol{H}$ は磁界，$\boldsymbol{J}$ は電流密度，$\boldsymbol{D}$ は電束密度，$\boldsymbol{E}$ は電界，$\boldsymbol{B}$ は磁束密度，そして ρ_E は電荷密度です．

また，積分型のマクスウェル方程式は，式 (10.23a,b,c,d) の順に対応する式を

10.3 マクスウェル方程式と電磁波

書くと，次のようになります．

$$\oint_c \boldsymbol{H} \cdot \mathrm{d}\boldsymbol{l} = \int_s \left(\boldsymbol{J} + \frac{\partial \boldsymbol{D}}{\partial t}\right) \cdot \mathrm{d}\boldsymbol{S} \tag{10.24a}$$

$$\oint_c \boldsymbol{E} \cdot \mathrm{d}\boldsymbol{l} = \int_s \left(-\frac{\partial \boldsymbol{B}}{\partial t}\right) \cdot \mathrm{d}\boldsymbol{S} \tag{10.24b}$$

$$\int_s \boldsymbol{D} \cdot \mathrm{d}\boldsymbol{S} = \int_v \rho_E \, \mathrm{d}v \tag{10.24c}$$

$$\int_s \boldsymbol{B} \cdot \mathrm{d}\boldsymbol{S} = 0 \tag{10.24d}$$

ここで，$\oint_c$ は線積分ですが，積分記号 $\int$ の真中に○記号が付いているものは閉曲線に沿っての積分を意味していますので，これは周回積分とか閉路積分と呼ばれます．

次に，マクスウェル方程式の積分型から微分型への変換について上記の式の順に簡単な説明をしておくことにします．式 (10.24a) から式 (10.23a) への変換では，式 (10.24a) の左辺は，補足 10.3 の式 (S10.4) に示すストークスの定理を使うと，次のようになります．

$$\oint_c \boldsymbol{H} \cdot \mathrm{d}\boldsymbol{l} = \int_s \mathrm{rot}\, \boldsymbol{H} \cdot \mathrm{d}\boldsymbol{S} \tag{10.25}$$

この式 (10.25) の右辺と式 (10.24a) の右辺を比べて，被積分項を等しいとおくと，次の式

$$\mathrm{rot}\, \boldsymbol{H} = \boldsymbol{J} + \frac{\partial \boldsymbol{D}}{\partial t} \tag{10.23a}$$

が成立し，式 (10.23a) が導かれます．

次の式 (10.24b) も左辺にストークスの定理を適用すると，

$$\oint_c \boldsymbol{E} \cdot \mathrm{d}\boldsymbol{l} = \int_s \mathrm{rot}\, \boldsymbol{E} \cdot \mathrm{d}\boldsymbol{S} \tag{10.26}$$

となるので．この式 (10.26) の右辺と式 (10.24b) の右辺の被積分項を等しいとおくと，次の式

$$\mathrm{rot}\, \boldsymbol{E} = -\frac{\partial \boldsymbol{B}}{\partial t} \tag{10.23b}$$

が成立し，式 (10.23b) が導かれます．

また，式 (10.23c) と式 (10.24c) の変換については，式 (10.24c) の左辺は補足 10.3 のガウスの定理を使うと次のように書けます．

◆ 補足 10.3　(数学の) ガウスの定理とストークスの定理
　数学のガウスの定理は，$\boldsymbol{A}$ をベクトルとして，次の式で表されます．
$$\int_s \boldsymbol{A} \cdot \mathrm{d}\boldsymbol{S} = \int_v \mathrm{div}\,\boldsymbol{A}\,\mathrm{d}v \tag{S10.3}$$
この式 (S10.3) は面積分 $\int_s \mathrm{d}\boldsymbol{S}$ と体積分 $\int_v \mathrm{d}v$ の関係を表す式で，互いの間での変換の公式としてベクトル演算においてよく使われる式です．なお，電界 $\boldsymbol{E}$ と電荷 Q の間に成り立つ式はガウスの法則の式です (本によっては共にガウスの定理となっている場合もありますので要注意です)．
　ストークスの定理は同じく $\boldsymbol{A}$ をベクトルとして，次の式で表されます．
$$\oint_c \boldsymbol{A} \cdot \mathrm{d}\boldsymbol{l} = \int_s \mathrm{rot}\,\boldsymbol{A} \cdot \mathrm{d}\boldsymbol{S} \tag{S10.4}$$
この式は (閉曲線を積分する) 周回積分 $\oint_c \mathrm{d}\boldsymbol{l}$ と面積分 $\int_s \mathrm{d}\boldsymbol{S}$ の関係を表す式で，周回積分と面積分の間での変換に使われる便利な公式です．

$$\int_s \boldsymbol{D} \cdot \mathrm{d}\boldsymbol{S} = \int_v \mathrm{div}\,\boldsymbol{D}\,\mathrm{d}v \tag{10.27}$$

この式 (10.27) と式 (10.24c) の右辺の被積分項を等しいとおくと，次の式が成立します．

$$\mathrm{div}\,\boldsymbol{D} = \rho_E \tag{10.23c}$$

　最後に，式 (10.23d) と式 (10.24d) の変換についても，式 (10.24d) の左辺に数学のガウスの定理を適用すると，

$$\int_s \boldsymbol{B} \cdot \mathrm{d}\boldsymbol{S} = \int_v \mathrm{div}\,\boldsymbol{B}\,\mathrm{d}v \tag{10.28}$$

となります．この式 (10.28) と式 (10.24d) の左辺を比較して，次の式 (10.23d) で表される，磁気に関するガウスの法則が成り立ちます．

$$\mathrm{div}\,\boldsymbol{B} = 0 \tag{10.23d}$$

10.3.2　マクスウェル方程式の物理的な内容

　マクスウェル方程式は最初に指摘したように，電磁気現象についての基本的な式をまとめて一つの体系的な式にしたものですが，式だけ見たのでは初学者にはこの意味がわかりかねる点が多々あります．そこで，ここではマクスウェル方程式の表している物理的な内容をやや詳しく説明しておくことにします．
　まず，式 (10.23a) は再掲すると，

10.3 マクスウェル方程式と電磁波

$$\mathrm{rot}\,\boldsymbol{H} = \boldsymbol{J} + \frac{\partial \boldsymbol{D}}{\partial t} \tag{10.23a}$$

ですが，これは左辺の磁界 $\boldsymbol{H}$ と右辺の電流密度の関係を表す，拡張されたアンペアの法則の式です．拡張されたアンペアの法則の式としては 10.1.4 項では次の式を示しました．

$$\oint_c \boldsymbol{H} \cdot \mathrm{d}\boldsymbol{l} = I + S\frac{\mathrm{d}\boldsymbol{D}}{\mathrm{d}t} \tag{10.13}$$

この式は積分型の拡張されたアンペアの法則の式ですが，10.3.1 項ではこの式を，次のように示しました．

$$\oint_c \boldsymbol{H} \cdot \mathrm{d}\boldsymbol{l} = \int_s \left(\boldsymbol{J} + \frac{\partial \boldsymbol{D}}{\partial t}\right) \cdot \mathrm{d}\boldsymbol{S} \tag{10.24a}$$

この式の $\boldsymbol{J}$ は電流密度で，$\partial \boldsymbol{D}/\partial t$ は変位電流の密度です．ですから，式 (10.24a) の右辺の積分を計算すると，電流 I と変位電流の $S(\partial \boldsymbol{D}/\partial t)$ の和になるので，式 (10.13) と式 (10.24a) とは同じになることがわかります．だから，式 (10.23a) は変位電流 (密度) も含めて，すべての電流 (密度) からは磁界 $\boldsymbol{H}$ が出ていることを表しています．なお，元々のアンペアの法則を使ったのでは，一つの体系的な方程式はできません．このことはマクスウェル方程式が基本式の，単なる寄せ集めではないことを示しています．

次に，式 (10.23b) は再掲すると

$$\mathrm{rot}\,\boldsymbol{E} = -\frac{\partial \boldsymbol{B}}{\partial t} \tag{10.23b}$$

ですが，この式 (10.23b) の積分型の (10.24b) はファラデーの電磁誘導の式で，この式は式 (8.1a) では次のように表記しました．

$$E_\mathrm{e} = \oint_c \boldsymbol{E} \cdot \mathrm{d}\boldsymbol{l} = -\frac{\mathrm{d}\Phi_\mathrm{m}}{\mathrm{d}t} \tag{8.1a}$$

磁束密度の大きさ B は磁束 Φ_m を使って $B = \Phi_\mathrm{m}/S$ と書けるので，$\mathrm{d}\Phi_m/\mathrm{d}t = S(\mathrm{d}B/\mathrm{d}t)$ となり，式 (8.1a) の右辺は $-S\,\mathrm{d}B/\mathrm{d}t$ となります．式 (10.24b) の右辺の積分を実行すると，$\partial B/\partial t$ が一定なら $-S\,\partial B/\partial t$ となるので，偏微分記号と微分記号の違いはありますが，物理的には両者は同じなので，結局，式 (10.24b) と式 (8.1a) は等しい，つまり式 (10.24b) はファラデーの電磁誘導の式であることがわかります．そして，式 (10.24b) は磁束密度の大きさ B が変化すると磁束 Φ_m が変化するので磁束 Φ_m が変化すると起電力 E_e が発生することを表してい

ます.

式 (10.23c) の積分型は再掲すると，

$$\int_s \boldsymbol{D} \cdot \mathrm{d}\boldsymbol{S} = \int_v \rho_E \, \mathrm{d}v \tag{10.24c}$$

となります．実は，2.5 節ではガウスの法則として，次の式を示しました．

$$\int_s \boldsymbol{E} \cdot \mathrm{d}\boldsymbol{S} = \frac{Q}{\epsilon_0} \tag{2.13a}$$

この式 (2.13a) において，電界 $\boldsymbol{E}$ を $\boldsymbol{D} = \epsilon_0 \boldsymbol{E}$ の関係を用いて電束密度 $\boldsymbol{D}$ に変更すると，次の式ができます．

$$\int_s \boldsymbol{D} \cdot \mathrm{d}\boldsymbol{S} = Q \tag{10.29}$$

そして，電荷 Q はこれが存在する空間の体積を v，電荷密度を ρ_E とすると，$Q = v\rho_E$ と表されるので，この式 (10.29) の右辺は $v\rho_E$ となります．これは式 (10.24c) の右辺を積分した値と等しいので，式 (10.23c) と式 (10.24c) はガウスの法則の式ということになります．式 (10.24c) は電荷から発散する電束密度を集めたものは電荷の密度を体積 v で積分したものに等しくなることを表しています．

最後に，式 (10.23d) の積分型は再掲すると，次のようになります．

$$\oint_s \boldsymbol{B} \cdot \mathrm{d}\boldsymbol{S} = 0 \tag{10.24d}$$

この式は 6.3.4 項で示した，次の磁気に関するガウスの法則の式

$$\int_s B_\mathrm{n} \, \mathrm{d}S = 0 \tag{6.14b}$$

と比べると，記号は少し違いますが同じ式です．ですから，式 (10.23d) と式 (10.24d) は磁気に関するガウスの法則の式を表しています．そして，式 (10.23d) は磁束 Φ_m の発散はゼロである，つまり磁束の湧き出しはないことを表しています．

10.3.3 マクスウェル方程式から導かれる電磁波の式

電磁波はマクスウェルによってその存在が理論的に予言されたものです．マクスウェルがこのような予言ができたのは，マクスウェル方程式が 4 個の電磁気の式の単なる寄せ集めではなく，変位電流を導入することによって統一された一つの体系的な方程式 (連立方程式) になっているからです．だから，このあと簡単に電磁波の生まれた経緯を示しますが，電磁波の波動方程式はマクスウェル方程式

10.3 マクスウェル方程式と電磁波

という 1 組の連立方程式を解くことによって導かれます．

ここではマクスウェル方程式を用いて電磁波の波動方程式を導くことから始めますが，真正面からまともに攻めると，ベクトル演算などがからみ初学者には難解なものになるおそれがあります．そこで，ここでは空気 (または真空) 中における平面波の電磁波の場合に限って，最も簡単な波動方程式を導くことにとどめることにします．

詳細な導出は煩雑で，かつ少し難解でもあるので省略しますが，10.3.1 項で示したマクスウェル方程式の式 (10.23a,b,c,d) を連立させて解くと，次の電界 $\boldsymbol{E}$ と磁界 $\boldsymbol{H}$ についての波動方程式の一般式を導くことができます．ここでは $\epsilon \boldsymbol{E} = \boldsymbol{D}$ と $\boldsymbol{B} = \mu \boldsymbol{H}$ の関係を使って，マクスウェル方程式の各式から $\boldsymbol{D}$ と $\boldsymbol{B}$ を消去しました．

$$\nabla^2 \boldsymbol{E} = \mu\sigma \frac{\partial \boldsymbol{E}}{\partial t} + \mu\epsilon \frac{\partial^2 \boldsymbol{E}}{\partial t^2} \tag{10.30a}$$

$$\nabla^2 \boldsymbol{H} = \mu\sigma \frac{\partial \boldsymbol{H}}{\partial t} + \mu\epsilon \frac{\partial^2 \boldsymbol{H}}{\partial t^2} \tag{10.30b}$$

これは一般式ですが，いま，電界 $\boldsymbol{E}$ の波と磁界 $\boldsymbol{H}$ の波が z 方向に進み，x-y 平面で振動する平面波だと仮定し，電界 $\boldsymbol{E}$ の成分を x 方向とすると，磁界 $\boldsymbol{H}$ の成分は y 方向となり，次のようになります．

$$E_x \neq 0, \quad E_y = E_z = 0, \quad \frac{\partial E_x}{\partial x} = 0, \quad \frac{\partial E_x}{\partial y} = 0 \tag{10.31a}$$

$$H_y \neq 0, \quad H_x = H_z = 0, \quad \frac{\partial H_y}{\partial x} = 0, \quad \frac{\partial H_y}{\partial y} = 0 \tag{10.31b}$$

式 (10.31a,b) の条件を使って式 (10.30a,b) を書き換えると次の式ができます．

$$\frac{\partial^2 E_x}{\partial z^2} = \mu\sigma \frac{\partial E_x}{\partial t} + \mu\epsilon \frac{\partial^2 E_x}{\partial t^2} \tag{10.32a}$$

$$\frac{\partial^2 H_y}{\partial z^2} = \mu\sigma \frac{\partial H_y}{\partial t} + \mu\epsilon \frac{\partial^2 H_y}{\partial t^2} \tag{10.32b}$$

ここでは，空気中の電磁波を考えるので導電率 σ はほぼゼロで，透磁率と誘電率は $\mu = \mu_0$, $\epsilon = \epsilon_0$ となるので，これらの式 (10.32a,b) は，次のように簡単になります．

$$\frac{\partial^2 E_x}{\partial z^2} = \mu_0 \epsilon_0 \frac{\partial^2 E_x}{\partial t^2} \tag{10.33a}$$

$$\frac{\partial^2 H_y}{\partial z^2} = \mu_0 \epsilon_0 \frac{\partial^2 H_y}{\partial t^2} \tag{10.33b}$$

得られた式 (10.33a,b) は 10.2.2 項で説明したレッヘル線を伝わる電界 E と磁界 H の波の式 (10.17a,b) と比べると，$LC = \mu_0\epsilon_0$ でしたので，両者は同じ形をしていることがわかります．式 (10.33a,b) の微分方程式の解である電界の波 E_x と磁界の波 H_y は，次の式で表されます．

$$E_x = A\cos\left(\omega t - \frac{2\pi z}{\lambda}\right) \quad [\text{V/m}] \tag{10.34a}$$

$$H_y = \frac{A\cos\left(\omega t - \frac{2\pi z}{\lambda}\right)}{\mu_0 c} \quad [\text{A/m}] \tag{10.34b}$$

ここでは，平面波の間で成り立つ関係 $\mu_0 c H_y = E_x$ を使いました．なお，$\mu_0 c$ は $\mu_0/\sqrt{\epsilon_0\mu_0}$ となるので $\sqrt{\mu_0/\epsilon_0}$ とも書けます．また，すでに示したように $c = 1/\sqrt{\mu_0\epsilon_0}$ の関係が成り立ちます．なお，式 (10.34a,b) が式 (10.33a,b) の解として妥当なことは，これらの式に代入して確かめることができます．

これらの式 (10.34a,b) で表される E_x と H_y は z 方向に進行する電磁波 (の平面波) の電界成分と磁界成分です．これらの波は進行方向の z 方向に対して垂直な x-y 平面内で振動する横波であることがわかります．そして，進行速度 $v(=1/\sqrt{\mu_0\epsilon_0})$ はレッヘル線の波の説明で述べたように，光の速度 c に等しくなり，電磁波の進行速度が光の速度になることがわかります．

演 習 問 題

10.1 交流電圧が $V = V_0 \sin\omega t$ と表され，$V_0 = 100[\text{V}]$，$f = 50[\text{Hz}]$ として，電極面積が $S = 1[\text{cm}^2]$，電極間隔が $d_S = 1[\text{mm}]$ のコンデンサの電極間を流れる変位電流の最大振幅の値を求めよ．ただし，コンデンサの電極間に挟んだ誘電体の誘電率は $\epsilon_0 = 8.854 \times 10^{-12}[\text{F/m}]$ とせよ．

10.2 抵抗率が $\rho_R = 1 \times 10^5[\Omega \cdot \text{m}]$，比誘電率が $K = 2$ の紙製の線がある．この線に周波数が $f_1 = 50[\text{Hz}]$ と $f_2 = 1[\text{GHz}] = 1 \times 10^9[\text{Hz}]$ の交流電界 $E = E_0 \sin\omega t$ を加えた．本文の式 (10.11a,b) で表される伝導電流 I_C と変位電流 I_D が流れるとすると，これらの電流の比 I_C/I_D は，それぞれの場合にいくらになるか？

10.3 本文の式 (10.23d) が成り立つことを，式 (10.24d) を使って証明せよ．

10.4 $\text{div}\,\boldsymbol{B} = 0$ または $\int_v \text{div}\,\boldsymbol{B} = 0$ の式がなぜ成り立つかについて説明せよ．

10.5 式 (10.34a,b) で表される電界と磁界のそれぞれの波 E_x と H_y が，これらの波動方程式 (10.33a,b) を充たすことを，数式を使って具体的に示せ．

付録：ベクトル演算

ベクトルは初学者には難しくてわかりにくいと敬遠される場合が多いようです．しかし，電磁気学は本来 3 次元の物理現象を扱うものなので，3 次元の物理現象を記述する便利な道具であるベクトルを難しいからとの理由で敬遠してその使用を避けるのは賢明ではないことがわかります．ベクトルは性質を知って，その使い方がわかるようになれば，誰もが便利な道具であることに気付きます．そこで，この付録ではベクトル演算の初歩ですが，その内容と用法をできるだけやさしく説明して，多くの初学者の方もベクトルに馴染みやすくなるようにしたいと思います．

a　ベクトルの基礎演算

a.1　ベクトルの演算の特徴

普通の数の演算と異なるのは積の演算だけ

ベクトルの演算においても掛け算 (積) 以外の足し算 (和) や引き算 (差) は，普通の数の演算と同じように行えます．ベクトルの掛け算 (積) の場合には，ベクトルが大きさの成分の他に方向成分を持っているために，方向成分を持っていない普通の数と同じというわけにはいかないのです．

ベクトルの掛け算 (積) には 2 種類あります．それらはスカラー積とベクトル積です．スカラー積の方は，実効的にベクトルの大きさ成分どうしを掛ける掛け算です．ベクトル積の方は方向成分も含めてベクトルどうしを掛け合わせる演算方法です．

ベクトルは大きさと方向を持っていて普通の数とは異なっているので，最初に，ベクトルを $\boldsymbol{A}$ と $\boldsymbol{B}$ として，これらを図 A.1 に示しておくことにしましょう．図 A.1 において，ベクトル $\boldsymbol{A}, \boldsymbol{B}$ の方向は矢印で示す方向であり，ベクトル $\boldsymbol{A}$ の大きさは点 O か

図 A.1　ベクトル $\boldsymbol{A}, \boldsymbol{B}$

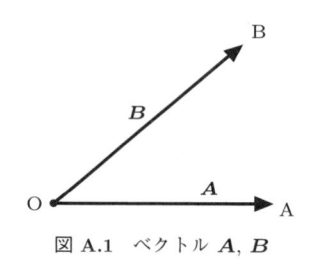

ら点 A までの OA で，ベクトル B の大きさは点 O から点 B までの OB とすることにします．そして，ベクトル A とベクトル B のなす角度は θ とします．

a.2 ベクトルの和と差

二つのベクトルを A，B とし，これらの和のベクトルを C とすると，ベクトル A，B と C の間には，普通の数の演算と同じように，次の関係が成り立ちます．

$$A + B = C \tag{A.1a}$$

ベクトル A と B の和のベクトルの C は図 A.2 に示すように，大きさが平行四辺形の対角線の長さ，方向は対角線の方向になります．

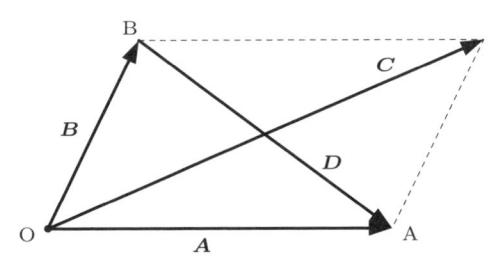

図 A.2 ベクトル A, B の和 C と差 D

また，ベクトル A と B の差のベクトルを D とすると，次の関係が成り立ちます．

$$A - B = D \tag{A.1b}$$

ベクトル D の大きさと方向は図 A.2 に示すようになります．

また，ベクトルの和においては加える順序を変えても結果は同じになり，次の関係が成り立ちます．

$$A + B = B + A \tag{A.2}$$

a.3 スカラー倍とスカラー積

ベクトルの掛け算において，大きさの成分 (スカラー成分) のみを掛け合わせる演算には2種類あります．それらはスカラー倍とスカラー積と呼ばれます．ベクトルのスカラー倍というのはベクトルに普通の数の定数 (スカラー) を掛ける掛け算です．ですから，定数 (スカラー) を k，ベクトルを A とすると，A のスカラー倍は，次の式で表されます．

$$A \text{ のスカラー倍} = kA \tag{A.3}$$

スカラー倍になった kA は，図に描くと図 A.3 のようになり，ベクトル A の大きさ成分 $|A|$ だけが k 倍になっています．

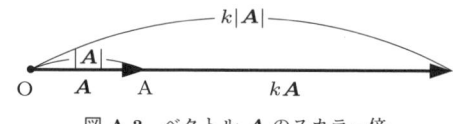

図 A.3　ベクトル A のスカラー倍

スカラー積はベクトルどうしの掛け算ですが，これは実効的にベクトルの大きさ成分のみを掛け合わせる掛け算です．なぜ実効的かというと，ベクトルのスカラー積は次の式

$$A \cdot B = AB\cos\theta \tag{A.4}$$

で表されますが，この式 (A.4) が示すように，スカラー積はベクトル A, B のベクトルの大きさの $|A| = A$ と $|B| = B$ を単純に掛け合わせるものではないからです．

図 A.4 に示すように，ベクトル A, B のスカラー積はベクトル A の大きさ成分 $|A| = A$ に，ベクトル A 上に投影したベクトル B の成分 $B\cos\theta$ を掛けたものだからです．ですから，ベクトル A と B のスカラー積はベクトル A の大きさ成分 A に，ベクトル A の方向と一致するベクトル B の大きさ成分 $B\cos\theta$ を掛けたものになっています．つまり，掛け算する二つのベクトル A, B の方向成分をそろえて，その大きさ成分どうしだけを掛け合わせているのです．

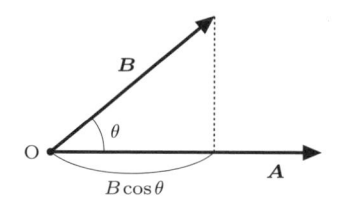

図 A.4　A と B のスカラー積

なお，スカラー積はベクトルの内積とも呼ばれますので，書物によってはベクトルの内積とだけ書かれている場合もあります．このときには，ベクトルの内積をベクトルのスカラー積と理解する必要があります．

a.4　ベクトル積

方向成分も含めたベクトル A と B の積はベクトル積と呼ばれます．この種のベクトルの掛け算はベクトルの外積とも呼ばれるので，呼び名としては両方を覚えておく必要があります．いま，二つのベクトル A と B のなす角を θ として両者のベクトル積をベクトル C とすると，ベクトル C の大きさは $AB\sin\theta$ に等しくなります．そして，ベクトル C の方向は，掛け合わせる二つのベクトル A と B の両方に対して垂直になります．

ですから，図 A.5 に示すように，ベクトル A と B が x-y 平面内にあるとすると，二

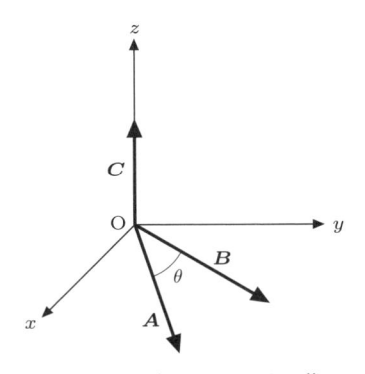

図 A.5　A と B のベクトル積

つのベクトル A と B の積のベクトル C の方向は z 軸方向になります．そして，ベクトル C は z 軸の正方向で上向きになるのですが，これは A から B の方向へ右ねじを回したときに (下から上方に見て)，ねじの進む方向が上方向だからと考えればいいのです．

ベクトル A と B のベクトル積は，式で書くと次の式で表されます．

$$A \times B = C \tag{A.5}$$

また，ベクトル A と B のベクトル積の大きさは，絶対値の記号，および z 方向を向く単位法線ベクトル n を使って，次のように表すことができます．

$$|A \times B| = |C| = AB\sin\theta \tag{A.6a}$$

$$A \times B = C = (AB\sin\theta)\,n \tag{A.6b}$$

ここで，注意すべきことがあります．というのは，ベクトル積では掛け算の順序を変えると，結果として得られるベクトル C の向きが逆になることです．なぜかというと，たとえば，ベクトル A と B の掛ける順序を逆にして $B \times A$ とすると，B から A の方向にねじを回すことになるので，ねじの進む方向も $A \times B$ の場合の逆の，z 軸のマイナス方向になるからです．ですから，ベクトル積 $A \times B$ と $B \times A$ の間には次の関係が成立します．

$$B \times A = -A \times B \tag{A.7}$$

b　単位ベクトルとその性質および活用

b.1　単位ベクトルとその性質

ベクトルは本来 3 次元空間の数学や物理の現象を記述するものですが，3 次元ベクトルの表示に便利に使える数学の道具に単位ベクトルがあります．単位ベクトルは記号 i, j, k で表され，図 A.6 に示すようになります．単位ベクトル i, j, k は，方向がそれぞれ x, y, z 軸のプラス方向で，大きさが 1 のベクトルです．

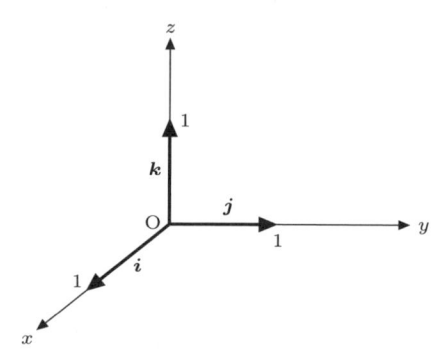

図 A.6 単位ベクトル i, j, k

そして，単位ベクトルの i, j および k は，お互いのスカラー積の間に，次のような関係が成り立ちます．

$$i \cdot i = 1, \quad j \cdot j = 1, \quad k \cdot k = 1$$
$$i \cdot j = 0, \quad j \cdot k = 0, \quad k \cdot i = 0 \quad \text{(A.8)}$$
$$j \cdot i = 0, \quad k \cdot j = 0, \quad i \cdot k = 0$$

式 (A.8) の関係は，ベクトルのスカラー積の式 (A.4) を使って導くことができます．たとえば，$i \cdot i = 1$ の関係は，式 (A.4) を使うと，$i \cdot i = i \times i \cos\theta$ となりますが，単位ベクトル i は大きさの値が 1 で，方向は同じ向きなので θ の値は 0° になります．だから $i \times i = 1, \cos\theta = 1$ となり，$i \cdot i = 1$ の関係が導かれます．異なる単位ベクトルの間のスカラー積の $i \cdot j = 0$ などの関係も i と j のなす角 θ が 90° だから $\cos\theta = 0$ となるので容易に納得できると思います．

また，単位ベクトルの i, j および k の間のベクトル積の関係は，次のようになります．

$$i \times i = 0, \quad j \times j = 0, \quad k \times k = 0$$
$$i \times j = k, \quad j \times k = i, \quad k \times i = j \quad \text{(A.9)}$$
$$j \times i = -k, \quad k \times j = -i, \quad i \times k = -j$$

この式 (A.9) の関係は式 (A.6b) を使うと導くことができます．ベクトル積では式 (A.6b) に示すように角度の項は $\sin\theta$ になるので，$\sin\theta$ の値は θ が 0° なら 0，90° なら 1 をとります．だから，$i \times i$ などの同じ単位ベクトルの間の角度 θ は 0° だから，i と i のベクトル積は $i \times i = 0$ となります．

また，異なる単位ベクトル間のベクトル積の $i \times j$ は i と j に直角な z 軸方向を向くので単位ベクトルの k になり，$i \times j = k$ となります．また，$j \times i = -k$ となるのは，単位ベクトル i と j の掛け算の順序が逆になっているので，右ねじの進む方向が z 軸のマイナス方向になるからです．

b.2　単位ベクトルの活用

いま，A と B が 3 次元ベクトルであるとすると，ベクトル A と B はそれぞれの x, y, z 成分の A_x, A_y, A_z と B_x, B_y, B_z を使って，次の式で表すことができます．

$$A = A_x \mathbf{i} + A_y \mathbf{j} + A_z \mathbf{k} \tag{A.10a}$$

$$B = B_x \mathbf{i} + B_y \mathbf{j} + B_z \mathbf{k} \tag{A.10b}$$

すると，ベクトル A と B のベクトル積 $A \times B$ は単位ベクトルを使って表すと，次のようになります．

$$\begin{aligned}
A \times B &= (A_x \mathbf{i} + A_y \mathbf{j} + A_z \mathbf{k}) \times (B_x \mathbf{i} + B_y \mathbf{j} + B_z \mathbf{k}) \\
&= A_x B_x \mathbf{i} \times \mathbf{i} + A_y B_y \mathbf{j} \times \mathbf{j} + A_z B_z \mathbf{k} \times \mathbf{k} \\
&\quad + (A_x B_y - A_y B_x) \mathbf{k} + (A_y B_z - A_z B_y) \mathbf{i} + (A_z B_x - A_x B_z) \mathbf{j} \\
&= (A_x B_y - A_y B_x) \mathbf{k} + (A_y B_z - A_z B_y) \mathbf{i} + (A_z B_x - A_x B_z) \mathbf{j} \tag{A.11}
\end{aligned}$$

この演算では式 (A.9) の関係を使いました．

また，ベクトル A と B のスカラー積 $A \cdot B$ は，次のようになります．

$$\begin{aligned}
A \cdot B &= (A_x \mathbf{i} + A_y \mathbf{j} + A_z \mathbf{k}) \cdot (B_x \mathbf{i} + B_y \mathbf{j} + B_z \mathbf{k}) \\
&= A_x B_x + A_y B_y + A_z B_z \tag{A.12}
\end{aligned}$$

この式 (A.12) では，式 (A.8) に示した単位ベクトルの間のスカラー積の関係式から，同じ単位ベクトルのスカラー積はすべて 1 になり，異なる単位ベクトルの間のスカラー積は 0 になります．計算は簡単なので，途中の演算は省略し，結果のみ記しました．

なお，ベクトル A と B のベクトル積 $A \times B$ は，行列式を使うと次のようにスマートに表せます．

$$A \times B = \begin{vmatrix} \mathbf{i} & \mathbf{j} & \mathbf{k} \\ A_x & A_y & A_z \\ B_x & B_y & B_z \end{vmatrix} \tag{A.13}$$

式 (A.13) の行列式の値は，行列式の演算の規則に沿って計算すると，当然ですが式 (A.11) に示した結果と同じになります．

c　grad, div, rot の意味と用法

c.1　ベクトル微分演算子とナブラ ∇ 記号およびラプラシアン Δ 記号

ベクトル演算では grad, div, rot などの記号が使われます．これらはいずれもベクトル微分演算子と呼ばれるものですが，ベクトル微分演算子にはこの他にナブラ ∇ とラプラシアン Δ という記号があります．

grad, div, rot についてはこのあと項目別に説明するので，ここでは，これらの説明にも使う関係で，まずナブラ ∇ とラプラシアン Δ について説明しておきます．説明に使う座標系は本文と合わせて，すべて直交座標系とすることにします．

ナブラ ∇ は次の式で示すように，3次元のベクトル微分演算子の記号です．

$$\nabla = \frac{\partial}{\partial x}\boldsymbol{i} + \frac{\partial}{\partial y}\boldsymbol{j} + \frac{\partial}{\partial z}\boldsymbol{k} \tag{A.14}$$

ここで，$\partial/\partial x$, $\partial/\partial y$, $\partial/\partial z$ は偏微分記号です．記号の意味はそれぞれ微分記号の $\mathrm{d}/\mathrm{d}x$, $\mathrm{d}/\mathrm{d}y$, $\mathrm{d}/\mathrm{d}z$ とほとんど変わらないので，微分記号と同じと考えて読み進んでも特に問題は生じません．

式 (A.14) の両辺に右からスカラー関数 (スカラー量だけの関数) ϕ を掛けると，次の式ができます．

$$\nabla\phi = \frac{\partial\phi}{\partial x}\boldsymbol{i} + \frac{\partial\phi}{\partial y}\boldsymbol{j} + \frac{\partial\phi}{\partial z}\boldsymbol{k} \tag{A.15}$$

また，ナブラ ∇ の二乗の ∇^2 はナブラ二乗と呼ばれ，次の式で表されます．

$$\nabla^2 = \frac{\partial^2}{\partial x^2} + \frac{\partial^2}{\partial y^2} + \frac{\partial^2}{\partial z^2} \tag{A.16a}$$

この式 (A.16a) は式 (A.14) で表される二つのナブラ ∇ をスカラー的に掛けたスカラー積 $\nabla \cdot \nabla$ で表されるので，次のようになります．

$$\nabla^2 = \nabla \cdot \nabla \tag{A.16b}$$

実は，ナブラ二乗の ∇^2 はラプラシアン Δ に等しくなります．ですからラプラシアン Δ は次の式で表されます．

$$\Delta = \nabla^2 = \frac{\partial^2}{\partial x^2} + \frac{\partial^2}{\partial y^2} + \frac{\partial^2}{\partial z^2} \tag{A.17}$$

c.2　grad

grad は英語の gradient (グレーディエント) の省略型なので，これは勾配を意味しています．数学的には関数の微分で表されるので，f を x の関数とすると，1次元の勾配の場合には，次の式で表されます．

$$\operatorname{grad} f = \frac{\mathrm{d}f}{\mathrm{d}x} \tag{A.18a}$$

3次元の勾配の場合には ϕ を3次元の関数として，$\operatorname{grad}\phi$ は偏微分を使って次の式で表されます．

$$\operatorname{grad}\phi = \frac{\partial\phi}{\partial x}\boldsymbol{i} + \frac{\partial\phi}{\partial y}\boldsymbol{j} + \frac{\partial\phi}{\partial z}\boldsymbol{k} \tag{A.18b}$$

この式 (A.18b) の右辺は (A.15) と同じになっています．したがって，grad は ∇ と同じであり，$\operatorname{grad}\phi$ はナブラ ∇ とスカラー関数 ϕ の積になるので，次の式が成立します．

$$\operatorname{grad} = \nabla = \frac{\partial}{\partial x}\boldsymbol{i} + \frac{\partial}{\partial y}\boldsymbol{j} + \frac{\partial}{\partial z}\boldsymbol{k} \tag{A.19a}$$

$$\operatorname{grad}\phi = \nabla\phi = \frac{\partial\phi}{\partial x}\boldsymbol{i} + \frac{\partial\phi}{\partial y}\boldsymbol{j} + \frac{\partial\phi}{\partial z}\boldsymbol{k} \tag{A.19b}$$

電磁気学では grad は電界 $\boldsymbol{E}$ を表すために使われます．電界 $\boldsymbol{E}$ は電位 V の勾配になるからです．ですから，grad を使うと電界 $\boldsymbol{E}$ は次の式で表されます．

$$\boldsymbol{E} = -\operatorname{grad} V \tag{A.20a}$$

または

$$\boldsymbol{E} = -\nabla V \tag{A.20b}$$

c.3 div

div は英語の divergence (ダイバージェンス) の省略型で意味は発散とか湧き出しですが，電磁気学でも'発散'と'湧き出し'が重要です．電荷からは電気力線が出ますが，これは電界 $\boldsymbol{E}$ の湧き出しと言われますので，この状態は div $\boldsymbol{E}$ で表されます．

div はナブラ ∇ とベクトルのスカラー積になるので，いまベクトルを $\boldsymbol{E}$ とすると，div $\boldsymbol{E}$ は次のように表されます．

$$\begin{aligned}\operatorname{div}\boldsymbol{E} = \nabla \cdot \boldsymbol{E} &= \left(\frac{\partial}{\partial x}\boldsymbol{i} + \frac{\partial}{\partial y}\boldsymbol{j} + \frac{\partial}{\partial z}\boldsymbol{k}\right) \cdot (E_x\boldsymbol{i} + E_y\boldsymbol{j} + E_z\boldsymbol{k}) \\ &= \frac{\partial E_x}{\partial x} + \frac{\partial E_y}{\partial y} + \frac{\partial E_z}{\partial z}\end{aligned} \tag{A.21}$$

div は磁束の発散を表すときにも使われます．磁束は循環していて湧き出すことはないのですが，このことは磁束密度 $\boldsymbol{B}$ を使って，次の式で表されます．

$$\operatorname{div}\boldsymbol{B} = 0 \tag{A.22}$$

c.4 rot

rot は英語の rotation (ローテーション) の省略型で意味は回転ですが，電磁気学的には回転とか循環の意味に使われます．実は，rot には同じ意味で curl も使われますので，curl $\boldsymbol{H}$ とあれば，これは rot $\boldsymbol{H}$ のことだと理解する必要があります．捲き毛の髪を'髪がカールしている！'などと言うように，curl は'渦巻く'とか'ねじ曲げる'というような意味があります．

rot は数学的にはナブラ ∇ とベクトルのベクトル積になるので，いまベクトルを $\boldsymbol{E}$ とすると，rot $\boldsymbol{E}$ は次のようにして導くことができます．

$$\begin{aligned}\operatorname{rot}\boldsymbol{E} = \nabla \times \boldsymbol{E} &= \left(\frac{\partial}{\partial x}\boldsymbol{i} + \frac{\partial}{\partial y}\boldsymbol{j} + \frac{\partial}{\partial z}\boldsymbol{k}\right) \times (E_x\boldsymbol{i} + E_y\boldsymbol{j} + E_z\boldsymbol{k}) \\ &= \left(\frac{\partial E_z}{\partial y} - \frac{\partial E_y}{\partial z}\right)\boldsymbol{i} + \left(\frac{\partial E_x}{\partial z} - \frac{\partial E_z}{\partial x}\right)\boldsymbol{j} + \left(\frac{\partial E_y}{\partial x} - \frac{\partial E_x}{\partial y}\right)\boldsymbol{k}\end{aligned} \tag{A.23}$$

なお，rot $\boldsymbol{E}$ は curl $\boldsymbol{E}$ とも書かれます．

また，ベクトルを $\boldsymbol{E}$ とすると，rot $\boldsymbol{E}$ はナブラ ∇ とベクトル $\boldsymbol{E}$ のベクトル積になることから，式 (A.13) と同じように，行列式を使って次のように表すこともできます．

$$\operatorname{rot}\boldsymbol{E} = \begin{vmatrix} \boldsymbol{i} & \boldsymbol{j} & \boldsymbol{k} \\ \dfrac{\partial}{\partial x} & \dfrac{\partial}{\partial y} & \dfrac{\partial}{\partial z} \\ E_x & E_y & E_z \end{vmatrix} \tag{A.24}$$

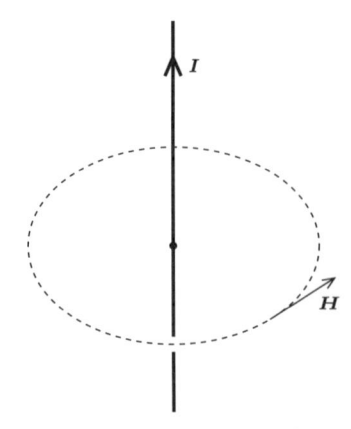

図 A.7 円周の (磁束から得られる) 磁界 H を集めると電流 I になる

式 (A.24) を行列式の演算規則に沿って計算すると，式 (A.23) と同じ式が得られます．

図 A.7 に示すように，電流 I が流れるとこのまわりにアンペールの右ねじの法則に従って磁力線 (磁束) が発生しますが，このことは逆に，円周に沿って発生する磁束から得られる磁界 H を集めると電流 I になるともいえます．アンペールの周回積分はこのことを表していますが，この状態をベクトル微分演算子の rot を使って微分形の式で表すと，次の式になります．

$$\mathrm{rot}\,\boldsymbol{H} = \boldsymbol{J} \tag{A.25}$$

式 (A.25) において右辺が電流 I でなくて電流密度の J になっているのは，磁界の H が磁力線 (または磁束) の密度を表しているからです．だから，H に対応するものは電流 I ではなく電流密度 J なのです．

演習問題の解答

1 章

1.1 (この回答は難しいので先人の考えを以下に紹介するが) 電気の分野で多くの業績を残したファラデーは，正の電荷と負の電荷の間に力が働くのは，電荷から何らかの電気の'力線'が出ているからに違いないと考えた．同様に磁極の間にも'力線'(磁力線) が出ていると考えた．この考えに沿って，後にマクスウェルが電気と磁気の'力線'が元になって電磁場が生まれ，これが振動して光など光速で運動する電磁波が生まれることを予言したのである．だから，光はエネルギー状態間の遷移以外の方法でも発生する．

1.2 電子は自転に基づくスピンを持っているが，電子などの粒子の自転を考えると，電子がある方向を向いて自転しているときと，電子がその逆向きで自転しているときでは，磁力線が発生する向きが異なるはずである．だから，ある方向を向いて自転している電子とその逆向きで自転している電子は同じではないはずなので，電子には2種類あると考えられる．

1.3 1.1 節に示されている物質から電子が離れやすい順を見ると，ガラスと木綿では，ガラスの方が電子が離れやすい．したがって，ガラス板を木綿の布でこすると，ガラスの電子がガラス板の表面から離れ木綿の表面に移動するので，ガラス板は電子が不足して正に帯電し，木綿には電子がたまって負に帯電する．

1.4 導線を流れる電流のまわりから発生する磁力線に基づく磁気の場 (これは6章で磁界と定義される) が，導線の下に置いてある磁針に影響を与える．すなわち，磁気の場の中ではN極は磁界の方向へ，S極は磁界と逆方向へ力を受けるので，磁針を回転させる力が生まれ，磁針が動いたと考えられる．

1.5 正に帯電した導体を作るには，図 1.8 に示した操作と逆の操作をすればよい．だから，中性の導体の左側に負の電荷を近づけ，導体に正負の電荷を左右に誘起させた後，導体を接地したアース線につないで，まず負電荷の電子を地球に逃がしてやる．次に，アース線をはずして負の電荷を導体から遠ざけると，導体に残っていた正電荷は導体全体に広がって，導体の全体が正電荷で帯電する．

2 章

2.1 電気力線の本数 N は式 (2.1a) を使って，$N = (1 \times 10^{-8}[\text{C}])/(8.854 \times 10^{-12}[\text{F/m}]) = 1.13 \times 10^3[\text{V} \cdot \text{m}]$ と求められる．ここで，単位について $[\text{C}] = [\text{V} \cdot \text{F}]$ の関係を使った．電束 Φ_E は式 (2.2) に従って $\Phi_\text{E} = 1 \times 10^{-8}[\text{C}]$．また，2[m] 離れた位置の電界の大きさ E は電気力線の密度 n_0 と等しいので，式 (2.4) を使って $E = n_0 = N/(4\pi \times 2^2[\text{m}^2]) = 22.5[\text{V/m}]$．もちろん式 (2.5) を使ってもよい．電束密度の大きさ D は式 (2.6) を使って $D = (1 \times 10^{-8}[\text{C}])/(4\pi \times 2^2[\text{m}^2]) = 1.99 \times 10^{-10}[\text{C/m}^2]$ と求まる．

2.2 真空の球空間の中の電荷の合計 Q_T は，$Q_\text{T} = (1 \times 10^{-8} + 2 \times 10^{-7})[\text{C}] = 21 \times 10^{-8}[\text{C}]$ なので，電気力線の総数 N_T は，$N_\text{T} = (21 \times 10^{-8}[\text{C}])/(8.854 \times 10^{-12}[\text{F/m}]) = 2.37 \times 10^4[\text{V} \cdot \text{m}]$．球空間の表面における電界の大きさ E は電気力線の密度と同じなので $E = (2.37 \times 10^4[\text{V} \cdot \text{m}])/(4\pi \times 1[\text{m}^2]) = 1.89 \times 10^3[\text{V/m}]$ となる．

2.3 正負の電荷の間にはクーロン力が働くので，式 (2.9) に従って力の大きさ F は，$F = \{(1 \times 10^{-4}[\text{C}]) \times (-1 \times 10^{-4}[\text{C}])\}/(4\pi \times 8.854 \times 10^{-12}[\text{F/m}] \times 4^2[\text{m}^2]) = -5.62[\text{C/F} \cdot \text{m}] = -5.62[\text{N}]$ となる．F の値が負になるので，この力は引力である．ここで，単位の換算において $[\text{N/C}] = [\text{V/m}]$ の関係を使った．

2.4 点 A にある電荷による点 C に作る電界の大きさ E_AC は，AC の距離が 5[m] だから，式 (2.10) を使って $E_\text{AC} = (1 \times 10^{-6}[\text{C}])/(4\pi \times 8.854 \times 10^{-12}[\text{F/m}] \times 5^2[\text{m}^2]) = 3.60 \times 10^2[\text{V/m}]$．点 B の電荷による点 C に作る電界の大きさ E_BC は距離が 4[m] だから同様にして，$E_\text{BC} = (1 \times 10^{-6}[\text{C}])/(4\pi \times 8.854 \times 10^{-12}[\text{F/m}] \times 4^2[\text{m}^2]) = 5.62 \times 10^2[\text{V/m}]$．したがって，点 C の二つの電荷による電界の大きさは，点 A と点 B の電荷による電界の大きさを加えればよいので，式 (2.8) を使って $9.22 \times 10^2[\text{V/m}]$ となる．点 C の電荷 Q は $1 \times 10^{-6}[\text{C}]$ であるから，点 C に加わる力の大きさ F は，式 (2.11) を使って，$F = 9.22 \times 10^2[\text{V/m}] \times 1 \times 10^{-6}[\text{C}] = 9.22 \times 10^{-4}[\text{N}]$ と求まる．

2.5 二つの電荷の中点は点 A から 2[m] なので，点 A の正電荷による電界 $\boldsymbol{E}_\text{A}$ は A から B へ向き，その大きさは式 (2.5) により $E_\text{A} = (1 \times 10^{-6}[\text{C}])/(4\pi \times 8.854 \times 10^{-12}[\text{F/m}] \times 2^2[\text{m}^2]) = 2.25 \times 10^3[\text{V/m}]$ となる．また，点 B の負電荷による電界 $\boldsymbol{E}_\text{B}$ は A から B の方向で，その大きさは同じく式 (2.5) により $E_\text{B} = (-1 \times 10^{-6}[\text{C}])/(4\pi \times 8.854 \times 10^{-12}[\text{F/m}] \times 2^2[\text{m}^2]) = -2.25 \times 10^3[\text{V/m}]$ となるので，中点の正電荷 Q_C に加わる二つの電界による力の和 F は点 A か点 B への向きである．

2.6 式 (2.11) の $\boldsymbol{F} = Q\boldsymbol{E}[\text{N}]$ の関係を用いると，力の大きさ F が $3 \times 10^{-4}[\text{N}]$，電荷 Q が $2.5 \times 10^{-6}[\text{C}]$ なので，$E = (3 \times 10^{-4}[\text{N}])/(2.5 \times 10^{-6}[\text{C}]) = 1.2 \times 10^2[\text{N/C}]$ となる．また，電荷が $-5 \times 10^{-6}[\text{C}]$ のときには，電界の大きさの値は同じ $1.2 \times 10^2[\text{N/C}]$

なので力は -6×10^{-4}[N] となり，力の方向は逆向きである．

2.7 電荷の面密度 σ_S が 1×10^{-6}[C/m²] なので，単位面積あたりの電荷 Q は $Q = 1 \times 10^{-6}$[C] となる．したがって，平面からは表裏の両側から電気力線が放出されることに注意して，この Q をガウスの法則の式 (2.13b) に適用すると，$2\int_S E\,dS = Q/\epsilon_0$ が成り立つ．この式の左辺は $2E\int_S dS = 2ES$ となるが，単位面積あたりの電気力線を考えることにすると $S = 1$[m²] なので，ES の単位は [V·m] となる．したがって，電界の大きさは $E = Q/(2\epsilon_0 S$[F·m]$)$ で表されるので，この式に Q と ϵ_0 の値を代入して電界の大きさ E を計算すると，$E = (1\times 10^{-6}$[C]$)/(2\times 8.854\times 10^{-12}$[F·m]$) = 5.65\times 10^4$[V/m] と求まる．なお，直接式 (2.25) を使っても同じ結果が得られる．

2.8 電荷の帯電した線の場合には線のまわりを一周した 2π (360°) の立体角で電気力線が出ているので，線のまわりに仮想円筒を考えて，その仮想円筒の表面の電界を計算するのがよい．そこで，長さが 1[m] で半径が 1[m] の仮想円筒を考えると，仮想円筒の表面積 S は，$S = 2\pi \times 1$[m]$\times 1$[m] $= 2\pi$[m²] となる (円筒の上下の端面は考えない (2.6.2 項参照))．また，線の単位長さあたりの電荷は 1×10^{-8}[C] なので，ここでの電荷 Q は 1×10^{-8}[C] となる．したがって，ガウスの法則の式に適用すると，$\int_S E\,dS = Q/\epsilon_0$ となる．この式から電界の大きさは $E = Q/(S\epsilon_0)$ となるので，この式に上で求めた S と Q の値を代入すると，電界の大きさ E は $E = (1\times 10^{-8}$[C]$)/(2\pi$[m²]$\times 8.854\times 10^{-12}$[F/m]$) = 1.80\times 10^2$[V/m] と求まる．

2.9 点電荷 Q_1 が点電荷 Q_2 の位置に作る電界の大きさ E は，$E = Q_1$[C]$/(4\pi\epsilon_0 r^2$[m²]$)$ となる．この電界 $\boldsymbol{E}$ が点電荷 Q_2 に及ぼす電気力の大きさ F は，$F = EQ_2 = \{Q_1 Q_2/(4\pi\epsilon_0 r^2)\}$[N] となる．この電気力の大きさ F は点電荷 Q_1 と点電荷 Q_2 の間に働くクーロン力の大きさに一致していることがわかる．

3章

3.1 電荷 Q_1 による電界の大きさ E_1 は式 (2.5) を使って，$E_1 = (1\times 10^{-6})$[C]$/\{4\pi\epsilon_0 \times (2$[m]$)^2\} = 2.25\times 10^3$[V/m] となり，電荷 Q_2 による電界 E_2 も，同様にして $E_2 = (2\times 10^{-6})$[C]$/\{4\pi\epsilon_0 \times (1$[m]$)^2\} = 1.80\times 10^4$[V/m] となる．$E_1$ と E_2 は共に左向きなので，Q_1 と Q_2 が位置 A に作る電界の大きさ E_{1+2} は，$E_{1+2} = E_1 + E_2 = 2.03\times 10^4$[V/m]，向きは左方向と求まる．

3.2 電界の大きさ E は電位の負の勾配なので $E = -dV/dx$ と書ける．この式を使って，電位が V であった位置 a から微小距離 Δx だけ変化した位置における，電位 V の微小変化 ΔV は，近似的に $\Delta V = -\Delta x \times E$ の式で表される．すなわち，電位は位置が変化するとその値が低くなる電位降下が起こる．式 $\Delta V = -\Delta x \times E$ の関係を使い，A から Δx の距離の電位を $V_{\Delta x}$ とすると，電位は $V_{\Delta x} = V_A - \Delta x \times E_A$ となるので，この式に $V_A = 10$[V]，$\Delta x = 0.1$[m]，$E_A = 5$[V/m] を代入して計算して，$V_{\Delta x} = 9.5$[V] と求まる．

3.3 点 A の位置の電界の大きさ E と電位 V に対して，$E = Q/(4\pi\epsilon_0 r^2)[\mathrm{V/m}]$ と $V = Q/(4\pi\epsilon_0 r)[\mathrm{V}]$ の関係を適用して，題意の電界の大きさと電位の値を使うと，二つの式から $Q/(4\pi\epsilon_0 r^2) = 5[\mathrm{V/m}]$, $Q/(4\pi\epsilon_0 r) = 10[\mathrm{V}]$ の関係が得られるので，この二つの式より距離は，$r = 2[\mathrm{m}]$ となる．そして，電荷 Q はこの r の値を使って $Q = 4\pi\epsilon_0 \times 2[\mathrm{m}] \times 10[\mathrm{V}] = 2.23 \times 10^{-9}[\mathrm{C}]$ と計算できる．これらの r と Q の値を使うと，電荷 Q のある位置から $4[\mathrm{m}]$ 離れた位置の電位 $V_{4\mathrm{m}}$ および電界 $E_{4\mathrm{m}}$ は次のように求まる．$V_{4\mathrm{m}} = \{Q/(4\pi\epsilon_0 \times 4[\mathrm{m}])\}[\mathrm{V}] = 5.00[\mathrm{V}]$, $E_{4\mathrm{m}} = \{Q/(4\pi\epsilon_0 \times (4[\mathrm{m}])^2)\}[\mathrm{V/m}] = 1.25[\mathrm{V}]$ となる．なお，位置 A が電荷 Q の位置から $2[\mathrm{m}]$ であることを考えて，$V_{\Delta x} = V - \Delta x \times E$ の関係を使うと，位置 A から $2[\mathrm{m}]$ の位置の電位は，これを $V_{4\mathrm{m}}$ とすると，$V_{4\mathrm{m}} = 10[\mathrm{V}] - (5 \times 2)[\mathrm{V}] = 0$ となってしまう．このような結果になったのは，Δx の値が大きいときには $V_{\Delta x} = V - \Delta x \times E$ の電圧降下の近似式がよくないからである．たとえば，点 A から $0.1[\mathrm{m}]$ の距離で，電荷 Q から $2.1[\mathrm{m}]$ の地点の電位 $V_{2.1\mathrm{m}}$ を計算すると，$V_{2.1\mathrm{m}} = \{Q/(4\pi\epsilon_0 \times 2.1[\mathrm{m}])\}[\mathrm{V}] = 9.52[\mathrm{V}]$ と計算できて，電位降下の近似式を使った場合の解の $9.5[\mathrm{V}]$ とほぼ同じ結果になる．

3.4 仕事は W で表されるが，仕事は力の大きさ F と距離 r の積になるので $W = Fr$ となる．だから，電界の大きさ E と電荷 Q の積が力の大きさ F になることを考えると，電気力による仕事は $W = EQr$ となる．この式に題意の $W = 300[\mathrm{J}], Q = 2[\mathrm{C}], r = 0.1[\mathrm{m}]$ を代入して電界の大きさ E を求めると，$E = 300[\mathrm{J}]/(2[\mathrm{C}] \times 0.1[\mathrm{m}]) = 1500[\mathrm{V/m}]$ と求まる．ここでは，単位について $[\mathrm{J}] = [\mathrm{V} \cdot \mathrm{C}]$ の関係を使った．

3.5 半径 a の導体球を囲む半径 r の仮想球の表面を閉曲面として，この閉曲面の表面積を S とすると，導体表面に帯電する電荷 Q と閉曲面 (仮想球の表面) の電界の大きさ E_r の関係はガウスの法則を適用すれば，$\int_S E_r \, \mathrm{d}S = E_r \int_S \mathrm{d}S = E_r S = Q/\epsilon_0$ となる．$S = 4\pi r^2$ だからこれを使うと電界の大きさ E_r は $E_r = Q/(4\pi\epsilon_0 r^2)$ となる．半径 a の導体球の内部では，導体の電気的な性質から電界はゼロであり，導体球で電界の値を持つのは表面とその近傍だけである．導体球の半径が a のときには，電界の大きさ E_a は $E_a = Q/(4\pi\epsilon_0 a^2)$ となる．これらを図示すると，図 P.1(a) に示すようになる．

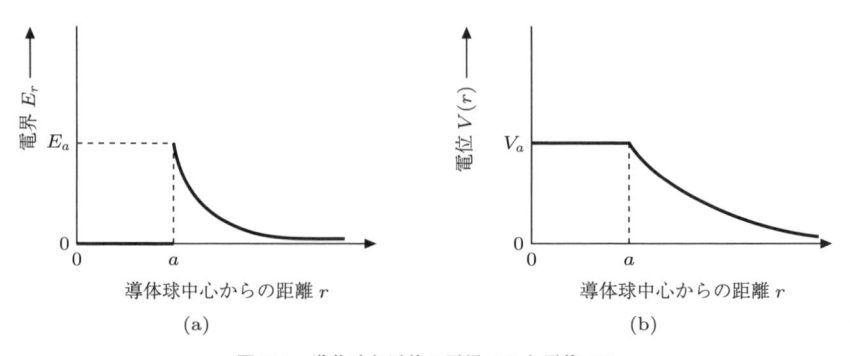

図 **P.1** 導体球と近傍の電界 (a) と電位 (b)

また，電位 V は $V = \int E_r \, dr$ の関係を用いて，$V = Q/(4\pi\epsilon_0 r)$ と求まる．なお，$r = a$ における電位 V_a は $V_a = Q/(4\pi\epsilon_0 a)$ となる．導体球内部の電位は一定であり，その値は $Q/(4\pi\epsilon_0 a)$ と同じである．電位の半径方向の分布を図に描くと，図 P.1(b) に示すようになる．

3.6 図 3.7 で表される電気双極子の電位 $V(r)$ は，式 (3.25) と式 (3.26a,b) を使うと次のようになる．$V(r) = V_+(r) + V_-(r) = Q/\{4\pi\epsilon_0(r - (1/2)s\cos\theta)\} - Q/\{4\pi\epsilon_0(r + (1/2)s\cos\theta)\} = \{Q/(4\pi\epsilon_0 r)\}\{(1/(1 - s\cos\theta/2r)) - (1/(1 + s\cos\theta/2r))\}$．ここで，$s/r$ は 1 に比べて非常に小さいので，$1/(1 - s\cos\theta/2r) \fallingdotseq 1 + s\cos\theta/2r$, $1/(1 + s\cos\theta/2r) \fallingdotseq 1 - s\cos\theta/2r$ と近似できる．この近似式を使うと，$\{Q/(4\pi\epsilon_0 r)\}\{(1/(1 - s\cos\theta/2r)) - (1/(1 + s\cos\theta/2r))\} = \{Q/(4\pi\epsilon_0 r)\}(s/r)\cos\theta = (Qs\cos\theta)/(4\pi\epsilon_0 r^2)$ となる．したがって，双極子の電位は，$V(r) = (Qs\cos\theta)/(4\pi\epsilon_0 r^2)$ と求まる．

3.7 帯電した導線 A と B による点 P での電界の大きさを，それぞれ E_{PA}, E_{PB} とすると，2.6.4 項の式 (2.27b) を使って，$E_{\mathrm{PA}} = Q/(2\pi\epsilon_0 x)$, $E_{\mathrm{PB}} = Q/\{2\pi\epsilon_0(d-x)\}$ となり，方向は同じなので両方の導線 A と B による電界 E は $E = E_{\mathrm{PA}} + E_{\mathrm{PB}}$ となる．したがって，これを計算すると $E = \{Q/(2\pi\epsilon_0)\}\{1/x + 1/(d-x)\}$ [V/m] となる．AB 間の電位差 V_{AB} は電界 E を a から $d-a$ まで積分して，$V_{\mathrm{AB}} = \int_a^{d-a} E \, dx = \{Q/(2\pi\epsilon_0)\}\int_a^{d-a}\{1/x + 1/(d-x)\}dx = \{Q/(2\pi\epsilon_0)\}\{[\ln x]_a^{d-a} - [\ln(d-x)]_a^{d-a}\} = \{Q/(\pi\epsilon_0)\}\ln\{(d-a)/a\}$ [V] と求まる．

3.8 電気影像法を使うが，これには，まず導体球の中で点電荷 Q の影像電荷 q が発生する座標位置を決める必要がある．求める影像電荷の座標を対称性を考えて $(c, 0)$ とすることにする．また，接地した導体の性質から，導体表面の電位はゼロになるので，図 M3.2 の導体球の両端の座標の電位を求め，これらがゼロになることを使って，影像電荷 q とその座標位置 $(c, 0)$ を以下のように決めることにする．導体球の右端の座標 $(a, 0)$ での電位を V_a, 左端の座標 $(-a, 0)$ での電位を V_{-a} とすると，これらの V_a と V_{-a} は $V_a = Q/\{4\pi\epsilon_0(l-a)\} + q/\{4\pi\epsilon_0(a-c)\} = 0$, $V_{-a} = Q/\{4\pi\epsilon_0(l+a)\} + q/\{4\pi\epsilon_0(a+c)\} = 0$ を満たす．これらの二つの式を連立させて解くと，q と c として $q = -(a/l)Q$, $c = a^2/l$ と求まる．次に，導体球から電荷 Q が受ける力の大きさ F は電荷 Q と影像電荷 $-q$ の間に働くクーロン力になるので，$F = \{-(a/l)Q \times Q\}/\{4\pi\epsilon_0(l-c)^2\} = \{1/(4\pi\epsilon_0)\}\{-(laQ^2)/(l^2-a^2)^2\}$ となる．

4 章

4.1 導体の場合には，電荷が近づくと導体の中で逆符号の電荷が近づき，同符号の電荷は遠ざかる．すなわち，導体で起こる静電誘導現象は導体の中の正負の電荷が移動することによって起こっている．一方，誘電体でもたとえば正電荷が誘電体に近づくと，電荷の近づいた誘電体の側に負電荷，反対側に正電荷が現れるが，この現象は誘電体の中の電荷が移動して起こっているわけではない．電荷 (実態は電界) が近づくと，誘電

体の内部ではすべての原子が分極を起こすが，内部の各分極電荷は左右隣の分極電荷によってお互いに相殺され，相殺し合う相手のいない誘電体の左右の端の正負の分極電荷がとり残されて，これらが左右の端の表面で分極電荷として現れているのである．

4.2 分極の大きさは式 (4.1) の $\sigma_p = |\boldsymbol{P}|$ で与えられるので，分極 P の大きさは $P = 0.7 \times 10^{-12} [\text{C/m}^2]$ となる．誘電体の電界の大きさ E_d は式 (4.5) に従って，次のように求まる．$E_d = (\sigma_t - \sigma_p)/\epsilon_0 = (1 - 0.7) \times 10^{-12} [\text{C/m}^2]/(8.854 \times 10^{-12} [\text{F/m}]) = 3.39 \times 10^{-2} [\text{V/m}]$ となる．ここで，単位は $[\text{C/m}^2]/[\text{F/m}] = [\text{V/m}]$ となる．

4.3 静電容量 C は式 (4.30b) で表される ($C = K\epsilon_0 S/d$) ので，真空および空気中の場合：比誘電率 K は 1 なので，この場合の静電容量を C_1 とすると $C_1 = (8.854 \times 10^{-12} [\text{F/m}]) \times (10 \times 10^{-4} [\text{m}^2])/(1 \times 10^{-3} [\text{m}]) = 8.854 \times 10^{-12} [\text{F}]$ となる．誘電体の場合：比誘電率 K は 3 なので，この場合の静電容量を C_2 とすると $C_2 = C_1 \times 3 = 8.854 \times 10^{-12} [\text{F}] \times 3 = 2.66 \times 10^{-11} [\text{F}]$ となる．

4.4 問 a では，電圧 V の印加によって両側に蓄えられた電荷を Q とすると，電荷密度 σ_S は $\sigma_S = Q/S$ となる．電束密度 $\boldsymbol{D}$ の大きさは電荷密度と等しく $D = \sigma_S$ なので，$D = Q/S$ および比誘電率 K の誘電体中の電界の大きさを E として $E = D/(K\epsilon_0) = Q/(K\epsilon_0 S)$ と表せる．また，2 分割した左側の電界の大きさを E_1，右側の電界の大きさを E_2 とすると，左側と右側の電位差 V_1, V_2 はそれぞれ $V_1 = d_1 E_1 = d_1 Q/(K_1 \epsilon_0 S)$, $V_2 = d_2 E_2 = d_2 Q/(K_2 \epsilon_0 S)$ となるので，$V_1 + V_2 = V$ の関係式に代入すると，次の関係が得られる．$V = (Q/(\epsilon_0 S))(d_1/K_1 + d_2/K_2)$．したがって，$Q/S = (V\epsilon_0)/(d_1/K_1 + d_2/K_2)$ となるので，電界の大きさ E_1 と E_2 は上記の V_1 と V_2 の式より，$E_1 = (K_2 V)/(K_2 d_1 + K_1 d_2)$, $E_2 = (K_1 V)/(K_2 d_1 + K_1 d_2)$ と求まる．

問 b では，$V = (Q/(\epsilon_0 S))(d_1/K_1 + d_2/K_2)$ の関係を使って，静電容量 C は $C = Q/V = (\epsilon_0 S)/(d_1/K_1 + d_2/K_2) = (K_1 K_2 \epsilon_0 S)/(K_2 d_1 + K_1 d_2)$ と求まる．

4.5 図 M4.2(a) における電界の大きさ E_1 と E_2 については，$V = dE_1$ と $V = dE_2$ の関係が成り立つので，電界の大きさ E は $E = E_1 = E_2 = V/d$ となる．そして $\epsilon E = D$ の関係より電束密度の大きさ D_1 と D_2 は，$D_1 = (K_1 \epsilon_0 V)/d$, $D_2 = (K_2 \epsilon_0 V)/d$ と求まる．

また，図 M4.2(b) において電荷密度 σ_S は $\sigma_S = Q/S$ となるので，$\sigma_S = D$ の関係から $D = D_1 = D_2$ となる．$\epsilon E = D$ の関係より電界の大きさ E_1 と E_2 は $E_1 = D/(K_1 \epsilon_0) = \{1/(K_1 \epsilon_0)\}(Q/S)$, $E_2 = D/(K_2 \epsilon_0) = \{1/(K_2 \epsilon_0)\}(Q/S)$ となるが，Q/S を求めるために，$V_1 + V_2 = V$ の関係に $V_1 = (d/2)E_1$ と $V_2 = (d/2)E_2$ の関係を代入すると $E_1 + E_2 = 2V/d$ の関係が得られるので，この関係に上記の E_1 と E_2 を代入すると $(Q/S)(1/K_1 + 1/K_2) = 2V\epsilon_0/d$ の関係が得られる．

したがって，Q/S すなわち D は $D = (2V\epsilon_0/d)(K_1 K_2)/(K_1 + K_2)$ となる．この D を使うと上記の E_1 と E_2 は，$E_1 = D/(K_1 \epsilon_0) = \{1/(K_1 \epsilon_0)\}(2V\epsilon_0/d)\{K_1 K_2/(K_1 + K_2)\} = 2VK_2/\{d(K_1 + K_2)\}$, $E_2 = D/(K_2 \epsilon_0) = \{1/(K_2 \epsilon_0)\}(2V\epsilon_0/d)(K_1 K_2)/

$(K_1 + K_2) = 2VK_1/\{d(K_1 + K_2)\}$ と求められる．

4.6 点 O を中心にして半径 r の位置における電界の大きさ E は $E = Q/(4\pi\epsilon_0 r^2)(a \leq r \leq b)$ となるので，同心球 A と B の間の電位差 V_{AB} は次の式になる．

$$V_{AB} = \int_b^a -E\,dr = \int_a^b E\,dr = \int_a^b \frac{Q}{4\pi\epsilon_0 r^2}dr = \frac{Q}{4\pi\epsilon_0}\int_a^b \frac{1}{r^2}dr$$
$$= \frac{Q}{4\pi\epsilon_0}\left[-\frac{1}{r}\right]_a^b = \frac{Q}{4\pi\epsilon_0}\left[\frac{1}{a} - \frac{1}{b}\right][V] \tag{P.1}$$

静電容量 C は，

$$C = Q/V_{AB} = 4\pi\epsilon_0/(1/a - 1/b) = (4\pi\epsilon_0 ab)/(b-a)[F] \tag{P.2}$$

4.7 合成容量は $C = C_1 + C_2 + C_3 = (1 + 2 + 3)[\mu F] = 6[\mu F]$ と増大する．増大の原因を考える．静電容量 C が $C = (K\epsilon_0 S)/d$ で表される場合を考えると，たとえば，$C_1 = (K\epsilon_0 S_1)/d$, $C_2 = (K\epsilon_0 S_2)/d$, $C_3 = (K\epsilon_0 S_3)/d$ とすると，$C = C_1 + C_2 + C_3 = \{(K\epsilon_0)/d\}(S_1 + S_2 + S_3)$ となり，合成静電容量の増大は電極面積 S が増大しているためであることがわかる．

4.8 合成容量は $1/C = 1/C_1 + 1/C_2 + 1/C_3 = (1/1 + 1/2 + 1/4)[\mu F^{-1}] = 7/4[\mu F^{-1}]$ と計算できるので，$C = 4/7[\mu F] = 0.571[\mu F]$ と静電容量の値は減少している．減少の原因を考えるために，この場合は電極間距離を変えて，$C_1 = (K\epsilon_0 S)/d_1$, $C_2 = (K\epsilon_0 S)/d_2$, $C_3 = (K\epsilon_0 S)/d_3$ とすると，合成容量は $1/C = 1/C_1 + 1/C_2 + 1/C_3 = d_1/(K\epsilon_0 S) + d_2/(K\epsilon_0 S) + d_3/(K\epsilon_0 S) = \{1/(K\epsilon_0 S)\}(d_1 + d_2 + d_3)$ となる．合成容量 C は，$C = (K\epsilon_0 S)/(d_1 + d_2 + d_3)$ となるので，コンデンサを合成することによって電極間距離が増大しているので，合成容量の減少は電極間距離の増大が原因であることがわかる．

4.9 電極間に働く力 F は式 (4.40a) で表されるので，次のようになる．

$$F = \frac{1}{2}\epsilon_0 S\left(\frac{V}{d}\right)^2 = \frac{1}{2} \times 8.854 \times 10^{-12}[F/m] \times 40 \times 10^{-4}[m^2] \times \left(\frac{500[V]}{1 \times 10^{-3}[m]}\right)^2$$
$$= \frac{1}{2} \times 8.854 \times 40 \times 250000 \times 10^{-12} \times 10^{-4} \times 10^6 [F/m][m^2][V^2/m^2] = 4.43 \times 10^{-3}[N]$$

4.10 電荷 Q は $Q = CV = 0.8 \times 10^{-6}[F] \times 100[V] = 8 \times 10^{-5}[C]$ となる．また，静電容量が C の導体に電圧 V を加えるとエネルギー W は $W = (1/2)CV^2[J]$ となるので，次のように計算できる．

$$W = \frac{1}{2} \times 0.8 \times 10^{-6}[F] \times (100[V])^2 = 0.5 \times 0.8 \times 10000 \times 10^{-6}[F][V^2] = 4 \times 10^{-3}[J]$$

5 章

5.1 抵抗 R は抵抗率 ρ_R を使うと，$R = \rho_R l/S$ の式で表されるので，この式より抵抗率 ρ_R は，$\rho_R = RS/l = 10[\Omega] \times 1 \times 10^{-6}[m^2]/1[m] = 1 \times 10^{-5}[\Omega \cdot m]$ と求められる．

5.2 まず抵抗 R は $R = \rho_R l/S$ なので，抵抗を求めると $R = 2 \times 10^{-4}[\Omega \cdot m] \times 20 \times 10^{-2}[m]/(4 \times 10^{-6}[m^2]) = 10[\Omega]$ となる．したがって，コンダクタンス G は $G = (1/R)[\Omega^{-1}]$ なので，$G = (1/10)[\Omega^{-1}] = 0.1[S]$ となる．

5.3 電流密度 J は $J = nev[A/m^2]$ なので，この式を使って電子の速度 v は，$v = J/(ne) = 7.7 \times 10^6[A/m^2]/(8 \times 10^{22} \times 10^6[m^{-3}] \times 1.602 \times 10^{-19}[C]) = 6.01 \times 10^{-4}[m/s]$ と求まる．

5.4 直列接続したときの合成抵抗を R_1 とすると，$R_1 = (1+2+4)[\Omega] = 7[\Omega]$ となる．また，並列接続したときの合成抵抗を R_2 とすると，$1/R_2 = (1/1+1/2+1/4)[\Omega^{-1}] = (7/4)[\Omega^{-1}]$ となるので，$R_2 = 0.571[\Omega]$ と求まる．

5.5 抵抗値が $2[\Omega]$ と $2.5[\Omega]$ の抵抗を並列に接続したときの合成抵抗を R_1 とすれば $1/R_1 = 1/2 + 1/2.5[\Omega^{-1}]$ と計算できるので，$R_1 = (10/9)[\Omega] = 1.11[\Omega]$ となる．R_1 と $3[\Omega]$ の抵抗を直列に接続すると，合成抵抗 R_2 は $R_2 = (1.11+3)[\Omega] = 4.11[\Omega]$ と求まる．

5.6 抵抗を抵抗率 ρ_R，長さ l，断面積 S で表すことにして，R_1 と R_2 をそれぞれ $R_1 = \rho_{R1}l_1/S_1$，$R_2 = \rho_{R2}l_2/S_2$ で表すことにする．すると，並列接続の合成抵抗 R は $1/R = 1/R_1 + 1/R_2 = S_1/(\rho_{R1}l_1) + S_2/(\rho_{R2}l_2)$ となるが，いま，$\rho_{R1} \fallingdotseq \rho_{R2} \fallingdotseq \rho_R$，および $l_1 \fallingdotseq l_2 \fallingdotseq l$ と仮定すると，$1/R = \{(S_1+S_2)/(\rho_R l)\}$ となる．したがって，合成抵抗は $R = (\rho_R l)/(S_1+S_2)$ となり抵抗を並列に接続した場合に合成抵抗が小さくなるのは，抵抗の断面積が大きくなるためであることがわかる．

5.7 起電力が E_e，内部抵抗が r_i の電池 n 個を，抵抗が R の金属線につないだとき，この回路に電流が I 流れるとすると，次の式が成り立つ．$nE_e - nIr_i = IR$．この式に $E_e = 1[V]$，$r_i = 0.08[\Omega]$，$R = 2[\Omega]$，および $I = 10[A]$ を代入して電池の個数 n を求めると，$n = (10[A] \times 2[\Omega])/(1[V] - 10[A] \times 0.08[\Omega]) = (20/0.2) = 100$ と計算できるので，電池は 100 個つなぐ必要がある．

5.8 本文の図 E5.1 において，$R_1 = 1[\Omega]$，$R_2 = 2[\Omega]$，$R_3 = 3[\Omega]$，$E_1 = 10[V]$，$E_3 = 20[V]$ を使うと，次の連立方程式が成り立つ．

$I_1 - I_2 + I_3 = 0$ 　　　　単位を省略して　$I_1 - I_2 + I_3 = 0$

$1[\Omega] \times I_1 + 2[\Omega] \times I_2 = 10[V]$ 　　　　　$I_1 + 2I_2 = 10$

$2[\Omega] \times I_2 + 3[\Omega] \times I_3 = 20[V]$ 　　　　　$2I_2 + 3I_3 = 20$

この連立方程式を行列式を使って書き換え，そのあと行列式を使って解くと Δ および電流 I_1，I_2，および I_3 は，次のように求められる．

$$\Delta = \begin{vmatrix} 1 & -1 & 1 \\ 1 & 2 & 0 \\ 0 & 2 & 3 \end{vmatrix} = 6 + 2 - (-3) = 11$$

$$I_1 = \frac{1}{\Delta} \begin{vmatrix} 0 & -1 & 1 \\ 10 & 2 & 0 \\ 20 & 2 & 3 \end{vmatrix} = \frac{1}{11}\{20 - (40 - 30)\} = \frac{10}{11} = 0.909[A]$$

$$I_2 = \frac{1}{\Delta}\begin{vmatrix} 1 & 0 & 1 \\ 1 & 10 & 0 \\ 0 & 20 & 3 \end{vmatrix} = \frac{1}{11}\{30 + 20 - (0)\} = \frac{50}{11} = 4.55[\mathrm{A}]$$

$$I_3 = \frac{1}{\Delta}\begin{vmatrix} 1 & -1 & 0 \\ 1 & 2 & 10 \\ 0 & 2 & 20 \end{vmatrix} = \frac{1}{11}\{40 - (-20 + 20)\} = \frac{40}{11} = 3.64[\mathrm{A}]$$

6 章

6.1 力の単位 [N] には [N·m] = [C·V] の関係があるので，これを使うと [Wb] = [C·V]/[A] となるが，[C] = [A·s] の関係を使うと，[Wb] = [V·s] となる．

6.2 磁気に関するクーロンの法則を適用すると二つの磁荷 Q_{m1} と Q_{m2} の間に働く力の大きさ F は次のようになる． $F = (Q_{m1}Q_{m2})/(4\pi\mu_0 r^2)[\mathrm{N}] = (1 \times 1[\mathrm{Wb}^2])/\{4\pi \times 4\pi \times 10^{-7}[\mathrm{H/m}] \times (1[\mathrm{m}^2])\} = (1[\mathrm{Wb}^2])/(16\pi^2 \times 10^{-7}[\mathrm{H \cdot m}]) = 6.33 \times 10^4[\mathrm{N}]$ と求まる．ここで，単位は [H] = [Wb]/[A] なので [Wb^2]/[H·m] = [Wb·A]/[m] となる．また，[Wb] = [V·s] なので，[Wb·A]/[m] = [V·C]/[m] = [N] となる．二つの磁荷 Q_{m1} と Q_{m2} の間に働く力 $\boldsymbol{F}$ は反発力である．

6.3 磁荷 Q_{m1} と Q_{m0} の間に働く力を F_1，磁荷 Q_{m2} と Q_{m0} の間に働く力を F_2 とすると，[H] = [Wb]/[A] なので，[Wb^2]/[H·m] = [Wb·A/m] = [V·s·A/m] = [V·C/m] = [N] となる．したがって，F_1, F_2 と $F_1 + F_2$ は，次のようになる．

$$F_1 = \frac{m \times m[\mathrm{Wb}^2]}{4\pi\mu_0[\mathrm{H/m}]\left(r + \frac{l}{2}\right)^2[\mathrm{m}^2]} = \frac{m^2}{4\pi\mu_0\left(r + \frac{l}{2}\right)^2}[\mathrm{N}]$$

$$F_2 = \frac{-m \times m[\mathrm{Wb}^2]}{4\pi\mu_0[\mathrm{H/m}]\left(r - \frac{l}{2}\right)^2[\mathrm{m}^2]} = -\frac{m^2}{4\pi\mu_0\left(r - \frac{l}{2}\right)^2}[\mathrm{N}]$$

$$F_1 + F_2 = \frac{m^2}{4\pi\mu_0}\left\{\frac{1}{\left(r + \frac{l}{2}\right)^2} - \frac{1}{\left(r - \frac{l}{2}\right)^2}\right\} \doteqdot -\frac{m^2}{4\pi\mu_0}\frac{2l}{r^3}$$

ここで，$1/(r+l/2)^2 \doteqdot 1/(r^2+lr) \doteqdot (1/r^2)(1-l/r)$, $1/(r-l/2)^2 \doteqdot 1/(r^2-lr) \doteqdot (1/r^2)(1+l/r)$ なので，$1/(r+l/2)^2 - 1/(r-l/2)^2 = (1/r^2)(-2l/r) = (-2l/r^3)$ となることを使っている．∴ $F_1 + F_2 = -(2lm^2)/(4\pi\mu_0 r^3)[\mathrm{N}]$. したがって，磁荷 Q_{m0} と磁気双極子の間に働く力 F は引力で $-(2lm^2)/(4\pi\mu_0 r^3)[\mathrm{N}]$ となる．

6.4 磁界の大きさ H は，$H = Q_m/(4\pi\mu_0 r^2) = 10[\mathrm{Wb}]/\{16\pi^2 \times 10^{-7}[\mathrm{H/m}] \times (0.5[\mathrm{m}])^2\} = \{10/(4\pi^2)\} \times 10^7[\mathrm{Wb/H \cdot m}] = 2.53 \times 10^6[\mathrm{A/m}]$. 磁束密度の大きさは $B = \mu_0 H = 4\pi \times 10^{-7}[\mathrm{H/m}] \times 2.53 \times 10^6[\mathrm{A/m}] = 3.18[\mathrm{T}]$, 磁位は $U_m = Q_m/(4\pi\mu_0 r) = 10[\mathrm{Wb}]/\{16\pi^2 \times 10^{-7}[\mathrm{H/m}] \times 0.5[\mathrm{m}]\} = 1.27 \times 10^6[\mathrm{A}]$ と求められる．

6.5 磁界 $\boldsymbol{H}$ の磁荷 Q_m に対して働く力の大きさ F は $F = HQ_m$ となるので，

$F = HQ_m = 2.5 \times 10^6 [\text{A/m}] \times (-5[\text{Wb}]) = -12.5 \times 10^7 [\text{N}]$ となる.磁界 H は磁荷に対して磁界と逆方向の力を及ぼす.

6.6 $B = \mu H$ となるので,比透磁率 μ_S についての $\mu = \mu_S \mu_0$ の関係を使う必要がある.μ は,この関係を使って $\mu = 400 \times 4\pi \times 10^{-7} [\text{H/m}] = 5.02 \times 10^{-4} [\text{H/m}]$ となるので,$B = 5.02 \times 10^{-4} [\text{H/m}] \times 500 [\text{A/m}] = 0.251 [\text{T}]$ と計算できる.∵ $[\text{AH/m}^2] = [\text{T}]$.また,磁束は $\Phi_m = BS = 0.251[\text{T}] \times 5 \times 10^{-3} [\text{m}^2] = 1.26 \times 10^{-3} [\text{Wb}]$ と求められる.

6.7 磁気双極子モーメント M_m は,$M_m = Q_m \times l$ となるので,$M_m = 10^{-5}[\text{Wb}] \times 0.1[\text{m}] = 1 \times 10^{-6} [\text{Wb} \cdot \text{m}]$ と求まる.

6.8 磁化率 χ は,$\chi = \mu - \mu_0 = \mu_0 \mu_S - \mu_0 = \mu_0(\mu_S - 1) = 4\pi \times 10^{-7}[\text{H/m}] \times (500 - 1) = 6.27 \times 10^{-4}[\text{H/m}]$ となる.また,磁化の大きさ M は,$M = \chi H = 6.27 \times 10^{-4}[\text{H/m}] \times 240[\text{A/m}] = 0.150[\text{T}]$,磁束密度の大きさは,$B = \mu H = \mu_0 \mu_S H = 4\pi \times 10^{-7}[\text{H/m}] \times 500 \times 240[\text{A/m}] = 0.151[\text{T}]$ と求まる.

6.9 強磁性体ではスピンによる磁気双極子モーメントが互いに接近して,相互作用によってスピンが平行になろうとする自発磁化の性質があるので,スピンの揃った磁区ができやすい.強磁性体に外部磁界を加えると磁区が同じ方向に配列するので磁化され,比透磁率が非常に大きくなる.一方,常磁性体ではスピンの相互作用によってスピンが平行になろうとする自発磁化の性質がないため,外部磁界が与えられても熱振動によってスピンの配列が邪魔され,磁化のされ方が弱まり比誘電率は 1 よりわずかに大きくなるだけである.

7 章

7.1 何気なしに本文の図 7.1 を眺めると上から見ることになるので,磁力線は電流の流れに対して左回りに発生しているように見える.しかし,電流の流れている向きは下から上の方向だから,電流の流れる方向に沿って下側から見ると,磁力線は右回りに発生していて,電流の進む方向に対して右ねじの方向であることがわかる.

7.2 アンペアの周回積分の法則を使うと,中心の導線を流れる電流が I ではなくて nI のときには,周回積分する磁界の大きさ H は nI により発生したものだから,次の式が成立するはずである.

$$\int_0^{2\pi a} H \cdot dl = nI [\text{A}] \tag{P.3}$$

この式の左辺は $2\pi a H$ となるので,$2\pi a H = nI$ の関係が成立し,磁界の大きさ H は $H = (nI)/(2\pi a)$ となる.

7.3 図 M7.1 のリング状の導線上の点 C の近傍で,長さ dl の導線を流れる電流 I が,x 軸上の点 P に作る磁界 H に対してはビオ-サバールの法則が適用でき,線分 CP と電流 I のなす角度は直角なので,式 (7.5a) の $\sin\theta$ は 1 となり,dH として次の式が得ら

れる．

$$dH = \frac{Idl}{4\pi r^2}[\text{A/m}] \tag{P.4}$$

磁界 $\boldsymbol{H}$ の方向は点 C を流れる電流 I の方向 (紙面の裏から表側への方向) に垂直であるから，$d\boldsymbol{H}$ の方向は図 M7.1 に示すようになる．いま，CP と PO のなす角を ϕ とすると，$d\boldsymbol{H}$ の方向は x 軸に垂直な方向から ϕ だけ傾いている．だから，x 軸上の磁界 dH_x の大きさは $dH_x = dH \cdot \sin\phi = (b/r)dH$ となるので，この関係を式 (P.4) に代入すると，dH_x として次の式が得られる．

$$dH_x = \frac{bI}{4\pi r^3}dl \tag{P.5}$$

リング状導線のまわりを流れる電流 I による x 軸上の磁界の大きさ $H(= H_x)$ は，導線の長さ l を円周にわたって (0 から $2\pi b$ まで) 積分すればよいから，次の式で求めることができる．

$$H_x = \frac{bI}{4\pi r^3}\int_0^{2\pi b} dl = \frac{b^2 I}{2r^3} \tag{P.6a}$$

$$= \frac{b^2 I}{2(b^2 + x^2)^{3/2}}[\text{A/m}] \tag{P.6b}$$

だから，リングの中心の磁界 H_0 は $x = 0$ とおいて $H_0 = I/(2b)[\text{A/m}]$ と求まる．

なお，x 軸に垂直な磁界の成分はリングのまわりを 1 周にわたって加え合わせるとゼロになる．

7.4 前問の解答の式 (P.6a,b) を使うと，これらの式において $b \to a$, $Idl \to nIdx$ と置き換えると，dx の長さのソレノイドが点 P に作る x 軸方向の磁界の大きさ dH_x を表す式として，次の式が得られる．

$$dH_x = \frac{a^2 nI}{2(a^2 + x^2)^{3/2}}dx$$

$$= \frac{nI}{2}\frac{a^2\,dx}{(a^2 + x^2)^{3/2}}[\text{A/m}] \tag{P.7}$$

図 M7.2 を参考にして $x\tan\phi = a$ だから $x = a\cot\phi$ なので，$dx/d\phi = -(a/\sin^2\phi)$ となる．また，$(a^2 + x^2)^{3/2} = a^3(1 + \cot^2\phi)^{3/2} = (a/\sin\phi)^3$ となるので，式 (P.7) より次の式が得られる．

$$dH_x = \frac{nI}{2} \times \frac{\sin^3\phi}{a^3} \times \left(-\frac{a^3}{\sin^2\phi}\right)d\phi$$

$$= -\frac{nI}{2}\sin\phi\,d\phi[\text{A/m}] \tag{P.8}$$

ソレノイドの長さを無限長とすると $x = -\infty$ のとき $\phi = \pi$，$x = +\infty$ のとき $\phi = 0$ となるので，H_x は式 (P.8) を ϕ で π から 0 まで積分すると得られる．したがって，H_x は次の式で与えられる．

$$H_x = \int_\pi^0 \left(-\frac{nI}{2}\right)\sin\phi\,d\phi = -\frac{nI}{2}[-\cos\phi]_\pi^0 = nI[\text{A/m}] \tag{P.9}$$

以上の計算の結果，ソレノイドの軸方向の磁界 H の大きさは nI で与えられることがわかる．

7.5 導線の長さ l を流れる電流に加わる磁界 B の力 F は，電流と磁界のなす角度を θ とすると，$F = IlB\sin\theta$ となるので，この式に $I = 5[\text{A}]$, $l = 1[\text{m}]$, $B = 1.0[\text{T}]$, $\theta = \pi/4$ を代入するとこの導線 $1[\text{m}]$ に加わる電磁力 F の大きさは，次のように求めることができる．$F = 5[\text{A}] \times 1[\text{m}] \times 1.0[\text{T}] \times 0.707 = 3.535[\text{N}]$．ここで，単位の計算は $[\text{A}\cdot\text{T}\cdot\text{m}] = [\text{A}\cdot(\text{V}\cdot\text{s}/\text{m}^2)\cdot\text{m}] = [\text{C}\cdot\text{V}/\text{m}] = [\text{N}]$ と計算できる．力の方向はフレミングの左手の法則を適用して下向きである．

7.6 力のモーメント N は式 (7.41) を使って，題意の I, a, b, θ の値を使うと，N は次のように求めることができる．

$$N = IabB\sin\theta = 5[\text{A}] \times 0.25[\text{m}] \times 0.1[\text{m}] \times 0.8[\text{T}] \times 0.707 = 0.0707[\text{N}\cdot\text{m}]$$

7.7 式 (7.44c) を使って計算できるので，この式に題意の透磁率 μ_0，電流 I，導線の長さ l，および導線間の間隔 d の値を代入すると，力 F は次のように計算できる．

$$F = \frac{\mu_0 I_\alpha I_\beta l}{2\pi d} = \frac{4\pi \times 10^{-7}[\text{H/m}] \times (10[\text{A}])^2 \times 1[\text{m}]}{2\pi \times 0.2[\text{m}]} = 1 \times 10^{-4}[\text{N}]$$

ここで，単位計算は次のようになる．

$$[\text{H/m}] \times [\text{A}]^2 \times [\text{m}]/[\text{m}] = [\text{V}\cdot\text{s}/(\text{A}\cdot\text{m})] \times [\text{A}]^2$$
$$= \frac{[\text{C}\cdot\text{V}]}{[\text{m}]} = [\text{N}]$$

力 F の符号が正になったので，2 本の導線間に働く力は斥力である．なお，力の方向はお互いの導線に対して垂直である．

8 章

8.1 磁束 Φ_m は $\Phi_\text{m} = BS = B_0 S\cos\omega t$ となるから，起電力 E_e は $E_\text{e} = -d\Phi_\text{m}/dt = B_0 S\omega\sin\omega t = 2\pi f B_0 S\sin(2\pi ft)$ となる．題意の $f = 50[\text{s}^{-1}]$, $S = 3.14 \times (0.1[\text{m}])^2 = 0.0314[\text{m}^2]$, $B_0 = 0.2[\text{T}]$ を代入すると，これらの式より起電力 E_m の最大値 (振幅) は $2\pi \times 50 \times 0.2 \times 0.0314[\text{s}^{-1}][\text{m}^2][\text{T}]$ となる．$[\text{T}] = [\text{Wb/m}^2] = [\text{V}\cdot\text{s/m}^2]$ なので，単位は $[\text{s}^{-1}\cdot\text{m}^2\cdot\text{T}] = [\text{V}]$ となる．したがって，起電力はサインカーブを描き $E_\text{e} = 1.97\sin 314t[\text{V}]$ と表せる．

8.2 コイルの面積 S は，$S = \pi a^2 = \pi \times (0.1[\text{m}])^2 = 0.0314[\text{m}^2]$ となる．$S = 0.0314[\text{m}^2]$, $N = 5$, $B_0 = 0.1[\text{T}]$, $\omega = 314[\text{rad}\cdot\text{s}^{-1}]$ を，本文の起電力 E_e の式 (8.9) に代入すると，$E_\text{e} = NB_0 S\omega\sin\omega t = 5 \times 0.1 \times 0.0314 \times 314\sin 314t[\text{V}]$ となるので，これを計算すると，$E_\text{e} = 4.93\sin 314t[\text{V}]$ と求まる．

8.3 起電力 E_e は式 (8.6) において $\theta = 90°$ なので，$E_\text{e} = vBl$ となる．したがって，この式に題意の各数値を代入すると，$E_\text{e} = 10 \times 0.6 \times 0.5[\text{m/s}][\text{T}][\text{m}] = 3[\text{V}]$ となる．

8.4 起電力 E_e は式 (8.6) で表されるので，$E_e = vBl\sin\theta[\mathrm{V}]$ となる．この式に題意の $v,\ B,\ l,\ \theta$ の各値を代入して計算すると，$\sin 45° = 0.707$ なので $E_e = 10 \times 0.2 \times 1 \times 0.707[\mathrm{m/s}][\mathrm{T}][\mathrm{m}] = 1.41[\mathrm{V}]$ と求められる．

8.5 鎖交磁束は $\psi_\mathrm{ms} = N\Phi_\mathrm{m}$ で，自己インダクタンス L は $L = \psi_\mathrm{ms}/I$ となるので，この L の式に題意の各値 $N = 20,\ \Phi_\mathrm{m} = 6 \times 10^{-3}[\mathrm{Wb}],\ I = 4[\mathrm{A}]$ を代入して計算すると，自己インダクタンス L は，$L = (20 \times 6 \times 10^{-3}[\mathrm{Wb}])/(4[\mathrm{A}]) = 3 \times 10^{-2}[\mathrm{H}]$ となる．

8.6 鎖交磁束 ψ_ms を求めれば磁束 Φ_m は求められる．$\psi_\mathrm{ms} = N\Phi_\mathrm{m}$ より，$\Phi_\mathrm{m} = \psi_\mathrm{ms}/N$．$\psi_\mathrm{ms}$ は本文の式 (8.44) より $L = \psi_\mathrm{ms}/I$ の関係を使って，$\psi_\mathrm{ms} = LI = 0.01[\mathrm{H}] \times 3[\mathrm{A}] = 0.03[\mathrm{Wb}]$ だから，$\Phi_\mathrm{m} = 0.03[\mathrm{Wb}]/300 = 1 \times 10^{-4}[\mathrm{Wb}]$ となる．

8.7 環状ソレノイドの自己インダクタンス L は，本文の式 (8.48) に従って，$L = (\mu_0 N^2 S)/l[\mathrm{H}]$ で与えられるので，この式に題意の各値を代入して計算すると，$L = (4\pi \times 10^{-7}[\mathrm{H/m}] \times 2000^2 \times 6 \times 10^{-4}[\mathrm{m}^2])/0.4[\mathrm{m}] = 7.54 \times 10^{-3}[\mathrm{H}]$ となる．

8.8 コイル 2 に誘起される起電力 E_e を求めればよいから，コイル 1 に流れる電流を I_1 として $E_e = -M(\mathrm{d}I_1/\mathrm{d}t) = -0.7[\mathrm{H}] \times (0.1 - 1.0)[\mathrm{A}]/(0.1[\mathrm{s}]) = 6.3[\mathrm{V}]$ となる．なお，単位は $[\mathrm{H}][\mathrm{A/s}] = [\mathrm{Wb/s}] = [\mathrm{V}\cdot\mathrm{s/s}] = [\mathrm{V}]$ となる．

8.9 コイル 1 と 2 に流れる電流は I_1 と I_2 であるから，これらの電流が変化したとき誘導される起電力を $E_{e1}[\mathrm{V}],\ E_{e2}[\mathrm{V}]$ とし，これらの電圧に抗して電荷 $\mathrm{d}q_1$ と $\mathrm{d}q_2$ を運ぶために要する仕事 $\mathrm{d}W$ は次のようになる．

$$\mathrm{d}W = -E_{e1}\mathrm{d}q_1 - E_{e2}\mathrm{d}q_2 \tag{P.10}$$

起電力 E_{e1} と E_{e2} は，電流の流れが二つのコイルの間で同方向と逆方向の場合があるので，このことを考慮すると，これらは次のようになる．

$$E_{e1} = -\left(L_1\frac{\mathrm{d}I_1}{\mathrm{d}t} \pm M\frac{\mathrm{d}I_2}{\mathrm{d}t}\right),\quad E_{e2} = -\left(L_2\frac{\mathrm{d}I_2}{\mathrm{d}t} \pm M\frac{\mathrm{d}I_1}{\mathrm{d}t}\right) \tag{P.11}$$

これらを式 (P.10) に代入すると，$\mathrm{d}W$ は次のようになる．

$$\mathrm{d}W = \left(L_1\frac{\mathrm{d}I_1}{\mathrm{d}t} \pm M\frac{\mathrm{d}I_2}{\mathrm{d}t}\right)\mathrm{d}q_1 + \left(L_2\frac{\mathrm{d}I_2}{\mathrm{d}t} \pm M\frac{\mathrm{d}I_1}{\mathrm{d}t}\right)\mathrm{d}q_2$$
$$= L_1 I_1 \mathrm{d}I_1 \pm MI_1\mathrm{d}I_2 + L_2 I_2 \mathrm{d}I_2 \pm MI_2\mathrm{d}I_1 [\mathrm{J}] \tag{P.12}$$

ここで，$\mathrm{d}q_1/\mathrm{d}t = I_1,\ \mathrm{d}q_2/\mathrm{d}t = I_2$ の関係を使った．また $MI_1\mathrm{d}I_2 + MI_2\mathrm{d}I_1$ は全微分を使って $MI_1\mathrm{d}I_2 + MI_2\mathrm{d}I_1 = \mathrm{d}(MI_1I_2)$ と書けるので，

$$\mathrm{d}W = L_1 I_1 \mathrm{d}I_1 + L_2 I_2 \mathrm{d}I_2 \pm \mathrm{d}(MI_1I_2)[\mathrm{J}] \tag{P.13}$$

となる．$\mathrm{d}W$ を電流 I_1 と I_2 について，それぞれ 0 から I_1 と 0 から I_2 まで積分すると p.144 の式 (M8.1) の結果が得られる．

9 章

9.1 時間平均した電力 P を求めるには $\sin^2 \omega t$ の時間平均の値を計算すればよい．ωt を θ とおくと，θ が 0 から π まで変化するときに，$\sin^2 \theta$ は 0 から 1 まで変化するので，$\sin^2 \theta$ の平均値を $A_{\sin}$ とすると，$A_{\sin} = (1/\pi)\int_0^\pi \sin^2\theta d\theta$ となるが，$\sin^2\theta = (1/2)(1-\cos 2\theta)$ なので，この関係を使うと，$A_{\sin} = (1/\pi)\int_0^\pi (1/2)(1-\cos 2\theta)d\theta = (1/2\pi)\int_0^\pi (1-\cos 2\theta)d\theta = (1/2\pi)[\theta - (1/2)\sin 2\theta]_0^\pi = 1/2$ となる．したがって，$\sin^2 \omega t$ の時間平均は $1/2$ となり，$P = (1/2)V_m I_m$ となる．

9.2 誘導リアクタンスは $X_L = \omega L$ であるが，$\omega = 2\pi f = 2 \times 3.14 \times 50 [\text{Hz}] = 314 [\text{s}^{-1}]$ と計算できるので，$X_L = 314[\text{s}^{-1}] \times 0.1[\text{H}] = 31.4[\Omega]$ と求まる．ここで，単位の計算は，$[\text{H}] = [\text{Wb/A}] = [\text{V}\cdot\text{s/A}]$ となるので，$[\text{s}^{-1}][\text{H}] = [\text{V/A}] = [\Omega]$ となる．

9.3 容量リアクタンスは $X_C = 1/(\omega C)$ である．$\omega = 2\pi f = 2 \times 3.14 \times 50 [\text{Hz}] = 314[\text{s}^{-1}]$ と計算できるので，$\omega C = 314[\text{s}^{-1}] \times 2 \times 10^{-6}[\text{F}] = 6.28 \times 10^{-4}[\text{F/s}]$ となる．したがって，$X_C = 1.59 \times 10^3 [\Omega]$ となる．単位の計算は，$[\text{F}] = [\text{C/V}]$ なので，$[\text{F/s}] = [\text{C}/(\text{s}\cdot\text{V})] = [\text{A/V}] = [\Omega^{-1}]$ となる．

9.4 まず，実効値の I_e, V_e については $I_e = (1/\sqrt{2})I_m, V_e = (1/\sqrt{2})V_m$ と表されるので，$V_e/I_e = V_m/I_m$ となり，この関係を使うと $V_e/I_e = V_m/I_m = 1/(\omega C) = X_C$ となる．したがって，電流の実効値は $I_e = V_e/X_C$ となる．そこで X_C を求めると，$X_C = 1/(\omega C) = 1/(2\pi f C) = 1/(2 \times 3.14 \times 50[\text{s}^{-1}] \times 5 \times 10^{-6}[\text{F}]) = 1/(0.00157[\text{F/s}]) = 1/(0.00157[\Omega^{-1}])$ と計算できるので，$I_e = 100[\text{V}] \times 0.00157[\Omega^{-1}] = 0.157[\text{A}]$ と求まる．

9.5 $\tau = RC$ なので，$\tau = 100[\Omega] \times 2 \times 10^{-6}[\text{F}] = 2 \times 10^{-4}[\text{s}]$ となる．単位の計算は，$[\Omega] = [\text{V/A}], [\text{F}] = [\text{C/V}]$ なので，$[\Omega][\text{F}] = [\text{V/A}][\text{C/V}] = [\text{C/A}] = [\text{s}]$ となる．

9.6 R-L 直列回路を流れる電流 i は $i = (E/R)(1-e^{-(1/\tau)t})$ となるが，$E/R = 100[\text{V}]/10[\Omega] = 10[\text{A}]$，$\tau = L/R = 1[\text{H}]/10[\Omega] = 0.1[\text{s}]$，$(1/\tau) \times t = 10 \times 0.1 = 1$ なので，これらを代入して計算すると $i = (10[\text{A}]) \times (1-e^{-1}) = (10[\text{A}]) \times (1-1/2.72) = (10[\text{A}]) \times (1-0.368) = 6.32[\text{A}]$ となる．単位計算は $[\text{H}]/[\Omega] = [\text{V}\cdot\text{s/A}]/[\text{V/A}] = [\text{s}]$ となる．

9.7 共振周波数 f_0 は，$f_0 = 1/2\pi\sqrt{LC}$ となるが，$LC = 10 \times 10^{-3}[\text{H}] \times 1 \times 10^{-6}[\text{F}] = 1 \times 10^{-8}[\text{s}^2]$ となるので，これを代入して $f_0 = 1/(2 \times 3.14 \times 1 \times 10^{-4}[\text{s}]) = (1 \times 10^4/6.28)[\text{s}] = 1.59 \times 10^3[\text{s}^{-1}]$ と求まる．単位計算は，$[\text{H}][\text{F}] = [\text{V}\cdot\text{s/A}][\text{C/V}] = [\text{A}\cdot\text{s}^2/\text{A}] = [\text{s}^2]$ となる．

10 章

10.1 変位電流は $I_D = S(dD/dt)$ となる．題意により $V = V_0 \sin \omega t$, $\omega = 2\pi f$, $D = \epsilon_0 E$, $E = V/d_S$ なので，$D = (\epsilon_0/d_S)V$ を使って，dD/dt を計算して I_D を求めると，$I_D = S \times (\epsilon_0/d_S)V_0\omega \cos \omega t$ となる．したがって，最大振幅を I_m とすると $I_m = (\epsilon_0 S V_0 \omega)/d_S = (8.854 \times 10^{-12} \times 1 \times 10^{-4} \times 100 \times 2 \times 3.14 \times 50 [F/m][m^2][V][s^{-1}])/(1 \times 10^{-3}[m]) = 2.78 \times 10^{-8}[A]$ と求まる．単位の計算は $[F/m][m^2][V][s^{-1}]/[m] = [F \cdot V/s] = [C/s] = [A]$ となる．

10.2 伝導電流密度 J_C と変位電流密度 J_D は本文の式 (10.11a) と式 (10.11c) で与えられる．伝導電流 I_C と変位電流 I_D は共に電流密度に比例するので，I_C と I_D の振幅の比は J_C と J_D の振幅の比になる．したがって，I_C と I_D の比は次の式で与えられる．

$$\frac{I_C}{I_D} = \frac{J_C}{J_D} = \frac{\sigma E_0}{\epsilon \omega E_0} = \frac{\sigma}{\epsilon \omega} \tag{P.14}$$

この式を使って $I_C/I_D = \sigma/(\epsilon \omega)$ を計算して求めればよい．また，$\sigma = 1/\rho_R$ の関係を使う．

式 (P.14) にしたがって，まず $\epsilon = K\epsilon_0$ として σ/ϵ の値を求める．$\sigma = 1/(1 \times 10^5 [\Omega \cdot m]) = 1 \times 10^{-5} [S/m] = 1 \times 10^{-5} [A/V \cdot m]$. $\sigma/(K\epsilon_0) = (1 \times 10^{-5} [A/V \cdot m])/(2 \times 8.854 \times 10^{-12} [F/m]) = 5.65 \times 10^5 [A/C]$. $f_1 = 50 [Hz]$ のときは，$I_C/I_D = \sigma/(\epsilon \omega) = (5.65 \times 10^5 [A/C])/(2 \times 3.14 \times 50 [s^{-1}]) = 1.80 \times 10^3$. $f_1 = 1 [GHz] = 1 \times 10^9 [s^{-1}]$ のときは，$I_C/I_D = \sigma/(K\epsilon_0 \omega) = (5.65 \times 10^5 [A/C])/(2 \times 3.14 \times 1 \times 10^9 [s^{-1}]) = 9.0 \times 10^{-5}$.

10.3 (数学の) ガウスの定理を使うと，式 (10.24d) は $\int_s \boldsymbol{B} \cdot d\boldsymbol{S} = \int_v \text{div} \boldsymbol{B} \, dv$ と書けるが，$\int_v \text{div} \boldsymbol{B} \, dv = 0$ が成立するので，$\text{div} \boldsymbol{B} = 0$ となる．

10.4 div は付録にも説明したように，ベクトル演算子の div を表している．div には発散という意味がある．だから，$\text{div} \boldsymbol{B} = 0$ の式は，磁束密度 $\boldsymbol{B}$ の発散はない，つまり磁束 $\Phi_m (= S\boldsymbol{B})$ の湧き出しがないことを表している．磁束 Φ_m は磁力線の束であるが，磁力線は磁荷を想定すると N 極から出て，S 極に入るように見えるが，磁力線は発生して空間に出て空間を一巡して元に戻り，また空間に出るという循環をしているのであって，実際には磁束が湧き出すとか吸い込まれるような磁荷は存在しない．だから，磁束 $\Phi_m (= S\boldsymbol{B})$ の発散はなく，したがって $\text{div} \boldsymbol{B} = 0$ が成り立つ．

10.5 まず，式 (10.34a) が式 (10.33a) を充たすことを示す．それには式 (10.34a) を z で 1 回および 2 回偏微分すると，それぞれ次の式が得られる．すなわち，$\partial E_x/\partial z = (2\pi/\lambda)A \sin(\omega t - 2\pi z/\lambda)$, $\partial^2 E_x/\partial z^2 = -(4\pi^2/\lambda^2)A \cos(\omega t - 2\pi z/\lambda) = -(4\pi^2/\lambda^2)E_x$. また，$E_x$ を t で 1 回および 2 回偏微分すると，$\partial E_x/\partial t = -A\omega \sin(\omega t - 2\pi z/\lambda)$, $\partial^2 E_x/\partial t^2 = -A\omega^2 \cos(\omega t - 2\pi z/\lambda) = -\omega^2 E_x$. した

がって，$\mu_0\epsilon_0\partial^2 E_x/\partial t^2 = -\mu_0\epsilon_0\omega^2 E_x$ の関係が得られる．また，$\lambda = c/f$ なので $4\pi^2/\lambda^2 = (4\pi^2 f^2)/c^2$ となる．$c^2 = 1/(\mu_0\epsilon_0)$ の関係があるので，$4\pi^2/\lambda^2 = (4\pi^2 f^2)/c^2 = 4\pi^2 f^2 \mu_0\epsilon_0 = \omega^2\mu_0\epsilon_0$ となる．したがって，$\partial^2 E_x/\partial z^2$ は $\partial^2 E_x/\partial z^2 = -(4\pi^2/\lambda^2)E_x = -\omega^2\mu_0\epsilon_0 E_x$ となる．ゆえに，$\mu_0\epsilon_0\partial^2 E_x/\partial t^2 = \partial^2 E_x/\partial z^2$ の波動方程式が充たされることがわかる．

次に，式 (10.34b) が式 (10.33b) を充たすことを示す．同様に式 (10.34b) を z で 1 回および 2 回偏微分すると，$\partial H_y/\partial z = \{(2\pi)/(\lambda\mu_0 c)\}A\sin(\omega t - 2\pi z/\lambda)$．また，$1/\lambda^2 = f^2/c^2 = f^2\mu_0\epsilon_0$ なので，$\partial^2 H_y/\partial z^2 = -\{(4\pi^2)/(\lambda^2\mu_0 c)\}A\cos(\omega t - 2\pi z/\lambda) = -(4\pi^2 f^2)\epsilon_0\mu_0 H_y = -\omega^2\epsilon_0\mu_0 H_y$ となる．また，H_y を t で 1 回および 2 回偏微分すると，$\partial H_y/\partial t = -(A\omega/\mu_0 c)\sin(\omega t - 2\pi z/\lambda)$，$\partial^2 H_y/\partial t^2 = -\{A\omega^2/(\mu_0 c)\}\cos(\omega t - 2\pi z/\lambda) = -\omega^2 H_y$．したがって，$(1/\mu_0\epsilon_0)\partial^2 H_y/\partial z^2 = \partial^2 H_y/\partial t^2$ となる．ゆえに，$\mu_0\epsilon_0\partial^2 H_y/\partial t^2 = \partial^2 H_y/\partial z^2$ の波動方程式が充たされることがわかる．

索　引

curl　183

div　183

E*-*B 対応　84
E*-*H 対応　84

grad　182

rot　183

あ　行

アンペア　66
アンペアの周回積分の法則　101
アンペアの右ねじの法則　5, 100
アンペア-マクスウェルの法則　163

インダクタンス　131
　　——の接続　136
　　ソレノイドの——　139
インピーダンス　150

渦電流　130

永久磁石　95
影像電荷　38

オーム　67
　　——の法則　67

か　行

ガウスの定理　169, 170
ガウスの法則　18, 172
　　——の応用　20
　　磁界に関する——　88
　　磁気に関する——　170, 172
　　磁束密度に関する——　88
拡張されたアンペアの法則　163, 171
過渡現象　152
過渡電流　152, 154, 156
環状ソレノイド　107
　　——の磁界　108

起磁力　109
起電力　72
逆起電力　132
キャパシタ　55
強磁性体　94
キルヒホッフの第一法則　73
キルヒホッフの第二法則　74
キルヒホッフの法則　73

クーロン　11
　　——の定理　32
　　——の法則　16
クーロン力　16

結合係数　135
原子分極　45

コイルに働く磁気力　117
合成インダクタンス　136
交流　145
交流回路　146
交流起電力　129
交流発電　130

交流発電機　130
コンダクタンス　67
コンデンサ　51, 55
　——の接続　56

さ　行

鎖交磁束　126, 128, 131
サラスの方法　76, 77
残留磁気　95

磁位　83, 87
磁化　92
磁荷　6, 80, 84
磁界　81, 85, 105
　——に関するガウスの法則　88
磁化曲線　95
磁化率　92
磁気　4, 84, 100
　——に関するガウスの法則　170, 172
　——に関するクーロンの法則　86
　——のキルヒホッフの法則　110
磁気回路　108
磁気遮蔽　96
磁気双極子　89
磁気双極子モーメント　90
磁気抵抗　109
磁極　5, 79
磁気力　86
磁区　91
自己インダクタンス　131
自己誘導係数　132
磁軸　96
磁石　80
磁性　92
磁束　82, 85, 106
磁束密度　85, 105
　——に関するガウスの法則　88
実効値　147
時定数　153, 156
自発磁化　91
ジーメンス　67
周波数　130
磁力線　5, 82, 100
　——の密度　85

真空の誘電率　11
真電荷密度　47

スカラー積　177
ストークスの定理　169, 170
スピン　6, 80, 91

静電気　1
静電遮蔽　31
静電誘導　8
静電容量　51

双極子モーメント　37
相互インダクタンス　133
相互誘導　133
相互誘導係数　133
ソレノイド　106, 107
　——のインダクタンス　139
　——の磁界　107

た　行

帯電　2
単位ベクトル　179

地磁気　96
直流　66
直列接続　58, 68

抵抗率　68
定電圧電源　73
定電流電源　73
電圧降下　72
電位　26, 27, 29, 35
電位差　29
電界　14, 18, 27
　——に蓄えられるエネルギー　61
電荷保存則　158
電気影像法　38
電気双極子　36
電極間に働く力　59
電気力線　10
　——の数　11
　——の密度　12
電源　71

電子が磁界から受ける力　114
電磁石　95
電磁波　164, 173
電子分極　45
電磁誘導の法則　126
電磁力　112
電束　11, 12
電束密度　14, 48
　　誘電体中の――　48
伝導電流密度　66, 162
電流　4, 65, 66
　　――に働く電磁力　115
　　――の流れている導線間に働く力　119
電流密度　66
電力　70, 71
電力量　71

透磁率　93
等電位面　29
導電率　68

な 行

内部抵抗　72
ナブラ　181
ナブラ二乗　182

は 行

波動方程式　173
反磁性体　94

ビオ-サバールの法則　103
ヒステリシス曲線　94
比透磁率　93
比誘電率　7, 47

ファラッド　51
ファラデーの電磁誘導　125, 171
フレミングの左手の法則　116
分極　45, 46
分極電荷　45
分極電界　46
分極電荷密度　46

平行平板コンデンサ　56
並列接続　56, 69
ベクトル積　178
ベクトルの演算　176
ベクトル微分演算子　181
変圧器　142
変位電流　159, 161
変位電流密度　162

飽和磁束密度　95
保磁力　95
ホール効果　120
ホール定数　121
ホール電圧　121

ま 行

マクスウェル方程式　168

モータ　119

や 行

誘電体　7, 43
　　――中の電束密度　48
　　――に蓄えられるエネルギー　61
誘電率　7
　　真空の――　11
誘導起電力　126, 128
誘導電界　127
誘導電流　130
誘導リアクタンス　147

容量リアクタンス　148

ら 行

ラプラシアン　182

履歴効果　94

レッヘル線　166
レンツの法則　126

ローレンツ力　112

著者略歴

岸野 正剛
（きし の せい ごう）

- 1938 年　岡山県に生まれる
- 1962 年　大阪大学工学部精密工学科卒業
　　　　　株式会社日立製作所中央研究所，姫路工業
　　　　　大学教授，福井工業大学教授を経て
- 現　在　姫路工業大学名誉教授
　　　　　工学博士

納得しながら学べる物理シリーズ 3
納得しながら電磁気学　　　　定価はカバーに表示

2014 年 7 月 15 日　初版第 1 刷

著 者　岸　野　正　剛
発行者　朝　倉　邦　造
発行所　株式会社 朝倉書店
　　　　東京都新宿区新小川町 6-29
　　　　郵便番号　162-8707
　　　　電　話　03(3260)0141
　　　　F A X　03(3260)0180
　　　　http://www.asakura.co.jp

〈検印省略〉

© 2014 〈無断複写・転載を禁ず〉　　中央印刷・渡辺製本

ISBN 978-4-254-13643-2　C 3342　　Printed in Japan

JCOPY　<（社）出版者著作権管理機構 委託出版物>

本書の無断複写は著作権法上での例外を除き禁じられています．複写される場合は，そのつど事前に，（社）出版者著作権管理機構（電話 03-3513-6969，FAX 03-3513-6979，e-mail: info@jcopy.or.jp）の許諾を得てください．

前兵庫県大 岸野正剛著
納得しながら学べる物理シリーズ1
納得しながら 量 子 力 学
13641-8 C3342　　　A 5 判 228頁 本体3200円

納得しながら理解ができるよう懇切丁寧に解説。〔内容〕シュレーディンガー方程式と量子力学の基本概念／具体的な物理現象への適用／量子力学の基本事項と規則／近似法／第二量子化と場の量子論／マトリックス力学／ディラック方程式

前兵庫県大 岸野正剛著
納得しながら学べる物理シリーズ2
納得しながら 基 礎 力 学
13642-5 C3342　　　A 5 判 192頁 本体2700円

物理学の基礎となる力学を丁寧に解説。〔内容〕古典物理学の誕生と力学の基礎／ベクトルの物理／等速運動と等加速度運動／運動量と力積および摩擦力／円運動，単振動，天体の運動／エネルギーとエネルギー保存の法則／剛体および流体の力学

横国大 君嶋義英・横国大 蔵本哲治著
基礎からわかる物理学3
電 磁 気 学
13753-8 C3342　　　A 5 判 192頁 本体2900円

電磁気学を豊富な例題で丁寧に解説。〔内容〕電荷とクーロンの法則／静電場とガウスの法則／電位／静電エネルギー／電気双極子と誘電体／導体と静電場／定常電流／電流と磁場／電磁誘導とインダクタンス／マクスウェル方程式と電磁波

九大 岡田龍雄・九大 船木和夫著
電気電子工学シリーズ1
電 磁 気 学
22896-0 C3354　　　A 5 判 192頁 本体2800円

学部初学年の学生のためにわかりやすく，ていねいに解説した教科書。静電気のクーロンの法則から始めて定常電流界，定常電流が作る磁界，電磁誘導の法則を記述し，その集大成としてマクスウェルの方程式へとたどり着く構成とした

東北大 中村　哲・東北大 須藤彰三著
現代物理学［基礎シリーズ］3
電 磁 気 学
13773-6 C3342　　　A 5 判 260頁 本体3400円

初学者が物理数学の知識を前提とせず読み進めることができる教科書。〔内容〕電荷と電場／静電場と静電ポテンシャル／静電場の境界値問題／電気双極子と物質中の電場／磁気双極子と物質中の磁場／電磁誘導とマクスウェル方程式／電磁波，他

前東大 清水忠雄著
基礎物理学シリーズ9
電 磁 気 学　Ⅰ
—静電学・静磁気学・電磁力学—
13709-5 C3342　　　A 5 判 216頁 本体3000円

初学者向けにやさしく整理した形で明解に述べた教科書。〔内容〕時間に陽に依存しない電気現象：静電気学／時間に陽に依存しない磁気現象：静電気学／電場と磁場が共にある場合／物質と磁場／時間に陽に依存する電磁現象：電磁力学／他

前東大 清水忠雄著
基礎物理学シリーズ10
電 磁 気 学　Ⅱ
遅延ポテンシャル・物質との相互作用・量子光学
13710-1 C3342　　　A 5 判 176頁 本体2600円

現代物理学を意識した応用的な内容を，理解しやすい流れと構成で学べるテキスト。〔内容〕マクスウェル方程式の一般解／運動する電荷のつくる電磁場／ローレンツ変換に対して共変な電磁場方程式／電磁波と物質の相互作用／電磁場の量子力学

前電通大 伊東敏雄著
朝倉物理学選書2
電 磁 気 学
13757-6 C3342　　　A 5 判 248頁 本体2800円

基本法則からわかりにくい単位系，さまざまな電磁気現象までを平易に解説。初学者向け演習問題あり。〔内容〕歴史と意義／電荷と電場／導体／定常電流／オームの法則／静磁場／ローレンツ力／誘電体／磁性体／電磁誘導／電磁波／単位系／

戸田盛和著
物理学30講シリーズ6
電 磁 気 学 30 講
13636-4 C3342　　　A 5 判 216頁 本体3800円

〔内容〕電荷と静電場／電場と電荷／電荷に働く力／磁場とローレンツ力／磁場の中の運動／電気力線の応力／電磁場のエネルギー／物質中の電磁場／分極の具体例／光と電磁波／反射と透過／電磁波の散乱／種々のゲージ／ラグランジュ形式／他

静岡理科大 志村史夫監修　静岡理科大 小林久理眞著
〈したしむ物理工学〉
し た し む 電 磁 気
22762-8 C3355　　　A 5 判 160頁 本体3200円

電磁気学の土台となる骨格部分をていねいに説明し，数式のもつ意味を明解にすることを目的。〔内容〕力学の概念と電磁気学／数式を使わない電磁気学の概要／電磁気学を表現するための数学的道具／数学的表現も用いた電磁気学／応用／まとめ

上記価格（税別）は 2014 年 6 月現在